主 编 凌崇光 朱宝宇 潘晓文

火力发电厂电气设备
检修培训教材

江西高校出版社

图书在版编目(CIP)数据

火力发电厂电气设备检修培训教材／凌崇光，朱宝宇，潘晓文主编. -- 南昌：江西高校出版社，2024.11. ISBN 978-7-5762-5224-8

Ⅰ.TM621.7

中国国家版本馆 CIP 数据核字第 2024X9G562 号

出版发行	江西高校出版社
社　　址	江西省南昌市洪都北大道96号
总编室电话	(0791)88504319
销售电话	(0791)88522516
网　　址	www.juacp.com
印　　刷	江西新华印刷发展集团有限公司
经　　销	全国新华书店
开　　本	700 mm×1000 mm　1/16
印　　张	25.5
字　　数	418 千字
版　　次	2024 年 11 月第 1 版
印　　次	2024 年 11 月第 1 次印刷
书　　号	ISBN 978-7-5762-5224-8
定　　价	88.00 元

赣版权登字-07-2024-717

版权所有　侵权必究

图书若有印装问题,请随时向本社印制部(0791-88513257)退换

《火力发电厂电气设备检修培训教材》编委会名单

(一) 主编

第一主编：凌崇光

第二主编：朱宝宇　潘晓文

(二) 副主编

王　虎　张　琦　桂　军

(三) 参编人员

李　斌　何　炬　黎　萍　倪良芮　阳跃永　石福进

陈　鑫　雷　鸣　方　铭　李向明　钟　凯

前言

随着电力工业的迅猛发展，大容量发电机组数量迅速增加。提高电气设备维修、检验工作的质量与水平，防微杜渐，尽可能把事故隐患消灭在萌芽状态，努力减少被迫停机造成的巨大损失，持续提高机组的可靠性和利用率，使社会和企业获得更大的经济效益，始终是专业设备检修人员的初心和目标。

为了使专业教学适应科学技术发展的新要求，适应发电企业电气设备检修岗位的需求，培养高层次应用型、技能型人才，我们以火力发电机组为参考，结合现场应用，组织编写了本书，为电厂、电力企业和高校提供学习教材和培训指导。具体内容包括发电机、主变压器、高压断路器以及继电保护和电网安全装置等主要电气设备。本书简述了设备结构及其基本原理，侧重规范电气设备的检修、检验工艺，适合电厂检修、运行及新上岗人员培训使用，亦可供电力高校学生学习和借鉴。

本书参阅了参考文献中列举的文献、有关电厂的技术资料以及说明书、图纸等内容。在此，编者对所有支持本书的专家、学者表示衷心的感谢。

限于编写水平，书中难免有不足之处，敬请广大读者批评指正。

目录 CONTENTS

第一部分　电气一次设备 /001

第一章　总则 /001

第一节　分类　/001

第二节　设备检修术语　/002

第二章　汽轮发电机 /005

第一节　发电机技术参数　/006

第二节　发电机检修周期及项目　/010

第三节　发电机的检修工艺及质量标准　/013

第四节　发电机试验项目及标准　/033

第五节　发电机故障及处理　/039

第三章　电力变压器 /043

第一节　电力变压器的结构与原理　/043

第二节　电力变压器技术参数　/046

第三节　变压器检修周期及项目　/048

第四节　变压器的检修工艺及质量标准　/054

第五节　变压器故障及处理　/066

第四章　高压断路器　/071

第一节　六氟化硫断路器的结构与原理　/071

第二节　断路器检修周期及项目　/074

第三节　高压断路器的检修工艺及质量标准　/081

第四节　高压断路器故障及处理　/089

第五章　高压隔离开关　/092

第一节　高压隔离开关的结构与原理　/092

第二节　高压隔离开关的检修工艺及质量标准　/094

第三节　隔离开关试验周期及项目　/102

第四节　高压隔离开关故障及处理　/103

第六章　电流互感器　/106

第一节　电流互感器的结构与原理　/106

第二节　高压六氟化硫电流互感器的检修　/107

第三节　电流互感器试验　/112

第四节　电流互感器故障及处理　/116

第七章　高压电压互感器　/118

第一节　电压互感器的结构与原理　/118

第二节　电压互感器的检修工艺及质量标准　/121

第三节　电压互感器故障及处理　/124

第八章　高压避雷器　/127

第一节　高压避雷器的结构与原理　/127

第二节　高压避雷器的检修工艺及质量标准　/129

第三节　高压避雷器故障及处理　/132

第九章　厂用电开关柜　/135

第一节　厂用电开关柜的结构　/135

第二节　开关柜的检修工艺及质量标准　/138

第三节　高压开关柜检修周期及项目　/144

第四节　开关柜故障及处理　/145

第十章　厂用高压电动机　/149

第一节　高压电动机技术参数　/149

第二节　高压电动机检修周期及项目　/151

第三节　高压电动机的检修工艺及质量标准　/153

第四节　高压电动机故障及处理　/160

第十一章　干式变压器　/165

第一节　干式变压器检修周期及项目　/166

第二节　干式变压器的检修工艺及质量标准　/167

第三节　干式变压器故障及处理　/169

第十二章　低压电动机　/173

第一节　低压电动机技术参数　/173

第二节　低压电动机检修周期及项目　/174

第三节　低压电动机的检修工艺及质量标准　/175

第四节　低压电动机故障及处理　/180

第十三章　低压配电装置　/182

第一节　成套低压配电装置的结构　/182

第二节　低压配电装置检修周期及项目　/187

第三节　低压配电装置的检修工艺及质量标准　/188

第四节　低压配电装置故障及处理　/188

第二部分　电气二次设备　/190

第十四章　继电保护及安全自动装置检验规程　/191

第十五章　发变组保护　/200

第一节　发变组保护的基本配置　/200

第二节　发变组保护 RCS-985 检验　/203

第三节　发变组非电量 RCS-974FG 保护校验　/240

第四节　发电机转子接地保护 RCS-985RE 校验　/245

第五节　瓦斯继电器检验　/248

第六节　发变组保护异常及处理　/251

第十六章　励磁系统　/254

第一节　励磁系统功能说明　/254

第二节　励磁系统检验规程　/257

第三节　NES-5100 励磁调节装置检验　/260

第四节　灭磁与转子过电压保护　/281

第五节　励磁系统异常及处理　/283

第十七章　发电机同期并网　/286

第一节　同期并网　/286

第二节　同期装置检验　/288

第三节　同期异常及处理　/291

第十八章　厂用电快切　/295

第一节　快切的功能及原理　/295

第二节　快切装置检验　/297

第三节　快切异常及处理　/302

第十九章　厂用电保护　/304

第一节　厂用电保护检验规程　/304

第二节　PCS-9600系列综保装置检验　/306

第二十章　故障录波　/323

第一节　故障录波的功能和原理　/323

第二节　故障录波装置检验规程　/325

第三节　故障录波异常及处理　/328

第二十一章　直流电源系统　/330

第一节　直流电源系统的结构和功能　/330

第二节　直流系统设备检修及维护　/332

第三节　直流系统设备异常及处理　/336

第二十二章　不间断电源　/342

第一节　不间断电源的结构和原理　/342

第二节　不间断电源的检验工艺及标准　/344

第三节　不间断电源系统异常及处理　/345

第二十三章　安全稳控系统　/348

第一节　安全稳控系统的功能　/349

第二节　稳控装置检验规程　/350

第三节　稳控装置异常及处理　/363

第二十四章　母线保护　/366

第一节　母线保护的结构和原理　/366

第二节　母差保护装置检验规程　/367

第三节　母线保护异常及处理　/372

第二十五章　输电线路保护　/376

　　第一节　线路纵差主保护　/376

　　第二节　线路保护装置检验规程　/380

　　第三节　光纤通道检验　/387

　　第四节　线路保护异常及处理　/389

参考文献　/395

第一部分　电气一次设备

第一章　总则

电气一次设备是指直接用于生产、输送和分配电能的高压电气设备。它包括发电机、变压器、断路器、隔离开关、自动开关、接触器、刀开关、母线、输电线路、电力电缆、电抗器、电动机等。由一次设备相互连接，构成发电、输电、配电或进行其他生产过程的电气回路称为一次回路或一次接线系统。

对电气一次设备的工作状况进行监测、控制和保护的辅助性电气设备称为二次设备。例如各种电气仪表、继电器、自动控制设备、信号及控制电缆等。二次设备不直接参与电能的生产和分配过程，但对保证主体设备正常、有序工作起着十分重要的作用。

第一节　分类

电气一次设备根据其在生产中的作用，可以分为以下六大类：

1. 生产和转换电能的设备。如发电机将机械能转换为电能，电动机将电能转换成机械能，变压器将电压升高或降低等，以满足输配电需要。

2. 接通或断开电路的开关电器。如断路器、隔离开关、熔断器、接触器等，用于电力系统正常或事故状态下，将电路闭合或断开。

3. 限制故障电流和防御过电压的电器。如限制短路电流的电抗器和防御过电压的避雷器等。

4. 接地装置。它是埋入地下直接与大地接触的金属导体及与电气设备相连的金属线。无论是电力系统中性点的工作接地还是保护人身安全的保护接地，都与埋入地下的接地装置相连。

5. 载流导体。如母线、裸导体、电缆等,按设计要求,将有关电气设备连接起来。

6. 交流电气一、二次之间的转换设备。如电压互感器和电流互感器,将一次侧的电压、电流转换给二次系统。

第二节　设备检修术语

1. 主要设备、辅助设备和附属设备

主要设备是指火力发电厂的锅炉、汽轮机、发电机、主变压器、环保主设备、机组保护和控制装置等设备及其附属设备。辅助设备是指主要设备以外的生产设备。附属设备是指服务于主要设备和辅助设备的设备,如保护装置、控制装置和仪表等。

2. 设备大修

设备大修是指对设备进行全面解体、检查、清扫、测量、调整和修理。

3. 设备小修

设备小修是指根据设备的磨损、老化规律和工作环境,有针对性地对设备进行检查、解体、修理、清扫、消缺、调整、预防性试验等作业。

4. 等级检修

等级检修是以设备检修规模和停用时间为原则的检修。火力发电机组的检修分为 A、B、C、D 四个等级。

A 级检修是指对发电机组主要设备进行全面解体检查和修理,以保持、恢复或提高设备性能。辅助设备应根据设备状况和制造厂的要求进行检查和修理。

B 级检修是指针对机组某些设备存在的问题,对机组部分设备进行解体检修或改造。B 级检修时可根据机组设备状态评估结果,有针对性地实施部分 A 级检修项目或定期滚动检修项目。

C 级检修是指根据设备的磨损、老化规律,有重点地对机组进行检查、评估、修理、清扫。C 级检修时可进行少量零件的更换、设备的消缺和调整、预防性试验等作业以及实施部分 A 级检修项目或定期滚动检修项目。

D级检修是指当机组总体运行状况良好时,对主要设备的附属系统和设备进行消缺。D级检修时除进行附属系统和设备的消缺外,还可以根据设备状态的评估结果,安排部分C级检修项目。

5. 定期检修

定期检修是一种以时间为基础的预防性检修,根据设备磨损和老化的规律,事先确定检修等级、检修间隔、检修项目、所用备件及材料等的检修方式。

6. 状态检修

状态检修是指根据状态监测和诊断技术提供的设备状态信息,评估设备的状况,在故障发生前进行检修的方式。

7. 改进性检修

改进性检修是指因技术进步、节能环保需求对设备先天性缺陷或频发故障,按照当前设备技术水平和发展趋势进行改造,从根本上消除设备缺陷,以提高设备的技术性能和可用率,并结合检修过程实施的检修方式。

8. 故障检修

故障检修是指设备在发生故障或其他失效时进行的非计划检修。

9. 质检点(H、W点)

质检点(H、W点)是指在工序管理中根据某道工序的重要性和难易程度而设置的关键工序质量控制点。这些控制点不经质量检查见证不得转入下一道工序。其中,H点(hold point)为不可逾越的停工待检点,W点(witness point)为见证点。

10. 安全见证点

安全见证点是指在工序管理中根据某道工序的安全风险而设置的关键工序安全控制点。这些控制点不经安全检查见证不得转入下一道工序,根据风险等级的不同可分为可控、一般、显著和极高点。

11. 不符合项

由于特性、文件或程序方面不足,质量变得不可接受或无法判断的项目。

12. 预防性试验

其目的为发现运行设备的隐患,预防事故发生或设备损坏,对设备进行检查、试验或监测。预防性试验包括停电试验、带电检测和在线监测。

13. 在线监测

在不影响设备运行的条件下,连续或定时对设备状况进行监测,通常自动进行。

14. 带电测量

由人员采用专用仪器,对在运行电压下的设备进行测量。

15. 绝缘电阻

在绝缘结构的两个电极之间施加的直流电压值与流经该对电极的泄流电流值之比。常用绝缘电阻表直接测得绝缘电阻值。若无说明,绝缘电阻均指加压 1 min 时的测得值。

16. 吸收比

在同一次试验中,1 min 时的绝缘电阻值与 15 s 时的绝缘电阻值之比。

17. 极化指数

在同一次试验中,10 min 时的绝缘电阻值与 1 min 时的绝缘电阻值之比。

第二章 汽轮发电机

我国生产的汽轮发电机有 QFQ、QFN、QFS 等系列。前两个字母表示汽轮发电机。第三个字母表示冷却方式:Q 表示氢外冷,N 表示氢内冷,S 表示水内冷。

型号的组成及符号意义如图 2.1 所示。

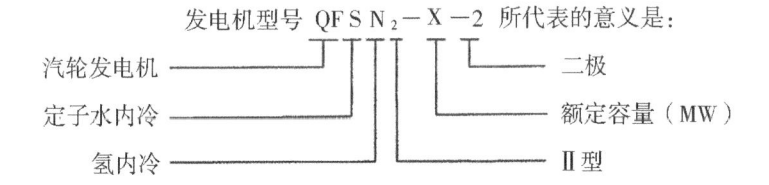

发电机型号 QFSN$_2$－X－2 所代表的意义是:

汽轮发电机 ——— 二极
定子水内冷 ——— 额定容量（MW）
氢内冷 ——— Ⅱ型

例如:QFSN$_2$-600-2 代表 600 MW、Ⅱ型、二极水氢氢汽轮发电机；

QFSN$_2$-660-2 代表 660 MW、Ⅱ型、二极水氢氢汽轮发电机。

图 2.1 汽轮发电机型号及符号意义

当今大型汽轮发电机普遍采用内部密闭循环通风系统的水氢氢冷却方式,定子线圈采用水内冷,转子线圈采用氢内冷,定子铁芯表面及端部等其他部件采用氢气表面冷却等。氢气为冷却介质,其特点如下:

1. 氢气密度很小,纯氢的密度仅为空气的 7%。即使在发电机机座内氢压为 0.5 MPa 时,其密度也只有空气的 60%,因此氢气可大大降低通风损耗。

2. 氢气具有高导热性(约为空气的 7 倍)和高的表面热传递系数(约为空气的 135%)。故氢冷发电机具有较大的有效材料单位体积的输出容量。特别是在氢内冷结构中,氢直接与发热导体接触。提高氢压可使发电机容量显著提高。

3. 氢气冷却都在密闭循环系统内进行。机内干净无尘,可减少检修费用。

4. 机内无氧、无尘,减小了异常运行状态下发生电晕对绝缘产生的有害影响,有利于延长绝缘寿命。

5. 氢气密度很小,又密闭循环于由中厚钢板焊成的机座内,故环境噪音较小。

高纯度的氢气是惰性的和非爆炸性的,而且不会助燃,所以使用是安全的。但必须指出,当氢气与空气混合,氢气含量在4%~75%的比例范围内时,它们就形成了爆炸性气体。所以在发电机结构设计、安装及运行规程中必须确保在任何运行工况下,氢混合气体中氢气的比例要在4%~75%这一比例范围之外。因此,在机座两端的端盖上装有轴密封装置。发电机采用了供油量较少、耗氢量也小、随动性好、运行安全的浮动环式轴密封装置,并设有油密封供油系统和氢气置换及供应系统,将氢与外界大气严密隔离开来。同时,必须考虑到误操作可能导致爆炸事故,故机座设计成"耐爆型"。

第一节 发电机技术参数

本章节适用于 QFSN 型、额定容量范围为 600 MW~660 MW 的 Ⅱ 型水氢氢汽轮发电机。

本产品是由汽轮机驱动的高速发电机,能与各种型号、相应容量和规格的亚临界、超临界、超超临界核电汽轮机相匹配。

一、发电机铭牌参数

发电机铭牌参数如表2.1所示。

表 2.1 发电机参数

型号	QFSN-660-2	序列号	—
额定功率	660 MW(733.3 MV·A)	额定电流	21169 A
额定电压	20 kV	绝缘等级	F
相数	三相	超速	120%
额定功率因数	0.90	额定频率	50 Hz
额定转速	3000 r/min	额定励磁电流	4493 A
额定励磁电压	441 V	额定氢压	0.5 MPa(表压)
接法	星形	标 准	GB/T 7064—2008
制造厂家	上海发电机厂	生产日期	2012 年

二、设备参数

设备参数如表2.2所示。

表 2.2　设备参数

名称		单位	设计值	试验值	备注
定子每相直流电阻(75 ℃)		Ω	1.393×10^{-3}		
转子线圈直流电阻(75 ℃)		Ω	0.0936		
定子每相对地电容	A 相	pF	0.213	0.210	
	B 相	pF	0.213	0.209	
	C 相	pF	0.213	0.2095	
转子线圈自感		L	0.701	—	
直轴同步电抗 X_d		%	237	234	
横轴同步电抗 X_q		%	231		
直轴瞬变电抗(不饱和值) X'_{du}		%	33.1	33.7	
直轴瞬变电抗(饱和值) X'_d		%	29.1	—	<29.5
横轴瞬变电抗(不饱和值) X'_{qu}		%	47.9		
横轴瞬变电抗(饱和值) X'_q		%	42.2		
直轴超瞬变电抗(不饱和值) X''_{du}		%	24.5	23.2	
直轴超瞬变电抗(饱和值) X''_d		%	22.6	—	≥22.6
横轴超瞬变电抗(不饱和值) X''_{qu}		%	24.0		
横轴超瞬变电抗(饱和值) X''_q		%	22.1		
负序电抗(不饱和值) X_{2u}		%	24.3	21.2	
负序电抗(饱和值) X_2		%	22.3	—	
零序电抗(不饱和值) X_{0u}		%	11.1	10.4	
零序电抗(饱和值) X_0		%	10.6	—	
直轴开路瞬变时间常数 T'_{do}		sec	8.61	9.01	
横轴开路瞬变时间常数 T'_{qo}		sec	0.956	—	
直轴短路瞬变时间常数 T'_d		sec	1.057	0.702	
横轴短路瞬变时间常数 T'_q		sec	0.180	—	
直轴开路超瞬变时间常数 T''_{do}		sec	0.045		
横轴开路超瞬变时间常数 T''_{qo}		sec	0.069		
直轴短路超瞬变时间常数 T''_d		sec	0.035	0.024	
横轴短路超瞬变时间常数 T''_q		sec	0.035	—	

续表 2.2

名称	单位	设计值	试验值	备注
灭磁时间常数 Tdm	sec	3	—	
转动惯量 $GD2$	t·m^2	38	37.6	
短路比 SCR		0.5	0.5	0.5
稳态负序电流 I_2	%	10	—	10
暂态负序电流 $I_2^2 t$	sec	10		10
允许频率偏差	±%	+2−3	—	+2−3
允许定子电压偏差	±%	5	—	5
进相运行能力	MW	660（0.95 pF 超前）		
进相运行时间	h	—		
谐波因数 THF	%	—	0.15	≦0.5
电压波形正弦性畸变率 Ku	%	—	0.38	<5
三相短路稳态电流	%	149		
暂态短路电流有效值（交流分量）				
相—中性点	%	545	—	
相—相	%	380		
三相	%	387		
次暂态短路电流有效值（交流分量）				
相—中性点	%	595		
相—相	%	424		
三相	%	487		
三相短路最大电流值（直流分量峰值）	%	1120		
相—相短路最大电磁转矩	t·m	2170		
动值		—	—	
临界转速		—	—	
一阶	r/min	802	—	
二阶	r/min	2179	—	
临界转速轴承、轴振动值	mm	垂直轴承振动值<0.08,轴振动值<0.15 水平轴承振动值<0.08,轴振动值<0.15		

续表2.2

名称	单位	设计值	试验值	备注
超速时轴承、轴振动值	mm	垂直轴承振动值<0.08,轴振动值<0.15 水平轴承振动值<0.08,轴振动值<0.15		
额定转速时轴承、轴振动值	mm	垂直轴承振动值<0.025,轴振动值<0.05 水平轴承振动值<0.025,轴振动值<0.05		
额定转速时轴承座振动值				
垂直	mm	—	—	<0.025
水平	mm	—	—	<0.025
轴向	mm	—	—	<0.025
临界转速时轴承座振动值				
垂直	mm	—	—	<0.08
水平	mm	—	—	<0.08
轴向	mm	—	—	<0.08
定子线圈端部振动频率 fv	Hz	—	$fv \geq 115$ 或 $fv \leq 94$	
定子线圈端部振动幅值	mm	$1.0U_N$ 空载或 $1.0I_N$ 短路	<0.1	
轴系扭振频率	Hz	$fv \geq 55$ 或 $fv \leq 45$	$fv \geq 107$ 或 $fv \leq 90$	
损耗和效率(额定条件下)				
定子线圈铜耗 Q_{cu1}	kW	1872	1834	
定子铁耗 Q_{Fe}	kW	579	580	
励磁损耗 Q_{cu2}	kW	1889	1839	
短路附加损耗 Q_K	kW	932	1043	
机械损耗 Q_m	kW	1476	1450	
总损耗 ΣQ	kW	6864	6862	
满载效率 η	%	98.97	98.97	98.97

第二节　发电机检修周期及项目

一、检修周期

按照发电机厂家的推荐性意见,新机投运一年后应停机,进行首次全面检修,其性质类似大修。这是对结构设计、制造工艺、安装调试方面经过一年实际考验的新机进行的一次全面评估,包括对主、辅机自动监测等各方面的配套、配合工作进行全面的总结,对暴露出来的各类问题进行一次性处理,保证整套机组能适应今后长期安全运行的要求。相邻的两次全面维护检修间隔通常为3~5年,一般推荐每隔4年左右检修一次,以便与汽轮机的停机大修期相配合。在汽轮机大修所需的时间内通常能很好地完成发电机的全部检查和修理工作。大修时应打开端盖,拆除励磁机或集电环轴,对发电机进行全面解体:拆除发电机转子、外挡油盖、轴承、密封支座、导向叶片座、冷却器(出线盒除外)等零部件,并对所有辅助系统进行全面检修。

发电机及辅助系统的全面检修规划如表2.3所示。

表2.3　检修规划

检修分类	检修周期	检修天数	备注
日常维护检查	每天进行检查和巡视	1天	记录异常现象,在大小修时消除异常
D级检修	根据机组设备的停运时间决定	根据机组停运时间决定	根据机组的缺陷安排项目
C级检修	每年进行一次	15天	除A、B级检修年外,每年安排一次
B级检修	每3年进行一次	15天	在两次A级检修之间安排一次
A级检修	每6年进行一次	50天	根据发电机厂的推荐性意见进行安排

二、检修项目

1.日常维护检查项目

(1)检查发电机本体各部位的温度,有无异常声音和振动。

(2)检查发电机定子冷却水、氢冷器进出水的温度及压力。

(3)发电机本体两侧及本体有无漏点。

(4)检查发电机内的氢气的压力和纯度是否符合要求。

(5)检查发电机集电环电刷的磨损情况,压力是否正常,刷辫和电刷的连接部位是否过热。

2. D级检修项目

(1)进行设备消缺。

(2)根据设备状态的评估结果,安排部分C级检修项目。

3. C级检修标准项目

(1)检修发电机前进行整体氢气气密检查。

(2)清扫并检查集电环、刷架、引线,更换部分碳刷。

(3)清洗集电环冷却风道进口滤网。

(4)检查氢气冷却器,并根据实际情况进行清洗。

(5)定子水路正反冲洗。

(6)电气试验。

(7)检查发电机出线套管及接头是否过热,有无漏点,有无漏油。

(8)检查发电机励磁回路。

(9)清扫发电机电流互感器、电压互感器、避雷器,检查各部件是否紧固、有无异常。

(10)消除设备缺陷,根据具体情况安排非标准项目检修。

(11)大修前的一次小修要核实大修内容和消缺内容,能提前做的项目可在小修中做好,以减少大修时的工作量。

4. B级检修标准项目

(1)执行C级检修项目。

(2)根据设备状态的评估结果,视具体情况安排其他检修项目。

5. A级检修标准项目

发电机大修分为一般项目(标准项目)和特殊项目(非标准项目)。

标准项目包括:

(1)置换发电机气体。

(2)发电机定子水回路反冲洗。

(3)进行发电机修前试验。

(4)解体拆检集电环及引线。

(5)解体拆检发电机端盖。

(6）发电机抽转子。

(7）检修发电机定子。

(8）检修转子。

(9）检修集电环及刷架部分。

(10）检查氢气冷却器,进行水压试验。

(11）进行修中电气试验。

(12）检查氢气管路。

(13）检查发电机其他部分。

(14）安装发电机转子。

(15）组装发电机。

(16）进行发电机修后试验,检查发电机出线及中性点接线。

(17）调整集电环刷架部分,使其就位。

(18）检查励磁回路。

(19）进行发电机整体气密试验。

(20）置换发电机气体。

特殊项目（非标准项目）包括：

(1）更换部分或全部定子线棒,或修理定子线棒绝缘。

(2）重新焊接定子线圈端部接头。

(3）更换处理25%以上的槽楔和端部隔木（垫块),或重扎绑线。

(4）对铁芯进行局部修理和解体重装,进行铁耗试验。

(5）更换定子25%以上的引水管。

(6）更换出线套管的密封圈。

(7）检查扒护环,清扫端部线圈。

(8）更换转子引线,更换集电环。

(9）更换风扇叶片,更换转子槽楔。

(10）更换氢气冷却器。

第三节 发电机的检修工艺及质量标准

一、检修准备工作

1. 工作前办理工作票，核对工作票中所做的安全措施与现场实际是否相符。
2. 确保水、电、油已隔离，盘车已停，设备名称一致。
3. 工作负责人在开工前向工作班人员交代检修项目、安全措施和注意事项。
4. 需要动火工作时应办理动火工作票，按照安规执行，工作现场配备必要的消防器材。
5. 确认检修设备定置图，布置检修场地（隔离），地面铺橡皮，使现场标准化。
6. 将检修工具运至检修现场，配备专用工具柜，每件工具应做好标记并记录在案。

二、发电机修前整体气密试验

发电机停运后，发电机氢气压力维持在 0.5 MPa，对发电机本体、出线套管、发电机人孔门、测温元件出线板、氢气冷却器上下结合面等处进行检漏，登记发电机存在的漏点，以便在大修中消除。

三、发电机内部的氢气置换为空气

1. 用二氧化碳置换发电机内部的氢气。充入二氧化碳，排出氢气，使二氧化碳的含量大于 95%。
2. 用空气将发电机内部的二氧化碳全部排出。充入空气，排出二氧化碳，使二氧化碳的含量小于 15%。
3. 打开人孔门，继续向发电机充入空气，使氢气的含量小于 0.4%。

四、对发电机定子水回路进行反冲洗（可在发电机盘车时进行）

发电机长期运行后可能在拐角、弯部甚至在直线部分集聚污垢，致使此处的内冷水流量减小。污垢越积越多，影响散热，严重时导致定子线棒过热、绝缘损坏甚至出现发电机事故。为保证发电机安全运行，在机组大小修之前必须进行反冲洗。

1. 反冲洗装置若由四只阀门组成，即 A、B 两组，正常情况下冷却水进入阀门 B1，出水由阀门 B2 排出。当定子线圈出现通水不畅现象时，反向冲洗就可以排出微粒，达到反冲洗的目的。操作方法是 A 组阀门打开，B 组阀门关闭，进水端改为出水端，出水端改为进水端。反冲洗操作完成后，要确认阀门已恢复到 B 组阀门打开、A 组阀门关闭的正常运行状态。

2. 反冲洗装置若为一个四通换向阀（四通换向阀手柄显示阀内阀板的实时位置），定冷水正常工作时，换向阀手柄处于进水法兰 A 和出水法兰 B 之间。反冲洗时，旋松提压手轮，将换向手柄抬起，顺时针转动 90°后旋紧提压手轮，反向冲水就可排出微粒，达到反冲洗的目的。

3. 运行时发现个别线圈阻塞时，应拆除线圈两端的绝缘引水管与总进、出水管连接的接头，用压缩空气和水反复对线圈进行冲洗。必要时可用高压氮气、氧气冲洗，甚至用酸洗去污垢。冲洗后进行流量试验，确保水路畅通。

4. 反冲洗维持 24 h 后，发电机内冷水系统恢复正常运行。

五、发电机修前试验

1. 发电机盘车已停运，发电机定子绕组水回路运行正常且水质合格。
2. 拆除发电机出线及中性点接线，做好标记。
3. 进行发电机修前试验，试验过程和内容详见《电力设备预防性试验规程》。

注意事项：试验时应设隔离区；所有检修人员撤出隔离区，待试验结束方可恢复工作。若试验不合格，根据具体情况进行处理。

六、解体拆检集电环架及引线

1. 测量集电环室的轴封间隙，拆除集电环室的轴封，拆除集电环小室的内部照明、加热器、测氢仪等设备的引出线，并用塑料布保护好。
2. 拆除集电环小室的固定螺丝，拆除小室靠发电机侧的挡板及固定板，将小室吊放至指定地点。
3. 取出碳刷及碳刷盒。
4. 拆开集电环架连线，正负极应做好记号。拆下的螺丝放进专用袋并做好标记，以便装回去，不得随意乱扔。
5. 拆除集电环架，放置在指定地点。

6. 拆除集电环风道,并用挡板将风道口挡住,防止异物落入风道口。

7. 用塑料布将集电环包裹。

七、解体拆检发电机端盖

1. 拆除汽、励两端的外油挡,由汽机拆除两端的上轴瓦。

2. 由汽机在汽、励两端分别用顶转子的专用工具顶起转子,取出下轴瓦。拆除密封瓦的上瓦座和励端上半端的中间环,取出密封瓦。最后拆除密封瓦的下瓦座和励端下半端的中间环。

3. 由汽机将汽、励两端的下轴瓦装回,使转子落下。

4. 拆除发电机汽、励两端的上半外端盖,用行车将上半外端盖吊至指定地点。

5. 在垂直和水平方向取四点,测量汽、励两端的风扇与挡风环之间的间隙,并做好记录。拆除汽、励两端的挡风环和风挡。

6. 拆除汽、励两端的上半内端盖与下半内端盖之间的定位销及螺丝,并拆除上半内端盖,将其吊至检修地。

7. 拆除汽、励两端的风扇叶片,做好记录,按顺序分箱放置。

8. 在励端装好吊攀,在两边分别挂上倒链,将下端盖吊住,将倒链锁住防止打滑。

八、抽转子

1. 拆开连接发电机与汽轮机的联轴器,拆卸发电机各密封油管道和润滑油管道,移开有关盖板,拆除一切有碍抽转子的附件。

2. 盘动转子,保证转子大齿在垂直位置,在励侧用转子支持工具顶起转子,取出励端的下轴瓦。然后用励端行车在轴颈肩胛处吊起转子,将转子支持工具拆除。

3. 在汽侧用转子支持工具顶起转子,取出汽端的下轴瓦。然后用汽端行车在轴颈肩胛处吊起转子,将轴颈托架上翻180°,固定在汽端转子的轴颈上。

4. 先用铁丝和尼龙绳索将定子铁芯保护橡胶板从励端牵引至汽端,将定子铁芯保护橡胶板铺设在定子内腔底部,保证金属部分不与定子铁芯内圈接触。

5. 将弧形滑板上的铁锈清理干净,在上表面涂上石蜡。用铁丝牵引将其铺设在定子铁芯保护橡胶板上,并用布将定子线圈端部和定子铁芯保护橡胶板的露出部分盖好。

6. 用扳手将转子托架固定在励端转子上,将专用拉转子横梁装在励端的转子靠背轮上,用专用吊攀及 10 t 的倒链将励端端盖放低至不妨碍抽转子工作的地方,并在端盖与定子端面之间垫以木制垫块,以保护垂直面。

7. 汽、励两端行车配合抽转子。待轴颈托架移出汽端端盖时,将轴颈托架转 180°,使其下翻并拧紧在轴颈上,继续抽转子。

8. 待汽端的钢丝绳靠近汽端机壳外壁时,在适当的位置装入托板。托板与护环之间至少保持 76 mm 的距离,且托板必须沿轴向找正。降下汽端的钢丝绳,将转子重量转移到托板与励端的钢丝绳上。拆除汽端的钢丝绳,在专用拉转子横梁两侧挂好倒链。调整好定转子的气隙后,拉动倒链,与励端行车配合,继续抽转子。

9. 待轴颈托架完全移到弧形滑板上后,稍稍抬起励端,使汽端转子的重量转移至轴颈托架上。从励侧抽出滑板,拉动倒链,与励端行车配合,继续抽转子。

10. 当转子重心移出定子膛后,放低转子。在励端转子下用枕木和垫块支撑,使转子的重量由汽端轴颈托架和励端转子下的枕木和垫块支撑。

11. 使转子保护套就位于转子重心两侧,外缠胶皮。再将钢丝绳绑扎于转子保护套上,用励端行车大钩吊起转子并找平。调整好定、转子的气隙后,指挥行车将转子全部抽出,将其放到转子专用支架上。

12. 拆除弧形滑板和定子铁芯保护橡胶板,拆除汽侧轴颈托架和励侧专用拉转子横梁。抽转子工作完工。

注意事项:在抽转子过程中,转子大齿必须始终在垂直位置;检修人员应服从统一指挥,坚守岗位,不得擅自行动和指挥行车。如发现问题,检修人员应立即告知指挥人员,停止抽转子,待问题解决后再继续工作。不得碰伤铁芯、风斗、风扇及线圈绝缘。护环、风扇环、中心环、滑环及风斗不得作为着力点。无关人员不得靠近现场,转子起吊时不得在下面停留和行走。转子抽出后放在检修场地的专用支架或枕木上。若用枕木,应让大齿着力于枕木上,防止风斗损坏。不检修时,转子应用专用橡胶塞子塞住每个进、出风斗并用干净的塑料布及帆布等包裹严密。转子抽出后,应使用帆布盖严发电机定子两端部,并贴上封条。

九、定子检修

1. 定子绕组端部手包绝缘施加直流电压测量(电位外移试验),在定子绕组通水时进行,直流试验电压为额定电压,测量电压限值为1000 V,泄漏电流限值为 10 μA。

2. 检查定子。

注意事项:使用的行灯应为 36 V,电源线双重绝缘。进入定子膛内的人员应穿专用工作服和工作鞋以及无金属纽扣、拉链的连体工作服,身上不得有金属杂物。带入的工具应完整无缺陷,并做好登记。带出工具时应检查,确保数量与登记的情况相符。

1)检查定子铁芯

①仔细检查铁芯各部位有无机械性损伤,有无局部过热、漆膜变色现象以及烧结痕迹。引起片间短路处应予以处理。

②检查铁芯内圆的气隙隔板绑扎是否牢固,材料是否老化。检查两端分块压板、磁屏蔽、定位筋螺母特别是穿芯螺杆的螺母和绝缘垫圈等结构件是否过热,是否有黄粉。如有黄粉,应查明松动部位,采取紧固措施。

③检查各部位的通风孔是否堵塞,确保各通风孔干净。检查铁芯齿部叠片是否松动。检查通风槽工字钢的坚固程度,有无倒塌、变形情况。检查两端的阶梯形边端铁芯是否松动、过热、折断和变形。

2)检查端部手包绝缘

①逐个检查绝缘盒是否有漏水、开裂、流胶、变色及放电现象。检查绝缘盒的绑线是否有松动、破损、焦枯、爬电现象。松动的要重新绑扎牢固(将涤波绳浸入环氧树脂中)。用四氯化碳、酒精、带电清洗剂等清除绝缘盒上的油垢。

②对电位外移试验中不合格的绝缘盒重新进行处理。具体处理方法另行规定。

3)检查绝缘引水管

①检查汇流管的固定情况,确保汇流管无松脱、位移现象。检查排气管和排污管是否固定良好,是否有堵塞以及焊口开焊和渗水、漏水现象。检查汇流管一侧的焊接口和水电接头是否有砂眼,是否有开焊和渗、漏水迹象。

②检查引水管是否固定牢固、绑扎良好,有无老化、磨损、弯瘪、开裂、变色、发黑、爬电等现象。引水管对地距离若小于 20 mm 要调整,以防电晕造成引水管烧穿。引水管尽量避免交叉,如有交叉及距离太近,应用绝缘材料隔开并绑扎固定,以免互相擦碰、磨损。

③检查绝缘引水管两端接头是否渗、漏水，接头绝缘是否完好，是否脆化、破损。清除引水管及接头上的灰尘和油垢。清除汇流管等处的油垢。

④检查支架、端箍、压板、螺丝及各部分垫块是否松动。检查各固定件和绕组接触处是否磨损，是否有粉末及斑点。如各固定件和绕组接触处有磨损，应清理干净并进行绝缘包扎处理。

4) 检查槽口

槽口垫块应无松动、位移现象。绑扎带应紧固。

5) 检查线棒

①检查绕组端部及支撑绑扎部件是否有油垢。如有油垢，是由密封瓦漏油造成的，应用竹签清除油垢（竹签不得捅伤外绝缘），并用浸泡过带电清洗剂的干净白布擦干净。

②检查线棒手包绝缘及附近的绝缘是否有膨胀现象。膨胀的原因有两个：一是绝缘包扎不紧及手包绝缘不严密，浸入了密封油。对于这种情况，应将手包绝缘拆开并处理。二是空心铜线棒与烟头焊接处漏水。对于这种情况，应用银焊（HIAgCu30-25）对漏点补焊，且要对准漏点迅速加热至 700 ℃ ~ 750 ℃ 快速焊补，避免股线超温引起焊接点开焊。焊接处周围的绝缘应用潮湿的石棉保护好，同时应将线棒内的水分吹净，以免高温时水分蒸发造成沙眼。漏水的另一个原因是绝缘引水管接头处的接头螺母松动及密封铜垫不严。对于这种情况，应更换经退火处理的新铜垫并将螺母紧固，但不得拧得过紧，以免铜垫失去弹性。上述工作完成后应进行水压试验。

③检查极相组连接线，并联引线、主引线的绝缘是否有损伤、起皱、膨胀和过热现象。它们的绝缘情况会影响主绝缘的电气水平，因此不可忽视。如需包扎绝缘，要将损坏部分剥除，先半叠包两层 0.2×50 的自黏性硅橡胶漆布带，然后用 0.14×25 的桐马环氧粉云母带半叠包到原来的厚度。包时云母带两面刷 53841YQ 环氧胶黏剂，其绕向应与原绝缘方向相同。最后包两层 0.1×25 的无碱玻璃丝带，刷 53841YR 环氧胶粘剂。包扎的新绝缘要与原来的绝缘搭接严密。

④检查极相组连接，并联引线、主引线的接头处是否漏水，绝缘是否有膨胀、过热现象。如有漏水，应对接头进行磷焊（HIAgCu80-5）补焊，重新半叠包两层 0.2×50 的自黏性硅橡胶漆布带，然后半叠包四层 0.14×25 的桐马环氧粉云

母带,云母带两面刷 53841YQ 环氧胶黏剂,再半叠包一层 0.1×25 的无碱玻璃纤维带,最外层刷 53841YR 环氧胶黏剂。这些过渡引线都不在槽内,因此自然固化即可。

⑤定子绕组端部的渐伸线部分,在额定运行时会受到比槽内部分大得多的交变电磁应力。当外部短路时,所产生的交变电磁应力比额定运行时要大近百倍。因此,绕组端部的支架、绑线、防振环、斜形垫条、间隔垫块、槽口垫块、适形材料及绑线,都要仔细检查,不得忽视、遗漏。对于浅层看不到的位置,要用反光镜检查。

⑥检查绕组端部的支架、绑线、防振环、斜形垫条、间隙垫块、槽口垫块、适形材料及绑线是否有松动、断股现象。如有松动和绑绳断股,必须割除原有材料,重新绑扎,加垫浸了环氧胶的适形材料,绑扎浸了环氧胶的涤波绳。端部绝缘如有磨损现象,必须查明原因,包扎磨损部分的绝缘,重新绑扎固定。如绝缘磨损严重,要详细检查、分析原因,做技术鉴定,及早做好更换新线棒的准备。

6) 检查槽楔

①检查定子槽楔有无松动、断裂现象,是否有粉末。

②用小锤敲击槽楔平面。敲击时声音低沉表明槽楔已松动。声音低沉的直线部分不超过 1/3 槽长,或者局部严重松动,均应退出槽楔,清理干净后再在楔下加半导体垫条或环氧树脂板垫条,并重新打紧。

③使用专用千分表通过槽楔上所开的测量小孔测量波纹板的波峰和波谷的差值来判断槽楔的紧固程度。

④各槽楔的通风口应与铁芯的通风口对齐,无铁芯突出及破裂、变形、老化现象。

7) 检查定子穿芯螺杆的绝缘

①检查穿芯螺杆的绝缘有无绝缘垫圈开裂、漆膜脱落等现象。

②使用 1000 V 的直流低电压仪器检查定子穿芯螺杆的绝缘电阻,绝缘电阻超过 100 Ω 表明绝缘性能良好。

③如绝缘垫圈出现裂纹,应更换相同材质的新垫圈。对于已污染的爬电表面,可以拆开螺母加以清洗,但必须小心,不得转动螺杆或损伤螺杆的绝缘。

8) 检查定子铁芯的热、冷风道

①检查热、冷风道有无异物,特别是刚投运的机组,检修时应着重检查,清

理焊渣等异物。

②检查并清理风道底部的积油,检查风区各排油孔是否堵塞。

3. 定子水系统密封性检查

定子水系统密封性检查分为水压试验和气压试验,推荐用气压试验替代水压试验。

1)定子线棒水压试验

①分别在发电机冷却水进水门后法兰、发电机内冷水反冲洗进水门后法兰及发电机引出线冷却水旁路门后等处加堵板并紧固,确保无渗漏现象。

②在发电机定子冷却水进水门后加装专用水压试验控制管(管上装有压力表),并用耐压胶皮管将其与水压泵相连,对发电机定子注水。

③打开发电机定子冷却水放气门和排污门,缓慢开启水压试验专用控制门,将凝结水引入发电机定子并缓慢升压。当压力表起压后关闭排污门,同时反复开、关排气门,使定子内的空气全部排出。此时关闭排气门,将定子水压提高到 0.50 MPa。然后对所有管路结合面、绝缘引水管、汇流管等进行检漏,直至漏点全部消除。

④将压力升至 0.50 MPa,压力保持不变,再次对线棒各接头、绝缘引水管接头、并联引线至软连接上部接头和极相组连线的接头,逐一进行详细检查,不得有渗漏现象。每小时记录一次。水压试验持续 8 小时。无压力下降及渗漏现象则说明水压试验合格。

⑤待水压试验结束后将绕组内的水全部排尽,拆除堵板和专用工具,发电机恢复至运行状态。

2)定子线棒气压试验

①用专用闷板闷住定子的进水法兰、出水法兰。

②用闷板闷住汽侧汇水管底部的放水阀。在励侧汇水管底部放水阀上装上专用接头(带有压力表)和阀门,并连接压缩空气或氮气。

③系统排水。为排空系统内残存的水,先充入压缩空气或氮气,压力低于 0.198 MPa。然后瞬间排气,带出系统中残存的水。重复以上步骤,直至系统内的水分排空和吹干,防止死角积水。

④充气。打开阀门,向发电机内缓慢充入压缩空气或氮气,气压慢慢升到

0.5 MPa(试验压力)。

⑤关闭压力表前的阀门。所有阀门都应关闭严密。

⑥稳定2 h后进行气密试验,试验时间24 h,将开始与结束时的有关数据记录在表格中。

⑦判断标准:24 h的泄漏压降$\triangle P_d \leqslant 0.2\% \times P1$,$P1$为起始试验压力。即24 h的泄漏率$\delta \leqslant 0.2\%$。(若有掉压或渗漏,查明原因并进行处理。必要时进行第二次气压试验)。

将试验数据填入检修报告中。

Ⅰ、测温元件检查

1. 检查外观:汽侧线圈出水接头处的测温元件无缺损、断线。

2. 在机座接线板处测量测温元件的绝缘电阻和直流电阻。使用额定电压250 V的绝缘电阻表计,检查槽内埋置的测温元件的绝缘电阻。如读数偏低,应查明原因,消除缺陷。对于不合格元件,应拆开接线柱,单独测量。不合格元件应剔除。对于测温元件损坏的定子线槽,可在线圈冷却水出水接头处补埋测温元件。若出水接头处的测温元件已损坏,则应更换新元件。

3. 检查各接线端子是否紧固,接线端子的密封垫、接线板的密封垫是否老化、破损。若密封垫老化、破损,则要更换新的密封垫。

4. 试验结果填入测温元件试验报告中。

十一、发电机人孔门、出线罩及出线套管检修

1. 发电机人孔门检查

打开发电机人孔门,检测发电机内的氢气含量是否小于1%。检查人孔门内的出线情况,出线应绝缘完整,无破损,无油渍,无过热、流胶现象。引线固定架应无变形,螺丝应紧固,垫片应锁紧。检查出线过渡引线段绝缘是否破损,清除油污。清除人孔门的油污。更换人孔门的密封垫。

2. 出线罩及出线套管检查

检查端罩、出线罩有无锈蚀。如有锈蚀,则应清理干净,再刷防锈漆,清除端罩和出线罩壁上的油垢。检查出线套管的内冷水支路是否畅通。检查出线套管是否完好,有无裂纹、放电痕迹。套管表面应干净,无油污。套管密封圈应无老化现象,如已老化则应更换。

十二、转子检修

1. 检查轴颈上有无刻痕、裂纹、凹槽、过热、变色或其他缺陷。检查外油挡盖的油封、轴瓦、密封瓦和迷宫密封挡油环,检查接触部位是否过度磨损,有无不圆度(或称椭圆度)。

2. 检查风扇叶片是否有裂纹和斑点,是否变形。螺母应紧固,止动垫板边应销紧。叶片抛光面应光滑,可用小铜锤轻轻逐个敲打叶片,叶片应无破裂音。叶片根部尺角处是应力集中点,要细心检查,并进行金属探伤。

3. 拆装叶片螺母要用力矩扳手,力矩严格控制在 392 N·m 较为合适。不得用力过猛。

4. 需要更换新叶片时,新旧叶片要严格对称,新旧叶片的重量要相同。如有差别,另选合适的叶片。仍然有微小的差别时,可用锉刀将新叶片从叶片顶部锉去,直至重量合乎要求为止。锉去部分要圆滑,不得有尖角,也不得划伤叶片。经过处理的叶片,经目测和探伤检查合格,方可安装。新叶片的角度,要与旧叶片相同。

5. 检查风扇座环及动风叶的轴向及颈向间隙有无异常情况,风叶及其座环有无过热现象,座环外圆及座环端面有无损伤,风扇座环的动风叶根部及衬托部分有无裂纹或刻痕,座环侧面平衡块是否松动。若有可疑点,要用细砂布打磨后用放大镜仔细观察,并请金属组人员对以上环件进行金属探伤检查。

6. 中心环上的平衡块是容易松动的零件,必须逐个检查。如果松动,可将平衡块顶丝旋紧,用洋冲封死,再将两端的平衡块与中心槽用洋冲封死固定。

7. 检查护环与转子本体搭接处有无变色及电腐蚀、电烧伤现象。如有轻微的变色和电腐蚀现象可以不做处理。但要记下位置,以便进一步观察、分析原因,并向有关领导汇报。如烧伤和电腐蚀严重,要会同制造厂研究处理方案。

8. 检查转子本体表面是否有变色、生锈现象。有变色现象说明转子本体铁芯过热,要设法进行处理,同时做好标记和记录,以便今后进一步观察。有锈斑说明氢气湿度大,应向制氢人员反映,并加强氢气的干燥。

9. 检查转子槽楔上的各通风孔进、出风斗是否变形,进、出风斗是否畅通无阻,是否有灰和油垢。槽楔与铜线通风孔之间不应有不正常的轴向位移。转子槽楔不应断裂、突出和位移。进、出风斗要与铜线通风孔对齐,不应盖住通风孔。导风舌不应歪斜。

10. 吹扫转子风路：将 0.3 MPa～0.4 MPa 的干燥压缩空气，接至专供吹扫风斗用的风嘴上，从每个热风区的甩风斗，向冷风区的进风斗反吹扫。然后再逐个从冷风区的进风斗向热风区的甩风斗正吹扫。要对每个风斗正反吹扫两次，在吹扫过程中要通过手的感觉去判断每个风斗出风的大小。如果发现风斗出风不畅，或有堵塞时，应进行多次正反吹扫。如果仍不奏效，可将该风区同槽风路的风斗用橡胶塞塞住，留下出风不畅或堵塞的风斗，再反复对这些有问题的风斗进行正反吹扫，直至出风正常为止。如果同一槽连续有三个风斗堵塞，则应向有关领导汇报，分析原因，制定处理方案后再进行处理，否则发电机不能投入运行。因线圈端部无进风斗，只要用压缩空气将大护环下的气室和大齿上的甩风槽吹扫干净即可。

11. 检查滑环表面是否光滑，是否有锈斑和烧痕。凹凸不平处不应超过 0.5 mm，超过时应进行车铣，并用金相砂布打光。光洁度应达▽7 以上。

12. 检查滑环引线螺丝是否紧固，通风孔月牙槽和螺旋槽是否有油垢，用 0.3 MPa 的压缩空气将滑环吹扫干净。

13. 转子气密试验。

1) 将励端中心孔的堵板和密封垫取下，另装一个 20 mm 厚的法兰，垫橡胶密封垫，接上打磨用的专用工具，自励端轴向中心孔充气。

2) 将干燥清洁的压缩空气缓慢升至 1.38 MPa 表压，用卤素检漏仪检漏。禁止用肥皂水找滑环引线的密封处。检查汽、励两端轴孔的密封处以及转子径向导电螺杆的密封处等是否有漏气现象。如漏气应更换橡胶密封圈，然后再重新找漏，直至不漏气为止。

3) 将压力调至 1.38 MPa 表压，历时 2 小时。在周围大气压和温度变化不大时，2 小时内允许压力下降值不大于 0.04 MPa 为合格。

4) 仔细检查上述各处的密封圈。密封圈如有裂纹、断裂、变形及失去弹性，即使密封试验合格，也要更换新的密封圈。

5) 试验结束后，应将拆除的密封堵板和密封圈恢复至运行状态。每天工作结束后必须将转子用专用篷布盖好。

注意事项：在做气密试验前应先按转子绕组电压等级测试径向导电螺杆装

配的绝缘电阻值。

十三、集电环及刷架部分检修

1. 检查集电环有无过热、变色现象,集电环绝缘筒等是否松动及破损,是否有过热、爬电、烧灼痕迹。

2. 检查转子线圈引出线导电螺钉的密封胶圈是否老化、损坏,是否密封严密。如果发现转子引出线导电螺钉的密封胶圈漏气,可通过旋紧密封胶圈进行控制。必要时旋下该引出线的导电螺钉,取出已老化的密封胶圈,予以更换。

3. 用干燥的压缩空气(0.2 MPa 压力)吹扫集电环处的灰尘,并用竹条捅刮螺旋通风槽及斜向通风孔中的油垢和积灰,再用清洗剂清理干净。

4. 测量转子的绝缘电阻,绝缘电阻应大于 0.5 MΩ。

5. 检查运行中的集电环电刷是否存在跳动、冒火、发热等现象以及集电环的椭圆度和凹凸不平度。如果椭圆度大于 0.05 mm,凹凸不平度大于 0.5 mm,应进行车旋及磨削处理(电动盘车下进行)。

6. 用深度游标卡尺测量集电环螺旋通风槽的深度,并用外卡测量集电环的直径,做好记录。螺旋沟应有 0.5 mm~1 mm 的倒角。如果螺旋通风槽深度不足 2 mm,集电环直径小于名义尺寸的 20 mm 以上,就应更换新的集电环。

7. 检查风扇有无损伤及异常。

十四、氢气冷却器检修

1. 吊出氢气冷却器

检查并确认氢气冷却器的进、出水阀门已关闭,拆除氢气冷却器的进、出水法兰。拆除氢气冷却器与发电机本体结合面的螺丝,将氢气冷却器吊出。

2. 检修氢气冷却器

1)拆开每组冷却器的进、出水管接头。

2)拆开每组冷却器两侧的端盖。

3)通入 0.2 MPa~0.3 MPa 的工业水或自来水,对冷却器的每根铜管进行冲洗,并用尼龙刷反复捅刷,直到铜管内壁的淤泥冲洗干净,出水清澈为止。

4)清洗冷却器端盖,必要时刷防锈漆防腐。

5)更换新的密封垫,回装端盖。

6)每组分别通入 0.5 MPa 的工业水进行水压试验,确保 30 min 无渗漏。

7)填写氢气冷却器水压试验记录表(表 2.4)。

表 2.4　氢气冷却器水压试验记录表

冷却器	开始时间	开始压力	结束时间	结束压力
氢气冷却器 A				
氢气冷却器 B				

8）若有渗漏，则需再拆除端盖，逐根进行水压试验，试验压力同上。

9）找出漏水铜管后，从两头用紫铜闷头闷上或更换新的铜管。闷上的铜管数不超过总数的 1/4，否则应更换。

10）氢气冷却器外表面用压缩空气清扫。

3. 氢气冷却器的回装

1）分组水压试验合格后，检查并清理连接管，连接管应无锈蚀和损伤。

2）清理氢气冷却器与发电机本体的结合面，保证结合面清洁，无细小颗粒，更换密封垫。

3）吊入氢气冷却器，回装进、出水连接管，紧固所有螺丝。

4）全部部件回装后进行整体通水试验，各接头应无渗漏。

十五、定、转子电气试验

试验过程和标准详见《电力设备预防性试验规程》，试验结果应合格。

十六、氢气回路的检查

检查氢气管路和氢气干燥器，消除漏点。根据运行中的氢气的湿度及干燥剂的运行时间，确定是否更换。

十七、发电机其他部分的检查、清扫及试验

1. 发电机电流互感器的检查

清扫电流互感器，检查电流互感器有无过热、变色痕迹，表面是否破损。电流互感器接线端子应牢固，接线应可靠，并进行试验。

2. 发电机电压互感器的检查

清扫发电机电压互感器并进行试验（见《电力设备预防性试验规程》）。检查电压互感器有无过热、变色痕迹，表面是否破损。电压互感器插头应接触良好，熔断保险应无损坏，三相电阻应一致。

3. 发电机出口避雷器的检查

清扫避雷器并进行试验（见《电力设备预防性试验规程》）。检查表面是否

破损,插头接触是否良好。

4. 发电机封闭母线微正压装置的检查

正压按照设定的压力启动、停止,正压装置显示应正常。

5. 发电机封母的检查

检查发电机出线盒上部的排氢孔是否畅通。检查封母是否干燥、清洁,检查支撑瓷瓶并进行试验,支撑瓷瓶应绝缘、耐压。发电机封母应密封良好,并进行气压试验,试验应合格。

十八、安装发电机转子

1. 安装转子前的检查

检修工作负责人在定子、转子检修完毕后,具备安装转子和验收条件时,通知有关人员到现场进行验收。检修工作负责人应向验收人员交代主要检修项目、发现的问题和处理情况等。验收人员进行验收,验收应合格。若某些项目不合格,再根据执行程序中的有关条款重新检修。

2. 穿入转子

经检查,定子膛内的确无异物,方可进行穿入转子工作。

1)将发电机汽、励两端的下半内端盖装好,安装好定位销,用螺丝将内端盖拧紧。

2)将发电机汽端下端盖安装到位,打好定位销并紧固好端面的螺丝。

3)将发电机励端下半中间环固定于下半端盖内,然后用专用吊攀将下半端盖吊入机坑(其下降位置以转子能顺利通过为宜),并在端盖与定子端面之间垫以木制垫块,以保护垂直面。

4)将定子铁芯保护橡胶板铺设在定子内膛底部,保证金属部分不与定子铁芯内圈接触。

5)将弧形滑板(滑板上的铁锈清理干净,在上表面涂上石蜡)铺设在定子铁芯保护橡胶板上。在弧形滑板角上的孔中穿入绳索,以便转子穿入后将滑板抽出。绳索外端固定,然后用布将定子线圈端部和定子铁芯保护板的露出部分遮盖好。

6)用扳手将轴颈托架固定在汽端转子上,再将拉转子的吊攀横梁固定在励端转子的靠背轮上,以便将转子拉入定子膛内。

7)使转子保护套就位于转子重心两侧,外缠胶皮进行保护。再将钢丝绳绑扎于转子保护套上,用励端行车大钩吊起转子并找平。调整好定、转子的气隙后,指挥行车将转子缓缓穿过励端端盖,并继续将转子穿入定子膛内,将轴颈托架接到弧形滑板上。但钢丝绳不得碰到机壳,且铁芯的阶梯形边端不允许受力。当钢丝绳将要碰到定子端面时,降低转子,在励端用枕木和垫块支撑转子,使转子的重量由汽端轴颈托架和励端转子下的枕木和垫块来支撑。

8)拆去转子保护套和胶皮,将钢丝绳移至励端轴承的肩胛挡,使转子的重量由钢丝绳和轴颈托架支撑,并移去励端转子下的枕木和垫块。

9)挂好倒链,拉动倒链,与行车配合,将转子拉入定子内膛。

10)当轴颈托架接近弧形滑板的边端时,在适当的位置装入托板。托板与护环之间至少保留 76 mm 的距离,且托板必须沿轴向找正。稍微降下励端,使汽端转子的重量移至托板上,再继续缓缓穿入转子。待汽端联轴器的套筒穿出汽端机座外壁且励端护环内侧距励端滑板约 613 mm,汽端护环内侧已穿过最后一挡铁芯内圆的气隙隔板时,将汽端行车的钢丝绳吊住汽端联轴器的套筒,但不得碰到汽端机座的外壁,使汽端转子的重量转移到汽端的钢丝绳上。同时升起汽端钢丝绳,使转子抬高 21 mm,但不能使转子凸出槽楔、碰到铁芯内圆的气隙隔板。从励端抽出托板,放低汽端钢丝绳,使转子处于水平中心位置。继续穿转子,待轴颈托架移出定子线圈端部时,将轴颈托架转 180°上翻,并在轴颈上拧紧,继续穿转子,使其至最终位置。

11)尽可能抬高转子,拆除弧形滑板及定子铁芯保护橡胶板。

12)将转子汽端抬高 13 mm,把转子支持工具装在汽端端盖上,调节千斤顶螺钉,将转子移至上述所抬高位置,拆去汽端钢丝绳。

13)安装汽端绝缘的下半轴瓦座,要确定带绝缘的定位销安装在轴瓦上,然后将轴瓦放在轴颈上旋转就位。

14)用倒链将励端端盖拉到安装位置,打入定位销,穿入端面螺丝并紧固。

15)将转子支持工具装在励端端盖上,调节千斤顶螺钉以支撑转子。拆除励端钢丝绳,安装励端下半轴瓦座和轴瓦,将转子落在轴瓦上。穿转子工作结束。

十九、发电机的组装

1.装复前对机壳底座和端盖进行检查和清洁

1)大端盖和小端盖内外应清洁、无裂纹。风挡导风圈等应完整、无磨损。下端盖底座内应清洁。

2)冷、热风道无异物,应清洁、不漏风。组装两侧大端盖前应仔细检查定子端部绕组,确保其清洁、无残留物。

2. 端盖的组装

1)安装发电机两端轴承前,检测轴承绝缘。用 500 V 的摇表检查,绝缘电阻应大于 0.5 MΩ。仔细检查轴承绝缘。组装后检查轴承环的绝缘电阻测量端子、氢密封罩的绝缘电阻测量端子。

2)配合汽机进行转子找正,测量定、转子的气隙。

3)安装转子风扇叶片,安装汽、励两端的风挡。

4)测量汽、励两端的风扇和风挡间的间隙,风挡间隙应符合标准。装复汽、励两端的挡风环。

5)所有的螺丝、销子、平垫、止锥垫都要紧固,并由专人最后检查一遍。

6)安装汽、励两端的上半外端盖,用定位销定位,并用螺丝拧紧。

7)用专用工具将专用密封胶灌注在端盖与机座及上下端盖结合面之间。

8)汽机安装汽、励两端的密封瓦座及密封瓦。瓦座与大盖绝缘,用 500 V 的绝缘电阻表测量对地绝缘电阻,绝缘电阻大于 10 MΩ。

9)汽机安装汽、励两端轴瓦,测量瓦口的间隙、顶隙及轴瓦紧力,并做好记录。

10)安装外油挡,拧紧螺丝。

11)检查并核实发电机内部工作全部结束,且无任何遗留物后,封堵发电机人孔门。

3. 发电机引线的检查及连接

1)检查发电机出线罩内的软连接线及过渡引线是否松散、断裂。套管应光滑、干净,各接触面的镀银层应完好,应无发热、变色和放电现象。各处所包绝缘物应无发热、变色和烧焦现象。

2)出线进、出水母管和绝缘引水管无松动和断裂现象。

3)出线罩外的套管、梅花接头及软连接辫子线的各接触面的镀银层完好,接触面平整、光滑。连接前将接触面用酒精擦干净。软连接辫子线紧固后,用 0.05 mm 的塞尺检查接触面,四周任何一点的插入深度不得超过 5 mm。

4)出线罩内的油垢要清理干净,排污管路要畅通无阻,套管应干净清洁。待出线水路水压试验合格,各部件检查无误后,装上出线罩人孔门,并更换人孔门的橡胶密封垫。

4. 滑环刷架和引线的装复

1）将刷架的每一个刷握清理干净，将各部螺丝紧固。将刷架吊至原来的位置，不得碰伤滑环。将地脚螺丝紧固。

2）调整各刷握距滑环的距离，距离以 2 mm～3 mm 为宜，且均匀一致。刷握应垂直于滑环，不得歪斜。

3）较短的电刷要更换新的。电刷与滑环的接触面要吻合，电刷与刷握的间隙为 0.1 mm，并能上下自由活动。电刷不要有大小头，接触面应达到 75% 以上。

4）要使用统一型号的电刷，其型号和尺寸应符合要求。电刷要完整、无破裂，刷辫要铆接牢固，无断裂、松散现象。接触电阻相差不应过大。

5）用干燥的压缩空气吹扫滑坏和刷架，用 100 V 的摇表单独测量刷架绝缘电阻，绝缘电阻应良好。

二十、修后及试验

1. 修后试验项目及标准详见第四节

2. 发电机出线及中性线的检查与连接

1）检查并确定无灰尘、杂物黏附在导体或软导线上，否则应用柔软的布清理导体表面。接线时接触面应平整、无毛刺，否则应用柔软的布清洁导体的接触面。螺栓及螺帽不应有滑丝现象，否则应更换。

2）在导体的接触面上均匀地涂上导电化合物，涂层厚 0.1 mm～0.2 mm。

3）涂完后，应尽快用螺栓将软导线和导体连接起来。若不能尽快压接，应将涂了化合物的表面覆盖好，并保持干净。

4）用螺栓将导体和软导线连接起来，扭矩力见表 2.5。固定螺栓有弹簧垫片，应均匀地紧固。螺栓拧紧期间，不得有杂物进入导体之间。

表 2.5　扭矩力

螺栓规格	扭矩/kg·cm	扭矩力/N·m
M12	400±50	39.2±4.9
M16	1120±100	109.76±9.8
M20	1800±300	176±29.4

5）螺栓拧紧后，用布把所有凸出的化合物清除掉。各处拧紧后 24 h，再把

螺栓拧到规定扭矩,将保险垫片锁紧、弯曲。

3. 发电机人孔门的封闭

检查并确定发电机人孔门内无异物,所有螺丝紧固完毕。通知验收人员到场检查,检查合格后,封闭发电机人孔门,清理发电机人孔门的结合面,更换密封垫,装复人孔门,将所有螺丝紧固。

二十一、发电机复式刷架及集电环的检修、就位与调整

1. 电刷的拆卸或更换

通常,电刷电流密度为 6 A/cm² ~ 8 A/cm² 时,正常操作条件下电刷的磨损量为 10 mm ~ 15 mm 每 1000 小时。当电刷长度达到接近磨损极限时,电刷软导线便处于几乎完全伸长的状态。在每把电刷上都标一条磨损极限线,如果电刷磨损超过这条线,电刷将不能使用。

2. 电刷的装入

装入电刷架的把手与滑环呈轴向垂直状态。将电刷架完全插入电刷支架,而后使把手推进一点并顺时针转动 90°(按聚碳酸酯防护板上标出的装入箭头方向使把手旋转 90°),使把手与滑环呈轴向平行。电刷的刷握脱离电刷底部,电刷全部弹出,结果使所有电刷以固定的压力压在滑环表面上。此时通过手柄上的销与支架底部凸轮的啮合,刷握完全装到了支架上。

3. 电刷的取出

为了取出电刷刷握,将把手逆时针旋转 90°,使把手与滑环呈轴向垂直状态,然后轻轻地拔出电刷,即可更换电刷。

4. 刷握与集电环之间的间隙的调节

拆前测量刷握与集电环之间的间隙,做好记录,恢复时保持此间隙不变。一般间隙为 4.8 mm ± 1.0 mm。随着滑环磨损的逐步扩大,负极侧磨损量往往比较大,因此必须变换极性来使两侧磨损量保持相等。

通过调整调节螺栓也可以调节间隙。间隙调节完毕后,给调节螺栓头部涂一层环氧树脂漆用于螺栓的锁定。调节频率很低,通常每运行两年调节一次。

5. 发电机集电环及刷架的检修

1)对集电环架及风扇罩进行清理和检查。

2)检查并清扫电刷架,按拆卸时的位置标志装复刷架。注意调整刷架及刷杆在转子轴向与集电环的相对位置,以保证机组开启后转子轴向励端伸长时电刷不会偏移出集电环。

3)清扫复式刷握、恒压弹簧及螺钉等,确保其无损伤、变形、过热、灼伤等现象,损坏的应更换。

4)找完发电机转子中心后,调节刷架支架的间隙,使之合乎要求,并保持距离一致。刷握的固定螺钉应紧固、无滑丝,否则更换新的螺钉。

5)检查电刷的规格牌号及磨损情况,磨损严重的应更换。检查刷辫是否有过热、断股等现象。安装电刷和恒压弹簧。固定电刷的接头部位应干净、接触良好,固定螺钉应紧固、不滑丝。调整电刷与刷握的装配间隙。研磨电刷与集电环的接触面,使接触面达80%以上。

6)接集电环引线前用500 V的摇表测励磁回路的绝缘电阻,绝缘电阻应大于0.5 MΩ。测量数据填入检修报告中。

7)接好引线后测转子回路对地绝缘。

8)恢复导风板,测量并调整导风板与风扇之间的间隙。

9)将集电环小室内的各部件安装好。将内部照明、加热器、测氢仪、消防设备等设备的引出线接好。

10)把集电环小室及其轴封装好。同时调整轴封间隙,使其不小于1 mm。

二十二、励磁回路的检查

1. 检查主回路对地绝缘电阻,励磁回路绝缘应大于0.5 MΩ。

2. 检查并清扫励磁封母。

3. 检修励磁开关。

4. 检查接头、固定螺栓等是否松动,若松动则应拧紧。检查接头或元件是否有过热、变色现象,如存在过热、变色现象应进行处理。

5. 励磁变压器的检修参考变压器检修的相关章节内容。

二十三、发电机整体进行气密试验

1. 确认发电机本体检修结束,发电机冷却水系统检修完毕,发电机气管和油管连接牢固,发电机密封油系统和润滑油系统能够正常投运。

2. 启动发电机密封油系统,启动发电机内冷水系统,发电机水温保持在30 ℃。

3. 在盘车状态下,通过气体干燥器向发电机内输送干燥、清洁的压缩空气。注意控制气源,发电机内部的压力应在发电机最大工作压力范围内。当发电机升压至 0.50 MPa 时,停止输送压缩空气,开始检漏。必须检查的部位有发电机端盖、螺栓、定位部件等结合面,氢气冷却器上下结合面,气体干燥器,发电机转子集电环引线部位,发电机人孔门,发电机出线套管处,发电机测温元件出线板,发电机本体各结合面,氢气控制盘内的所有部件,密封瓦处的部件,氢气管道的法兰、焊接部位、阀门、接头等,所有表计、变送器等处的接头。

4. 将发现的漏气点消除。漏气点全部消除后,发电机内的压力升到 0.50 MPa。气密试验进行 24 h,测量时记录每小时的压力下降值,并将相关数据填入发电机气密试验记录表(表 2.6)中。

表 2.6 发电机气密试验记录表

时间	测试时间	发电机内压力	大气压力	发电机气体温度	大气温度
	0	P_1	B_1	T_1	
	1				
	2				
	…				
	23				
	24	P_2	B_2	T_2	

按照公式计算,24 h 的漏气量应小于 1 m³。

$$L_0 = \left(\frac{P_1 + B_1}{273 + t_1} - \frac{P_2 + B_2}{273 + t_2}\right) \times \frac{273 + 20}{0.1013} \times V \times \frac{24}{T}.$$

式中:L_0 为泄漏率(m³/天);P_1 为发电机初始气压(MPa);P_2 为发电机试验最终气压(MPa);B_1 为试验初始大气压(MPa);B_2 为试验最终大气压(MPa);t_1 为试验初始发电机气体温度(℃);t_2 为试验最终发电机气体温度(℃);V 为气体容积(90 m³);T 为试验时间。

二十四、收尾工作

1. 检查定子绕组进、出水阀门并使它们恢复到正常运行位置。检查转子接地电刷接触是否良好。

2. 清扫平台,清洁所有窥视孔的玻璃。运走发电机平台上的所有工具。工作负责人对检修设备的外观做详细检查,确认没有疏漏后,通知检修人员全部撤离现场。

3.终结工作票,关闭作业指导书。编写发电机检修总结报告,包括检修情况简介、异常处理情况、更换备品备件数量。

第四节　发电机试验项目及标准

发电机试验项目及标准详见表2.7。

表2.7　试验项目及标准

序号	项目	周期	要求	说明
1	定子绕组的绝缘电阻、吸收比或极化指数	1)C级检修时 2)A级检修前后 3)必要时	1)绝缘电阻值自行规定,可参照厂家的规定。 2)各相或各分支绝缘电阻的差值不应大于最小值。 3)吸收比或极化指数:环氧粉云母绝缘吸收比不应小于1.6,极化指数不应小于2.0。 4)对汇水管死接地的电机,测量宜在无水情况下进行,在有水情况下应符合产品技术文件要求;对汇水管非死接地的电机,测量时应消除水的影响	1)水内冷定子绕组采用专用兆欧表。 2)200 MW及以上的机组推荐测量极化指数
2	定子绕组的直流电阻	1)不超过3年 2)A级检修时 3)必要时	汽轮发电机各相或各分支的直流电阻值,在校正了引线长度不同引起的误差后相互间的差别不得大于最小值的2%,对初次(出厂或交接时)测量值进行比较,差值不得大于最小值的2%。超出要求者,应查明原因	1)在冷态下测量,绕组表面温度与周围空气温度之差不应大于±3℃。 2)汽轮发电机相间(或分支间)差别及历年的相对变化大于1%时,应引起注意

续表2.7

序号	项目	周期	要求	说明
3	定子绕组泄漏电流和直流耐压试验	1)不超过3年 2)A级检修前后 3)更换绕组后 4)必要时	1)试验电压如下： 更换全部定子绕组,试验电压为3.0U_n；局部更换定子绕组,试验电压为2.5U_n；运行20年及以下者,试验电压为2.0U_n。 2)在规定试验电压下,各相泄漏电流的差值不应大于最小值的100%；最大泄漏电流在20 μA以下者,无要求。 3)泄漏电流不随时间的延长而增大	1)应在停机后、清除污秽前的热态下进行。氢冷发电机应在充氢后氢纯度为96%以上时或在排氢后氢含量在3%以下时进行,严禁在置换过程中进行试验。 2)试验电压按每级0.5U_n分阶段升高,每阶段停留1 min。 3)不符合2)、3)要求之一者,应尽可能找出原因并消除故障,但并非不能运行。 4)泄漏电流随电压不成比例显著增大时,应注意分析。 5)试验时,微安表应接在高压侧,并对出线套管表面加以屏蔽。水内冷发电机汇水管有绝缘者,应采用低压屏蔽法接线；汇水管直接接地者,应在不通水和引水管吹净的条件下进行试验。 6)对汇水管直接接地的发电机,在不具备做直流泄漏电流试验的条件下,可在通水条件下进行直流耐压试验,总电流不应突然变化
4	定子绕组交流耐压试验	1)A级检修前 2)更换绕组后	1)更换全部定子绕组并修好后的试验电压为2U_n+1000 V。 2)大修前或局部更换定子绕组并修好后的试验电压为1.5U_n	1)应在停机后、清除污秽前的热态下进行。处于备用状态时,可在冷态下进行。氢冷发电机试验条件同本表序号3的说明1)。 2)水内冷电机一般应在通水的情况下进行试验,进口机组符合厂家的规定,水质满足技术要求。 3)采用的变频谐振耐压试验频率应在45 Hz～55 Hz的范围内。 4)有条件时,可采用超低频(0.1 Hz)耐压。试验电压峰值为工频试验电压峰值的1.2倍

续表2.7

序号	项目	周期	要求	说明
5	转子绕组的绝缘电阻	1）B、C级检修时 2）A级检修中转子清扫前后 3）必要时	绝缘电阻值在室温时一般不小于0.5 MΩ	1）采用1000 V兆欧表测量。 2）对于300 MW及以上的隐极式电机，转子绕组的绝缘电阻值在10 ℃~30 ℃时不小于0.5 MΩ
6	转子绕组的直流电阻	1）A级检修时 2）必要时	与初次（交接或大修）所测结果比较，其差值一般不超过2%	1）在冷态下进行测量。 2）若是显极式转子绕组，还应对各磁极线圈间的连接点进行测量
7	转子绕组交流耐压试验	A级检修时和更换绕组后	试验电压为1000 V	1）隐极式转子拆卸套箍只修理端部绝缘时，可用2500 V兆欧表测绝缘电阻。 2）更换全部转子绕组过程中的试验电压值以制造厂规定的为准
8	发电机和励磁机的励磁回路所连接的设备（不包括发电机转子和励磁机电枢）的绝缘电阻	1）A、B、C级检修时 2）必要时	绝缘电阻值不应低于0.5 MΩ，否则应查明原因并消除故障	1）B、C级检修时用1000 V兆欧表测量。 2）A级检修时用2500 V兆欧表测量
9	发电机和励磁机的励磁回路所连接的设备（不包括发电机转子和励磁机电枢）的交流耐压试验	A级检修时	试验电压为1000 V	可用2500 V兆欧表测量绝缘电阻

续表 2.7

序号	项目	周期	要求	说明
10	定子铁芯试验	1)重新组装或更换、修理硅钢片后 2)必要时	1)铁芯最高温升不大于 25 K,齿的最大温差不大于 15 K,单位损耗不大于 1.3 倍的参考值,在 1.4 T 下自行规定。 2)对运行年限久的电机自行规定	1)在磁密为 1.4 T 时,持续时间为 45 min。 2)用红外热像仪测温
11	发电机组和励磁机轴承的绝缘电阻	A 级检修时	汽轮发电机组的轴承不得低于 0.5 MΩ	汽轮发电机组的轴承绝缘,用 1000 V 兆欧表在安装好油管后进行测量
12	灭磁电阻器(或自同期电阻器)的直流电阻	A 级检修时	与铭牌或最初测得的数据比较,其差值不应超过 10%	—
13	灭磁开关的并联电阻	A 级检修时	与初始值进行比较,应无显著差别	电阻值应分段测量
14	转子绕组的交流阻抗和功率损耗	A 级检修时,必要时	阻抗和功率损耗值自行规定。在相同试验条件下与历年的数值进行比较,不应有显著变化	1)隐极式转子在膛外或膛内以及不同转速下测量。 2)每次试验应在相同条件、相同电压下进行,试验电压峰值不超过额定励磁电压。 3)本试验可用动态匝间短路监测法代替
15	利用 RSO 法测量转子匝间短路	必要时	—	—
16	检温计绝缘电阻和温度误差检验	A 级检修时	绝缘电阻值自行规定	用 250 V 及以下的兆欧表测量

续表2.7

序号	项目	周期	要求	说明
17	定子槽部线圈防晕层对地电位	必要时	不大于10 V	1）运行中检温元件电位升高、槽楔松动、防晕层损坏时进行测量。 2）试验时对定子绕组施加额定交流相电压值，用高内阻电压表测量绕组表面对地电压值。 3）有条件时可采用超声法探测槽放电
18	汽轮发电机定子绕组端部动态特性和振动测量	1）A级检修时 2）必要时	自振频率不得介于基频或倍频±10%的范围内	—
19	定子绕组端部手包绝缘施加直流电压测量	1）现包绝缘后 2）A级检修时 3）必要时	1）直流试验电压值为U_n。 2）测试结果一般不大于下列值： 现包绝缘后电压值为1000 V，泄漏电流为10 μA； A修时电压值为2000 V，泄漏电流为20 μA	1）本项试验适用于200 MW及以上的国产水氢氢汽轮发电机。 2）可在通水条件下进行试验，以发现定子接头漏水的缺陷。 3）测量时与微安表串接的电阻值为100 MΩ
20	轴电压	A级检修后	1）汽轮发电机的轴承油膜短路时，转子两端轴上的电压一般应等于轴承与机座间的电压。 2）汽轮发电机大轴对地电压一般小于10 V	测量时采用高内阻（不小于100 kΩ/V）的交流电压表
21	定子绕组内部水系统流通性	1）A级检修时 2）必要时	1）超声波流量法，按照DL/T 1522执行。 2）热水流量法，按照JB/T 6228执行	本项目试验适用于200 MW及以上的水内冷发电机，测量时定子内冷水按正常压力循环
22	定子绕组端部电晕	1）A级检修时 2）必要时	按照DL/T 298执行	按照DL/T 298执行
23	转子气体内冷通风道检验	A级检修时	按照出厂技术文件执行	按照技术文件执行

续表2.7

序号	项目	周期	要求	说明
24	气密性试验	1) A 级检修时 2) 必要时	按照 JB/T 6228 执行	按照 JB/T 6228 执行
25	水压试验	1) A 级检修时 2) 必要时	按照 JB/T 6228 执行	按照 JB/T 6228 执行
26	定子绕组绝缘老化鉴定	累计运行时间20年以上且运行或预防性试验中绝缘频繁击穿时	按照 DL/T 492 执行	按照 DL/T 492 执行
27	空载特性曲线	1) 大修后 2) 更换绕组后	1) 与出厂(或以前测得的)数据进行比较，差值应在测量误差允许的范围内。 2) 在额定转速下定子电压最高值如下： 汽轮发电机为 $1.2U_n$(带变压器时为 $1.05U_n$)，有匝间绝缘的电机为 $1.3U_n$，持续时间为 5 min	1) 无起动电动机的同步调相机不做此项试验。 2) 发电机变压器组，可以只做带主变压器的整组空载特性试验
28	三相稳定短路特性曲线试验	1) 更换绕组后 2) 必要时	与出厂(或以前测得的)数据进行比较，其差值应在测量误差允许的范围内	1) 无起动电动机的同步调相机不做此项试验。 2) 新机交接未进行本项试验时应在 1 年内做不带变压器的三相稳定短路特性曲线试验
29	发电机定子开路时的灭磁时间常数	更换灭磁开关后	时间常数与出厂试验中或开关更换前的时间常数相比较，应无明显差异	—
30	检查相序	改动接线时	应与电网的相序一致	—

续表2.7

序号	项目	周期	要求	说明
31	温升试验	1）定、转子绕组更换后 2）冷却系统改进后 3）第一次大修前 4）必要时	应符合制造厂的规定	如对埋入式温度计的测量值有怀疑时,用带电测平均温度的方法进行校核

注:注明具体年份的标准,仅该年份对应的版本适用于本文;未注明年份的标准,其最新版本(包括所有的修改单)适用于本文。

第五节　发电机故障及处理

案例一:2019年某月某日,某火力发电厂#2号发电机有功功率630 MW,发电机差动保护动作,机组解列,联跳汽轮机,锅炉MFT。

案例分析:解体检查发现发电机内的残渣含铁量高,引线绑绳卜有磨损、露铜的情况,存在并联环引线间适形垫块绑扎松动导致引线绝缘损伤的异常状况,不排除发电机设计及制造工艺原因引发绝缘故障的可能性。

措施:检查发电机端部及并联环引线,发现问题应立即处理,确保垫块绑扎牢固,绑扎工艺及质量可靠。加装端部振动在线监测装置,实现端部振动实时监控,掌握端部振动变化情况。

案例二:2020年某月某日,某火力发电厂#1号发电机有功功率950 MW,发电机比率差动保护动作,机组解列,联跳汽轮机,锅炉MFT。

案例分析:故障原因是发电机出线A相柔性连接故障所致。该机组制造引线形位偏差过大导致异常受力、柔性连接局部应力增加,加之发电机固有的振动,导致柔性连接铜片疲劳断裂、过热,产生电弧,最终发展为短路故障。

措施:发电机柔性连接更换为铜编织柔性连接。检查类似发电机组是否存在同样的隐患并择机整改。定期检修时加强检查发电机出线的连接状况。

案例三:2019年某月某日,某火力发电厂#1机组负荷170 MW,发变组保护定子接地保护动作解列,联跳汽轮机,锅炉 MFT。

案例分析: 发电机励端定冷水放水管连接法兰焊缝与管道的结合面出现微小的裂纹,导致漏水。水滴通过发电机 CT 散热隔栅溅入发电机出口的接线盒内,造成发电机 A 相绝缘波纹板上积水,A 相引线通过积水对接线盒外壳放电,击穿绝缘。发电机定子接地保护动作,机组停机。

处理措施及防范措施如下:

1. 及时消除该区域的法兰管道泄漏点,在该区域法兰近端管道加装管道支撑,减少管道重量对焊缝的应力。利用停机临检机会,更换全部已产生裂纹的补焊管道。

2. 完善 CT 散热隔栅防水措施,如加强设备巡检,加强定冷水系统的检查,严防定冷水温度及压力异常波动,发现异常及时采取措施。

3. 完善设备检修项目,将发电机附近管道的法兰焊缝和密封垫检查项目纳入设备检修范围。同时检查其他发电机组是否存在类似的隐患并进行整改。

案例四: 某发电机安装调试期间,因全过程管理不到位,质量验收把关不严,发电机转子负极刷架与风轮之间存在碳刷异物,导致转子负极通过刷架—风轮—大轴接地,运行过程中转子一点接地保护动作。

案例五: 某 300 MW 机组小修后准备启动前,测量发电机转子绝缘值,几乎为零。检修人员对发电机励磁系统直流回路部分,按发电机转子、励磁直流母线、励磁整流柜进行分段解体检查,确认引起发电机转子绝缘低的部分是励磁直流母线。由于该母线至发电机侧一段为封闭母线箱,无检修门孔,从端部观察,并无异常现象。根据以往的经验,机组停机一段时间后,由于空气湿度较大,绝缘会下降。经研究,决定采用加电流的方法,使励磁回路发热去湿,以提高绝缘水平。一加电流,开关就跳,检查发现励磁整流变差动保护动作。检修人员就地检查,励磁整流变及母线箱外观均未见异常,也没有烟雾或焦煳气味;打开低压母线箱立段盖板后,发现母线有电弧熏黑痕迹。经检查,距励磁整流变约 3.5 m 处的母线为故障点。该母线为三相立式布置,由带凹槽的环氧树脂板按段分相隔开。故障点处 A、B 两相母线上缘各有一点状电弧烧灼痕迹,故障点处附近约 2 m 范围内的母线有被短路弧光熏黑的痕迹。在故障点下部的母线箱底找到两节约 6 cm 长的焊条,焊条两端均有烧熔的现象,与母线的烧灼痕迹相吻合,可以确定该焊条是引起励磁整流变低压母线短路的原因。故障发生前,有焊条掉入母线箱,并横搭在 A、B 两相母线上。故障发生时,短路电流将焊条烧断。检修人员紧急抢修后,又对发电机励磁直流母线部分做了进一步检查、擦拭,交流耐压试验合格。随后机组启动,执行发电机并列操作。当执行至"合灭磁开关 FCB"一项时,发电机转子一点接地保护动作,随即手动断开 FCB 灭磁开关,终止机组启动操作。再次将发电机侧励磁直流封闭母线箱焊开进行彻底检查,发现该段母线存在一个从封闭母线箱端部观察时看不到的瓷瓶。该瓷瓶及支持瓷瓶积灰约 1mm 厚。清理积灰后,继续采用烤灯及通大电流的方法加热励磁直流母线。最终测量出该段母线绝缘升至 0.2 MΩ,发电机转子及励磁回路整体绝缘升至 0.15 MΩ。之后顺利启机并网。

案例六:某 300 MW 发电机运行中有功负荷 200 MW,转子励磁电压 238 V,励磁电流 1850 A。现场报告发电机碳刷处冒火花并有焦煳味,立即将发电机无功负荷由 80 Mvar 降至 20 Mvar,但冒火花情况更严重,并发出发电机转子一点接地信号。15 min 后,运行人员手动断开发电机主开关,汽机联跳,紧急停炉。

停机后检查发现,发电机励磁机 10 组碳刷盒均有不同程度的烧损,其中四组已严重烧毁;导电板轻度烧损。环氧隔板一侧过热,有焦煳味。滑环有中度电烧损痕迹。绝缘套边缘轻度烧损,励磁机挡风环受热变形。

碳刷烧损是由初期的碳刷打火发展而来的。碳刷打火有以下几种原因:滑坏、电刷、刷握及刷架表面脏污;刷握边缘卡涩,弹簧压力不均;机组轴系振动较大,带动滑环一起振动。以上原因造成一些碳刷接触不良,接触电阻增大,使碳刷间的电流分配不均匀度变大,引起碳刷打火。碳刷打火后开始发热。由于负温度效应,碳刷的接触电阻变小。这样,流过该碳刷的电流将增加,该碳刷将继续发热,直至接触电阻降至饱和最低值,流过的电流至饱和最大值。如此恶性发展,使碳刷持续受热升温。同时,碳刷引线由于流过很大的电流,也在发热升温。经过一段时间后,温度达到碳刷引线(紫铜)的熔点温度时,碳刷的引线被烧断,该组碳刷退出运行。当部分碳刷引线被烧断或受热变形、卡涩而退出运行后,正常运行的碳刷将承担全部转子电流而出现过载现象,从而过热升温,并重复上述过程。随着碳刷发热升温情况的发展和问题碳刷数量的增加,碳刷打火愈演愈烈,并形成环火,产生很高的热量,直至烧损碳刷各部件。

处理措施及防范措施如下：

1. 加强对运行机组的巡回检查，定期测量碳刷的均流度和温度，便于发现过热、接触电阻大的碳刷。

2. 巡视时须检查刷架结构、滑环与碳刷的间隙、碳刷恒压弹簧等，确保它们符合要求。及时更换过短、损坏、发热变形的碳刷。如发现碳刷打火，应尽快戴上绝缘手套，提拉碳刷，及时消除卡涩、过热及异常振动现象，使碳刷滑动自如。

3. 停机时应及时吹扫，清除刷架、刷握、滑环等处的积灰和污垢，使碳刷活动自如。检修时须采取必要的技术措施，研磨碳刷的接触面，使新碳刷的接触面与滑环的弧面接触良好。

第三章　电力变压器

变压器是电力系统重要的主设备之一,是电压变换和电能传递的核心设备;发电厂通过升压变压器将发电机电压升高,由输电线路将发电机发出的电能送至电力系统;在变电站通过降压变压器将电能送至配电网络,然后分配给用户。

第一节　电力变压器的结构与原理

一、基本结构

电力变压器主要由铁芯及绕在铁芯上的两个或三个绝缘绕组构成。为增强各绕组之间的绝缘及满足铁芯、绕组散热的需要,铁芯及绕组被放置于装有变压器油的油箱中。然后,利用绝缘套管将变压器各绕组的两端引到变压器壳体之外。为提高变压器的传输容量,变压器上加装了专用的散热装置,作为变压器的冷却器。大型电力变压器均为三相变压器或由三个单相变压器组成的三相变压器。

二、接线组别

将变压器同侧的三个绕组按一定的方式连接起来,组成某一接线组别的三相变压器。

双卷电力变压器的接线组别主要有 Y_0/Y、$YN/\triangle$、$\triangle/\triangle$ 及 $\triangle/\triangle-\triangle$。理论分析表明,接线组别为 Y_0/Y 的变压器,运行时某侧电压波形会发生畸变,从而使变压器的损耗增加,进而使变压器过热。因此,为避免油箱壁局部过热,Y_0/Y 接线组别只适用于容量为 1800 kV·A 以下的小容量变压器。而超高压、大容量的变压器均采用 $Y_0/\triangle$ 的接线组别。

在超高压电力系统中,在接线组别为 $Y_0/\triangle$ 的变压器中,呈"Y"形连接的绕组为高压侧绕组,而呈"△"形连接的绕组为低压侧绕组。前者接大电流系统

(中性点接地系统),后者接小电流系统(中性点不接地系统)。

在 $Y_0/\triangle$ 接线的变压器中,以 $Y_0/\triangle-11$ 为最多,$Y_0/\triangle-1$ 及 $Y_0/\triangle-5$ 的也有。

$Y_0/\triangle-11$ 接线组别的意思是:(a)变压器高压绕组接成 Y 形,且中性点接地,而低压侧绕组接成 $\triangle$;(b)低压侧的线电压(相间电压)或线电流分别滞后于高压侧对应相的线电压或线电流 330°。330°相当于 11 点钟时时针和分针的夹角,故又称 11 点接线方式。

同理,$Y/\triangle-1$ 及 $Y/\triangle-5$ 的接线组别,则表示 $\triangle$ 侧的线电流或线电压分别滞后于 Y 侧对应相的线电流或线电压 30° 及 150°,30° 及 150° 分别相当于 1 点及 5 点时时针和分针的夹角,故分别称为 1 点接线和 5 点接线方式。

在电机学中,变压器各绕组之间的相对极性,通常用减极性表示法。

$Y_0/\triangle-11$、$Y_0/\triangle-1$ 及 $Y_0/\triangle-5$ 接线组别的变压器各绕组接线,其相对极性及两侧电流的向量关系,分别如图 3.1、3.2、3.3 所示。

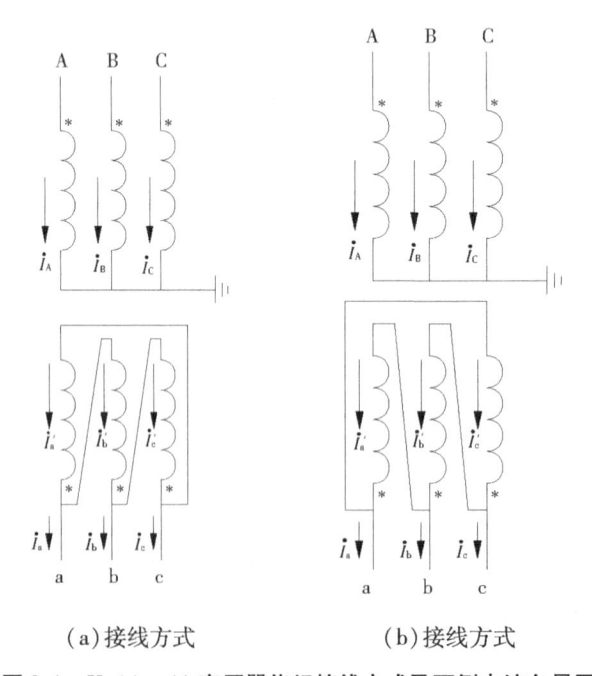

(a)接线方式　　　　(b)接线方式

图 3.1　$Y_0/\triangle-11$ 变压器绕组接线方式及两侧电流向量图

(a) 向量图　　　　　　　　　　　　(b) 向量图

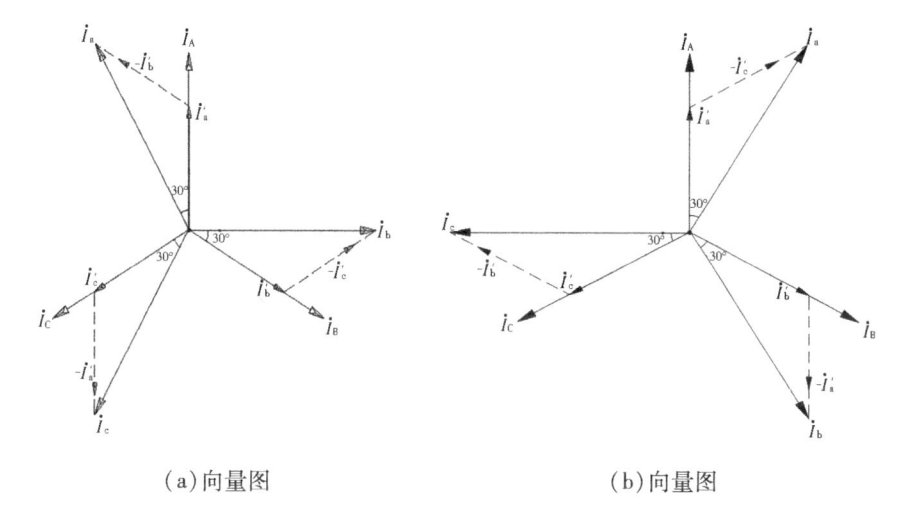

图 3.2　$Y_0/\triangle-1$ 变压器绕组接线方式及两侧电流向量图

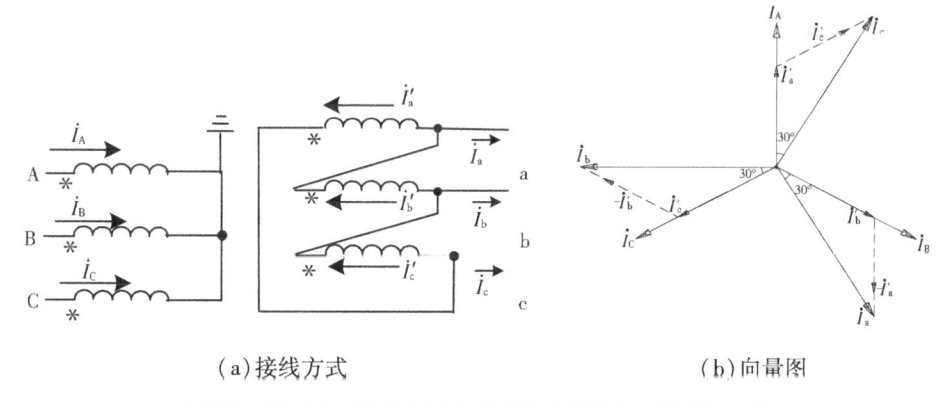

(a) 接线方式　　　　　　　　　　　　(b) 向量图

图 3.3　$Y_0/\triangle-5$ 变压器绕组接线方式及两侧电流向量图

在上述各图中：i_A, i_B, i_C 分别表示变压器高压侧三相电流；i_a, i_b, i_c 分别表示变压器低压侧三相电流；* 表示各绕组之间的相对极性。

由图可以看出：$Y_0/\triangle-11$ 接线的变压器，低压侧三相电流 i_a, i_b, i_c 分别滞后于高压侧三相电流 i_A, i_B, i_C 330°；$Y_0/\triangle-1$ 接线的变压器，低压侧三相电流 i_a, i_b, i_c 分别滞后于高压侧三相电流 i_A, i_B, i_C 30°；$Y_0/\triangle-5$ 接线的变压器，低压侧三相电流 i_a, i_b, i_c 分别滞后于高压侧三相电流 i_A, i_B, i_C 150°。

第二节　电力变压器技术参数

一、主变技术参数

主变技术参数详见表3.1。

表 3.1　主变技术参数

型式	户外、三相双绕组强迫油循环风冷无励磁调压电力变压器
型号	SFP10 – 780000/220
生产厂家	特变电工衡阳变压器集团有限公司
冷却方式	强制油循环风冷
额定容量	780000/780000 kV·A
额定电压	高压侧电压　242 ± 2 × 2.5% kV
	低压侧电压　20 kV
额定电流	高压侧电流　1860.9 A
	低压侧电流　22516.7 A
系统最高运行电压	高压侧电压　252 kV
	低压侧电压　24 kV
短路阻抗	高压—低压:14%
接线组别	YNd11
调压方式	中性点无励磁调压,调压范围为242 ± 2 × 2.5% kV
中心点运行方式	直接接地
极性	负极性

二、高厂变技术参数

高厂变技术参数详见表3.2。

表 3.2　高厂变技术参数

型式	户外、三相双绕组自冷无励磁调压分裂变压器
型号	SF10 – CY – 63000/20
生产厂家	特变电工衡阳变压器集团有限公司
冷却方式	自然油循环风冷(ONAF)

续表 3.2

额定容量	63000/36000 – 36000 kV·A
额定电流	1818.7/3299.1 – 3299.1 A
调压方式	中性点无励磁调压，调压范围为 20±2×2.5% kV
连接组别标号2	Dyn1—yn1
中心点运行方式	直接接地
短路阻抗	高压—低压:18.375%
极性	负极性
额定频率	50 Hz
相数	三相

三、启备变技术参数

启备变技术参数详见表 3.3。

表 3.3　启备变技术参数

型式	户外、三相双绕组风冷有载调压分裂变压器
型号	SFZ10 – CY – 63000/220
生产厂家	特变电工衡阳变压器有限公司
冷却方式	自然油循环风冷(ONAF)
额定电压比	230/6.3 kV
额定容量	63000 kV·A
调压方式	中性点有载调压，调压范围为 230±8×1.25% kV
连接组别标号2	YN,yn0 – yn0 + d
额定电流	158.1/3299.2 – 3299.2/1924.5 A
极性	负极性
额定频率	50 Hz
相数	三相

第三节 变压器检修周期及项目

一、变压器检修周期

大修周期:一般在投入运行后的 5 年内大修一次和以后每隔 10 年大修 1 次。箱沿焊接的全密封变压器或制造厂另有规定者,若经过试验与检查并结合运行情况,判定内部故障或本体严重渗漏油时,才进行大修。在电力系统中运行的主变压器当承受出口短路时,经综合诊断分析,可考虑提前大修。运行中的变压器,当发现异常状况或经试验判明内部故障时,应提前进行大修;运行正常的变压器经综合诊断分析,结果良好,生产厂长批准,可适当延长大修周期。

小修周期:一般每年 1 次。

附属装置的检修周期:保护装置和测温装置的校验,应根据有关规程的规定进行。变压器油泵电机(以下简称油泵)的解体检修周期:运行满 5 年进行一次。变压器风扇电机(以下简称风扇)的解体检修周期:运行满 5 年进行一次。自动装置及控制回路的检修周期:一般每年进行 1 次。套管的检修随本体进行,套管的更换应根据试验结果确定。

二、变压器检修项目及试验项目

1. 定期检修项目以及相关标准和处理方法详见表3.4。

表3.4 定期检修项目以及相关标准和处理方法

序号	检查项目	检查内容、标准、要求及故障处理方法	检查周期
\multicolumn{4}{c}{1.变压器油箱和油枕检查}
1.1	变压器油温检查	变压器运行期间观察变压器油温、绕组温度表指针变化情况,结合变压器的负荷,检查温度是否异常增高	每周
1.2	呼吸器检查	检查呼吸器,硅胶有效长度小于 7 cm 时更换;检查油杯及过滤油,如脏污,清理、更换过滤油	每周
1.3	变压器油位检查	油位应与油温标示位置相对应。如油位不正常,查明原因并补充油或放油	每周
1.4	变压器管道法兰连接、焊口检查	检查有无渗漏。若法兰渗漏,应重新紧固或更换 O 形密封圈。若焊口渗漏,应停机焊接	每月

续表 3.4

序号	检查项目	检查内容、标准、要求及故障处理方法	检查周期
1.5	变压器表层油漆检查及清理表面	及时清除变压器本体表面的腐蚀性油污等。若表面漆层破坏、膨胀、鼓起,应清除原漆层,重新刷漆	每半年
1.6	接地系统(保护接地)检查	检查接地点是否锈蚀、断裂	每年
1.7	运行中变压器铁芯、夹件接地电流	运行中铁芯接地电流不超过 0.1 A,夹件接地电流不超过 0.3 A	每月
1.8	油化验分析	变压器油分析试验(上部或中部取油阀用于气体分析,底部取油阀用于耐压试验或其他试验)	每三个月一次
2. 有载分接开关检查			
2.1	读出并记录驱动电机运行的次数	正确记录操作次数	每年
2.2	分接开关、转换开关全分接位置操作一遍,清洁分接开关触头和转换开关触头	如果有载分接开关每年操作次数小于 3000 次或操作没有经过所有触头,建议变压器停运时全分接位置至少往复操作一遍,清洁触头	每年
2.3	分接开关涌流释放装置及瓦斯继电器检查	瓦斯继电器动作正常,信号传输正确	每年
2.4	分接开关外部驱动轴及整体渗漏检查	清除驱动轴耦合位置的油污并适当润滑。如有渗漏,进行检查和处理	每年
2.5	电机驱动装置检查	控制柜外壳防腐、密封、闭锁应良好。通风口清洁。加热器加热良好。远方、手动步进操作运行正常。电气机械限位开关动作正常。分接位置指示准确	每年
2.6	分接开关和转换开关本体检查	检查动静触头磨损情况:主、副触头厚度差为 2.5 mm~2.6 mm,单个触头磨损小于 4 mm,否则更换。冲洗和检查分接开关,更换油室变压器油。过渡电阻的阻值 0.3 Ω~30 Ω。绝缘油试验:微水小于 40 PPM,耐压大于 30 kV/2.5 mm	每 5 年(解体检查由操作次数决定)
3. 无载分接开关检查			
3.1	全分接位置至少操作一遍	每分接位置操作流利,指示正确,至少操作一遍,清洁触头	每年

续表3.4

序号	检查项目	检查内容、标准、要求及故障处理方法	检查周期
3.2	分接开关终端闭锁检查	操作正常,终端闭锁正常	每年
3.3	分接开关驱动装置检查	操作灵活,无锈蚀,无卡涩	每年
4. 变压器冷却系统检查			
4.1	变压器油温检查	油温、绕组温度正常	每周
4.2	各阀门位置检查	对照铭牌上的阀门位置进行检查	每年
4.3	变压器油循环泵(主变)检查	检查油泵电机运行声音、温度、振动有无异常(备用电机绝缘测量应大于 30 MΩ/500 V/25 ℃;建议运行8年后更换电机轴承)。电机检修后,应通过观察油流继电器确认转向或通过运行声音确认转向。转向正确,运行声音很小;反之,声音很大	每月
4.4	冷却风扇电机检查	风扇电机运行声音正常,振动小于7.1 mm/s(建议运行8年后更换电机轴承)	每月
4.5	油流监视器(主变)检查	检查油泵启动监视器动作是否正常,表计是否密封良好	每半年
4.6	变压器冷却风扇的清洁	彻底清除冷却风扇表面的油污、杂物等	每年/必要时
4.7	变压器冷却器的清洁	彻底清除冷却器表面的油污、杂物、灰尘等	每年/必要时
5. 变压器就地控制柜及端子箱检查			
5.1	柜内加热器及照明检查	加热器工作正常,照明良好	每年
5.2	控制柜及端子箱防水、密封检查	防水、密封良好,通气孔清洁	每年
5.3	控制柜内的电源开关、接触器等的检查	无过热、放电、烧伤现象,接触器动作灵活,导通良好	每年/必要时
5.4	控制回路切换试验	切换试验正常	每年
6. 套管检查			
6.1	套管油位(主变、启备变)检查	套管顶部油位指示器指示油位正常	每月

续表 3.4

序号	检查项目	检查内容、标准、要求及故障处理方法	检查周期
6.2	套管渗漏检查,套管表面的清洁和检查	套管无渗漏油,清除套管表面的灰尘和脏物	每年
6.3	放电间隙(主变)检查	螺栓压接良好,间隙距离 33 cm	每年
6.4	套管取油样试验	油化验分析	每5年或根据套管试验结果决定
6.5	套管末屏检查并试验	套管末屏可靠接地,测试电容量与上次的数据相比应变化不大	参照试验规程
6.6	套管法兰可靠接地检查	接地辫子压接牢固,与法兰压接应用不锈钢垫片以防止电腐蚀	每年
\multicolumn{3}{c	}{7. 进(出)线端子箱检查}	
7.1	低压侧出线箱检查(高厂变、启备变)	出线箱无水迹,密封良好;电缆压接牢固,无过热、放电、损伤现象;绝缘套管干净、清洁,无损伤,无渗漏	每年
7.2	封闭母线软连接检查(主变、高厂变)	软连接母线无过热、螺栓紧固;绝缘套管干净、清洁,无损伤,无渗漏	每年
7.3	封闭母线软连接密封胶套检查	无破损,密封良好	每年
\multicolumn{3}{c	}{8. 变压器电流互感器检查}	
8.1	互感器输出线端子检查	出线处无渗油,端子压接牢固,无松动、断线、烧伤现象;端子箱密封良好	每年
8.2	端子接地检查	接地良好	每年
\multicolumn{3}{c	}{9. 变压器监测装置检查}	
9.1	瓦斯继电器检查	瓦斯继电器信号试验、密封良好,法兰无渗漏	每年
9.2	变压器油及绕组测温表计检查	表头密封良好,温度报警小开关位置正确。顺时针缓慢拨动表针,表针超过报警点时,检查报警小开关动作是否正常,然后缓慢返回指针。严禁逆时针即向低温方向拨动指针。调整小开关报警位置时可以用手捏住开关外壳,严禁抓住指针进行调整。检查接线是否压接良好	每年

续表3.4

序号	检查项目	检查内容、标准、要求及故障处理方法	检查周期
9.3	变压器油及绕组测温表计校验	表计拆卸校验时,毛细管不能挤压、被撞击或打结,弯曲时尽量弯成弧形,最小弯曲半径10 mm;表针指示可以通过表盘左上方的螺栓进行调整,但调整度不能超过5 ℃	每年
9.4	变压器油及绕组温度转化器、变送器检查和校验	传感器外壳安装在规则的油井中。正常情况下,油井中应有2/3的油量。热电偶阻值在0 ℃时为100 Ω,增长率为0.38 Ω/K。设备定期校验	每年
9.5	变压器压力释放阀检查	压力释放阀密封良好、无渗漏。信号传输正常,复位正确	每年
9.6	变压器油枕隔膜胶囊检查(主变、高厂变)	打开胶囊连接法兰,用干净的抹布擦拭胶囊外层,确保其干燥、清洁、无油迹。胶囊口外边缘密封良好	每年

2. 变压器(常规)检修项目详见表3.5。

表3.5 变压器常规检修项目及相关内容

序号	检修项目	检修内容或标准	检修级别	质检监督
1	变压器器身检修	吊出器身再检修	A	H
2	绕组、引线及磁(电)屏蔽装置的检修	绕组、引线及磁(电)屏蔽装置表面有无破损,绝缘有无损伤	A	H 绝缘
3	铁芯、铁芯紧固件(穿心螺杆、夹件、拉带、绑带等)、压钉、压板及接地片的检修	铁芯、铁芯紧固件(穿心螺杆、夹件、拉带、绑带等)有无过热、老化、放电现象。检查压钉、压板及接地片是否压接良好	A	H 绝缘
4	油箱及附件包括套管、吸湿器等的检修	检查油箱及附件的渗漏情况,检查漆层,检查套管油位和渗漏情况,检查吸湿器是否及时更换等	A、B、C	
5	油泵、风扇、阀门及管道等附属设备的检修	检查油泵、风扇电机是否大修,阀门及管道等附属设备是否渗漏,阀门位置是否正确	A、B、C	
6	油保护装置的检修	检查胶囊密封是否良好,呼吸器是否正常	A、B	
7	测温装置的校验和检修	检查和校验温度表和传感器	A、B	
8	操作控制箱的检修和试验	检查操作控制箱内部的接线和电器元件	B、C、D	

续表 3.5

序号	检修项目	检修内容或标准	检修级别	质检监督
9	无载分接开关和有载分接开关的检修	操作灵活,触点无烧损、腐蚀现象	A	H
10	密封胶垫全部更换和组件试漏	密封胶垫全部更换,组件试漏	A	
11	器身绝缘干燥处理	必要时对器身绝缘进行干燥处理	A	
12	变压器油的处理或换油	变压器油过滤或换油	A、B、C	
13	变压器油箱检查	清扫油箱并喷涂油漆	B、C	
14	大修后的试验和试运行	参照《电力设备预防性试验规程》	A	
15	处理已发现的缺陷	消除缺陷	A、B、C、D	
16	清理储油柜	擦净污油并冲洗	A、B	
17	检修油位计,调整油位	油位计指示正常,必要时调整油位	C、D	
18	检查冷却装置,包括油泵、风扇、油流继电器	清扫并检查风扇,检查油泵运行的声音,油泵运行指示正确	C、D	
19	检查安全保护装置,包括储油柜、压力释放阀、气体继电器	密封、渗漏检查,瓦斯气体继电器校验	C	
20	检查油保护装置	检查呼吸器硅胶是否更换,检查油杯的油位	C、D	
21	检查测温装置,包括压力式温度计、电阻温度计(绕组温度计)、棒形温度计等	外观良好,指示准确,信号引出接线良好	C	
22	检查调压装置、控制箱	调压装置操作流利,检查控制箱接线,切换电源	C、D	
23	检查接地系统	接地良好,接地线无锈蚀	C、D	
24	检修全部阀门和塞子	检查全部阀门和塞子的密封状态,处理渗漏油,阀门位置、状态正确	C、D	
25	检查油箱和附件	清扫油箱和附件,必要时补漆	C、D	
26	检查外绝缘、导电接头(包括套管将军帽)	清扫外绝缘,检查导电接头(包括套管将军帽)是否松动、过热	C、D	
27	按有关规程规定进行测量和试验	符合规程的要求	A、B、C	

第四节　变压器的检修工艺及质量标准

一、检修前的准备工作

1. 检查变压器的运行状况,具体包括:检查负载、温度和附属装置的运行情况,运行中所发现的缺陷和异常(事故)情况;检查渗漏油部位并做标记;查阅上次的大修总结报告和技术档案;查阅试验记录(包括油化验和色谱分析),了解绝缘状况。

2. 编制检修计划,具体包括:编制人员组织及分工,施工项目及进度表,确保施工安全、质量的技术措施和现场防火措施,特殊项目的施工方案,主要施工工具、设备明细表,主要材料明细表,必要的施工图。

3. 准备施工场地,具体包括变压器的检修。如条件许可,应尽量安排在检修间内进行;施工现场无检修间时,亦可在现场进行,但必须做好防雨、防潮、防尘和消防措施。同时应注意与带电设备保持安全距离,准备充足的施工电源及照明,安排好储油容器、大型机具、拆卸附件的放置地点,合理布置消防器材等。

二、变压器解体及组装工序

1. 解体检修

(1)办理工作票,停电,拆除变压器的外部电气连接引线和二次接线。

(2)进行检修前的变压器检查和试验。

(3)部分排油和全部排油是变压器检修的两种状态,所列的套管、升高座、储油柜、冷却器、气体继电器、净油器、压力释放阀(或安全气道)、联管、温度计等附属装置可以在部分排油状态下拆卸下来,其他如器身则在全部排油后方可检修。

(4)拆除无载分接开关操作杆,拆卸方法参见《有载分接开关运行维修导则》。

(5)吊开钟罩检查器身状况,进行各部件的紧固并测试绝缘。

(6)更换密封胶垫,检修全部阀门,清洗和检修铁芯、绕组及油箱。

2. 组装工作

(1)装回钟罩(或器身)、紧固螺栓后按规定注油,油需浸没铁芯。

(2)安装套管并装好内部引线,进行二次注油。安装附属装置。

(3)整体密封试验。

(4)注油至规定的油位线。

(5)注油静置 48 h 后进行电气和油的试验。

3. 解体检修和组装时的注意事项

(1)拆卸的螺栓等零件应清洗干净,分类妥善保管,如有损坏应检修或更换。

(2)拆卸时,先拆小型仪表和套管,后拆大型组件。组装时顺序相反。

(3)压力释放阀(或安全气道)、净油器及储油柜等部件拆下后,应用盖板密封。带有电流互感器的升高座应注入合格的变压器油或采取其他防潮、密封措施。

(4)套管、油位计、温度计等易损部件拆下后应妥善保管,防止损坏和受潮。电容式套管应垂直放置。

(5)组装后要检查变压器本体、气体继电器阀门,按照规定开启或关闭。

(6)对套管升高座、上部管道孔盖上部的放气孔进行多次排气,直至气排尽为止,并重新密封好,擦净油迹。

(7)拆卸无载分接开关操作杆时,应记录分接开关的位置,并做好标记。拆卸有载分接开关时,分接头应置于中间位置(或按制造厂的规定执行)。

(8)组装后的变压器各零部件应完整。

(9)认真做好现场记录工作。

4. 检修中的起重工作注意事项

(1)起重工作应分工明确,有专人指挥,并有统一信号。

(2)根据变压器钟罩(或器身)的重量选择起重工具,包括起重机、钢丝绳、吊环、U 形挂环、千斤顶、枕木等。

(3)起重前应先拆除影响起重工作的各种连接。

(4)如系吊器身,应先紧固器身有关螺栓。

(5)起吊变压器整体或钟罩(或器身)时,钢丝绳应分别挂在专用起吊装置上。棱角处应放置衬垫。起吊 10 cm 左右时,应暂停起吊,检查悬挂及捆绑情况,确认可靠后再继续起吊。

(6)起吊时钢丝绳的夹角不应大于 60°,否则应采用专用吊具或调整钢丝绳套。

(7)起吊或落回钟罩(或器身)时,四角应系缆绳,由专人扶持,使其保持平稳。

(8)起吊或降落速度应均匀,掌握好重心,防止倾斜。

(9)起吊或落回钟罩(或器身)时,应使高、低压侧引线,分接开关支架与箱壁保持一定的间隙,防止碰伤钟罩(或器身)。

(10)当钟罩(或器身)因受条件限制,起吊后不能移动而需在空中停留时,应采取支撑等防止坠落的措施。

(11)吊装套管时,其斜度应与套管升高座的斜度基本一致,并用缆绳绑扎好,防止其倾倒,损坏瓷件。

(12)采用汽车吊起重时,应检查支撑的稳定性,注意起重臂张开的角度、回转范围与邻近带电设备的安全距离,并设专人监护。

5. 搬运工作及注意事项

(1)变压器在厂(所)内搬运或较长距离搬运时,均应绑扎牢固,防止冲击、震动、倾斜及碰坏零件。搬运倾斜角在长轴方向上不大于15°,在短轴方向上不大于10°。如用专用托板(木排)牵引搬运,牵引速度不大于100 m/h,如用变压器主体滚轮搬运,牵引速度不大于200 m/h(或按制造厂说明书的规定)。

(2)利用千斤顶升(或降)变压器时,千斤顶应顶在油箱的指定部位,以防变形。千斤顶应垂直放置。在千斤顶的顶部与油箱接触处应垫以木板,防止变压器滑倒。

(3)在使用千斤顶升(或降)变压器时,应一边升(或降)一边垫木方和木板,防止千斤顶失灵,突然降落、倾倒。在变压器两侧使用千斤顶时,不能两侧同时升(或降),应轮流升(或降),注意变压器两侧高度不能差太大,以防止变压器倾斜。荷重下的千斤顶不得长期负重,自始至终应有专人照料。

(4)采用专用托板、滚杠搬运、装卸变压器时,通道要填平,枕木要交错放置。为便于滚杠滚动,枕木搭接处应沿变压器的前进方向,由一个接头稍高的枕木过渡到稍低的枕木上。变压器拐弯时,要利用滚杠调整角度,防止滚杠弹出伤人。

(5)为保持枕木平整,枕木底部可适当加垫厚薄不同的木板。

(6)采用滑轮组牵引变压器时,工作人员必须站在适当的位置,防止钢丝绳松开或拉断而伤人。

(7)在搬运和装卸变压器前,应核对高、低压侧方向,避免安装就位时调换方向。

(8)充氮搬运的变压器,应装有压力监视表计和补氮瓶,确保变压器在搬运途中始终保持正压。氮气压力应保持在 0.01 MPa 和 0.03 MPa 之间,露点应在 -35 ℃以下,并派专人监护。氮气纯度要求不低于 99.99%。

三、变压器解体检修工艺及质量标准

1. 器身检修的要求及标准详见表 3.6。

表 3.6 器身检修的要求及标准

工序及项目内容	工艺要求	质量标准
1.吊钟罩(或器身)	吊钟罩(或器身)一般宜在室内进行,以保持器身的清洁。如在露天吊钟罩(或器身),应选在无尘土飞扬及其他污染的晴天进行	1.器身暴露在空气中的时间应不超过如下规定:空气相对湿度≤65%时不超过 16 h;空气相对湿度≤75%时不超过 12 h。器身暴露时间是从变压器放油时起至开始抽真空或注油时为止。如暴露时间超过上述规定,宜接入干燥空气装置进行施工。 2.器身温度应不低于周围环境温度,否则应用真空滤油机循环加热油,将变压器加热,使器身温度高于环境温度 5 ℃以上
2.检查器身	检查器身应由专人进行,检查人员必须穿着专用的检修工作服和鞋,并戴清洁手套,寒冷天气还应戴口罩。照明应采用低压行灯	检查器身所使用的工具应由专人保管并应编号、登记,以免遗留在油箱内或器身上。进入变压器油箱内检修时,需考虑通风,防止工作人员窒息

2. 绕组检修的要求及标准详见表 3.7。

表 3.7 绕组检修的要求及标准

工序及项目内容	工艺要求	质量标准
1.检查相间隔板和围屏(宜解开一相)有无破损、变色、变形、放电痕迹。如发现异常,应打开其他两相围屏进行检查	1.围屏的起头应放在绕组的垫块上,接头处一定要错开搭接,并防止油道堵塞。 2.若支撑围屏的长垫块在中部高场强区,应尽可能割短相间距离最小处的 2~4 个辐向垫块	1.围屏清洁、无破损,绑扎紧固。分接引线出口处封闭良好。围屏无变形、发热和树枝状放电痕迹。 2.支撑围屏的长垫块应无爬电痕迹。 3.相间隔板完整并固定牢固

续表3.7

工序及项目内容	工艺要求	质量标准
2.检查绕组	表面应清洁,匝绝缘无破损	1.绕组应清洁,表面无油垢、无变形。 2.整个绕组无倾斜、位移情况,导线辐向无明显弹出现象
3.检查绕组各部垫块有无位移和松动情况	必要时由厂家专业人员处理	各部垫块应排列整齐,辐向间距相等,辐向呈一条垂直线,支撑牢固,有适当的压紧力。垫块外露出的绕组的长度至少应超过绕组导线的厚度
4.检查绕组绝缘有无破损,油道是否有被绝缘、油垢或杂物(如硅胶粉末)堵塞的现象	用软毛刷(或用绸布、泡沫塑料)轻轻擦拭,绕组线匝表面如有破损或导线裸露,应进行包扎处理	1.油道保持畅通,无油垢及其他杂物积存。 2.外观整齐、清洁,绝缘及导线无破损。 3.注意导线的统包绝缘,不可将油道堵塞,以防局部发热、老化
5.检查绕组表面的绝缘状态	用手指按压绕组表面,检查其绝缘状态	绝缘状态可分为四种: 一级绝缘:绝缘有弹性,用手指按压后无残留变形,属良好状态。 二级绝缘:绝缘仍有弹性,用手指按压时无裂纹,无脆化现象,属合格状态。 三级绝缘:绝缘脆化,呈深褐色,用手指按压时有少量裂纹,轻微变形,属勉强可用状态。 四级绝缘:绝缘严重脆化,呈黑褐色,用手指按压即变形、脱落,甚至可见裸露的导线,属不合格状态

3.引线及绝缘支架检修要求及标准详见表3.8。

表3.8 **引线及绝缘支架检修要求及标准**

工序及项目内容	工艺要求	质量标准
1.检查引线及引线锥的绝缘是否变形、变脆、破损,引线是否断股	1.为防止穿缆引线与套管的导管接触处产生分流烧伤情况,应将引线用白布带半叠包绕一层。 2.220 kV的引线接头焊接处去毛刺,表面光洁,包金属屏蔽层后再加包绝缘。 3.采用锡焊的引线接头应尽可能用磷铜或银焊接。 4.接头表面应平整、清洁、光滑,无毛刺,并不得有其他杂质	1.引线绝缘应完好,无变形、变脆情况,引线无断股、卡伤情况。 2.引线与引线接头处焊接良好,无过热现象。 3.引线长短适宜,不应有扭曲现象。 4.引线绝缘的厚度,应符合《电力变压器检修导则》(DL/T 573—95)的要求

续表3.8

工序及项目内容	工艺要求	质量标准
2.检查绕组至分接开关的引线	引线的长度、绝缘的厚度、引线接头的焊接(或连接)、引线与各部位的绝缘距离、引线的固定情况应符合要求	分接引线与各部位的绝缘的距离应满足《电力变压器检修导则》(DL/T 573—95)的要求
3.检查绝缘支架	绝缘支架无松动、损坏、位移情况,检查引线在绝缘支架内的固定情况	1.绝缘支架应无破损、裂纹、弯曲、变形及烧伤现象。 2.绝缘支架与铁夹件可用钢螺栓固定。绝缘夹件与绝缘支架应用绝缘螺栓固定。两种固定螺栓均需防松措施(220 kV的变压器不得应用环氧螺栓)。 3.绝缘夹件固定引线处应垫以附加绝缘,以防卡伤引线的绝缘。 4.引线固定用绝缘夹件的间距,在电动力的作用下,应不致发生引线短路
4.检查引线与各部位之间的绝缘距离	满足质量标准要求	1.引线与各部位之间的绝缘距离,因引线绝缘的厚度而异,但应不小于有关规定。 2.大电流引线(铜排或铝排)与箱壁的间距,一般应大于100 mm,以防漏磁、发热。铜(铝)排表面应包扎一层绝缘,以防异物落入,形成短路或接地

4.铁芯检修项目要求及标准详见表3.9。

表3.9 铁芯检修项目要求及标准

工序及项目内容	工艺要求	质量标准
1.检查铁芯外表是否平整,有无片间短路、变色、放电、烧伤痕迹,绝缘漆膜是否脱落	上铁轭的顶部和下铁轭的底部如有油垢、杂物,可用洁净的白布或泡沫塑料擦拭。若叠片有翘起或不规整之处,可用木槌或铜锤敲打平整	铁芯应平整,绝缘漆膜无脱落,叠片紧密,边侧的硅钢片不应翘起或呈波浪状,铁芯各部表面应无油垢和杂质,片间应无短路、搭接现象,接缝间隙应符合要求

续表3.9

工序及项目内容	工艺要求	质量标准
2.检查铁芯上下夹件、方铁、绕组压板的紧固程度和绝缘状况,绝缘压板有无爬电、烧伤和放电痕迹	1.为便于监测运行中的铁芯的绝缘状况,可在大修时在变压器箱盖上加装小套管,将铁芯接地线(片)引出接地。 2.打开上夹件和铁芯间的连接片与钢压板和上夹件的连接片后,测量铁芯和上下夹件间与钢压板和铁芯间的绝缘电阻,其绝缘电阻与历次试验的绝缘电阻比较应无明显变化	1.铁芯与上下夹件、方铁、压板、底脚板间均应绝缘良好。 2.钢压板与铁芯间要有明显的均匀的间隙;绝缘压板应保持完整,无破损和裂纹,并有适当的紧固度。 3.钢压板不得构成闭合回路,同时应有一点接地
3.检查压钉、绝缘垫圈的接触情况	用专用扳手逐个紧固上下夹件、方铁、压钉等各部位的紧固螺栓	螺栓紧固。夹件上的正、反压钉和锁紧螺帽无松动,与绝缘垫圈接触良好,无放电、烧伤痕迹。反压钉与上夹件有足够的距离
4.检查与测量铁芯穿心螺栓的绝缘情况	用专用扳手紧固上下铁芯的穿心螺栓后,测量绝缘	穿心螺栓紧固,其绝缘电阻与历次试验的绝缘电阻比较无明显变化
5.检查铁芯间与铁芯和夹件间的油路	油路应畅通	油路应畅通,油道垫块应无脱落和堵塞情况,且应排列整齐
6.检查铁芯接地片的连接及绝缘情况	铁芯只允许一点接地。接地片用厚0.5 mm、宽度不小于30 mm的紫铜片,插入3级和4级铁芯间。对于大型变压器,插入深度不小于80 mm。其外露部分应包扎绝缘,防止铁芯短路	接地及绝缘状况符合电气试验规程
7.检查无孔结构铁芯的拉板和钢带	—	应紧固并有足够的机械强度。绝缘良好,不构成环路,不与铁芯接触
8.检查铁芯电场屏蔽绝缘及接地情况	—	绝缘良好,接地可靠

5. 油箱检修项目要求及标准详见表 3.10。

表 3.10　油箱检修项目要求及标准

工序及项目内容	工艺要求	质量标准
1. 对油箱上的焊点、焊缝中存在的砂眼等渗漏点进行补焊	专业焊工进行焊接，严格执行焊接工艺标准	无渗漏点
2. 清扫油箱内部，清除积存在箱底的油污和杂质	放掉箱底的油污和杂质，并用新油冲洗	油箱内部洁净，无锈蚀，漆膜完整
3. 清扫强油循环管路。检查固定于下夹件上的导向绝缘管是否连接牢固，表面有无放电痕迹。打开检查孔，清扫联箱和集油盒内的杂质	符合质量标准	强油循环管路内部清洁，导向管连接牢固，绝缘管表面光滑，漆膜完整，无破损、放电痕迹
4. 检查钟罩（或油箱）法兰结合面是否平整	发现沟痕，应补焊磨平，处理面应清洁，严防杂质进入管道	法兰结合面清洁、平整
5. 检查器身的定位钉	检查定位钉的位置，防止铁芯多点接地	定位钉无影响可不退出
6. 检查磁（电）屏蔽装置有无松动、放电现象，是否固定牢固	如有松动，应适当紧固	磁（电）屏蔽装置固定牢固，无放电痕迹，可靠接地
7. 检查钟罩（或油箱）的密封胶垫、接头是否良好，接头是否放在油箱法兰的直线部位	胶垫接头黏合牢固，并放置在油箱法兰直线部位的两螺栓中间。搭接面平放，搭接面长度不少于胶垫宽度的 2~3 倍。胶垫压缩量为其厚度的 1/3 左右（胶棒压缩量为 1/2 左右）	密封良好，无渗漏点
8. 检查内部的油漆情况，对局部脱漆和锈蚀部位进行处理，并重新补漆	对锈蚀部位进行打磨，见本色后重新涂刷防锈漆与调和漆	内部漆膜完整，附着牢固

6.整体组装的要求及标准详见表3.11。

表3.11 整体组装的要求及标准

工序及项目内容	工艺要求	质量标准
1.组装前的准备	1.用合格的变压器油冲洗与油直接接触的组件和部件。 2.所附属的油路必须彻底地清理。 3.油管内不许加装金属网,以避免金属网被冲入油箱内。 4.安装油箱盖前,清理油箱内部、器身和箱底内的异物。 5.有安装标志的零件和部件,按照安装标志组装。 6.将注油设备、抽真空设备及管路清扫干净	1.冷却器(散热器)、储油柜、压力释放阀、油管、升高座、套管及所有组件和部件彻底清理干净。 2.管内不得有焊渣等杂物,并做好检查和记录。 3.应采用尼龙网。 4.油箱内部、器身和箱底内的异物、污物清理干净。 5.如气体继电器、分接开关、高压/中压套管升高座及压力释放阀(或安全气道)升高座等与油箱需按照安装标志组装。 6.新油管使用前应先冲洗干净,以去除油管内的脱模剂。 7.准备好全套密封胶垫和密封胶。 8.准备好合格的变压器油

7.排油和注油的要求及标准详见表3.12。

表3.12 排油和注油的要求及标准

工序及项目内容	工艺要求	质量标准
1.排油	1.检查并清扫油罐、油桶、管路、滤油机、油泵等,使其保持清洁、干燥。排油时,必须将变压器和油罐的放气孔打开,放气孔宜接入干燥空气装置。 2.储油柜内的油不需放出时,可将储油柜下面的阀门关闭。 3.有载调压变压器的有载分接开关油室内的油应分开抽出	1.无灰尘、杂质和水分,防止潮气侵入。 2.将油箱内的变压器油全部放出

续表 3.12

工序及项目内容	工艺要求	质量标准
2.注油	1.检查并清扫管路、滤油机、油泵等,使其保持清洁、干燥。可利用本体箱盖阀门或气体继电器联管处阀门安装抽空管,有载分接开关与本体应安装连通管,以便与本体等压,同时将油抽空。 2.向变压器油箱内注油时,应经压力式滤油机。 3.真空注油:220 kV 的变压器必须进行真空注油(见图3.4),其他变压器有条件时也应进行真空注油。真空注油应遵守制造厂的规定或按下述方法进行:抽真空的速度应均匀,达到指定真空度并保持2 h后,开始向变压器油箱内注油。以3 t/h~5 t/h的速度将油注入变压器,距箱顶约200 mm时停止注油,并继续抽真空。通过试抽真空检查油箱的强度,一般局部弹性变形不应超过箱壁厚度的2倍,并检查真空系统的严密性	1.注油后应将为注油加装的管路、滤油机、油泵等拆除,现场恢复至原来的正常状态。 2.220 kV及以上的变压器宜用真空滤油机。 3.抽空时间 = 1/3~1/2暴露空气时间,注油温度宜略高于器身温度。 4.变压器油静止4 h以上
3.变压器补油	变压器经真空注油后补油时,需经储油柜注油管注入	严禁从下部油门注油,注油时应使油缓慢注入变压器至规定的油面为止,再静止12 h
4.波纹管容积排气	1.在储油柜呼吸阀门处抽真空,油位至预定油位刻度时,关闭储油柜呼吸阀门。 2.打开储油柜顶部的排气阀门,由注油管处进行注油	直至排气阀门出油,再关闭注油管和排气阀门。最后打开储油柜呼吸阀门

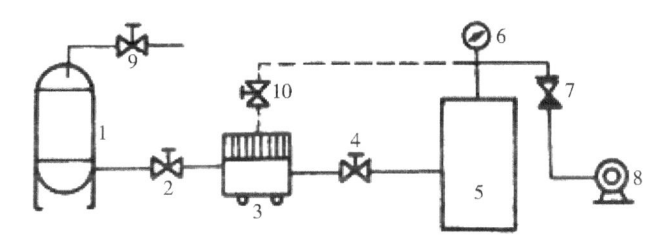

图 3.4 真空注油连接示意图

图中:1 为油罐;2、4、9、10 为阀门;3 为压力滤油机或真空滤油机;5 为变压器;6 为真空计;7 为逆止阀;8 为真空泵;虚线表示真空滤油机经改装后,可由真空泵单独抽真空。

四、变压器附件的检修和维护工艺

1. 油箱与油枕的检修

(1)检查变压器油的温度,读取和记录油温,并注意油温或绕组温度是否由于变压器长期过负荷或冷却不足而产生差异,并采取相应的措施。

(2)检查变压器呼吸器,如硅胶变色面积达到三分之二,更换硅胶。

(3)检查变压器的油位。油位必须与变压器上指示的油位一致。如果油位太低,必须查明原因并消除故障,然后补足新油。

(4)检查法兰结合面和焊接处的渗漏情况。若有渗漏情况,应紧固螺栓,更换密封垫或焊接以迅速密封。

(5)检查漆层和清洁表面。若漆面被污染,应用清洁剂彻底清除污垢,并轻轻打磨旧漆层,除去已疏松的部分。同时用钢丝刷刷干净,然后涂漆。

(6)检查接地系统。检查接地螺丝是否紧固。

(7)采油样。在变压器启动前或长期运行后应取油样。上部取油阀或中部取油阀用于气体分析,底部取油阀用于耐压试验或其他试验。

2. 有载分接开关的检查及处理

(1)读取电机驱动装置内的动作计数器的读数。转换开关的动作次数应进行统计和记录。如果分接开关一年的动作次数少于 3000 次,或没有经过所有分接头的范围,所有分接头应往返 10 次以上以清洁触点。注意操作过程中,应确保变压器已停电检修。

(2)检查外伸轴并检查法兰是否渗漏。给联轴器和带橡皮套的万象节加足够的润滑脂。检查入口端轴承是否漏油,同时检查表面是否腐蚀。检查锁定机构是否泄漏。除去盖子,检查内部是否腐蚀,止挡位是否正确。必须检查抽头切换开关法兰和入口轴承是否漏油。

(3)检查电动机驱动机构。检查壳体的防腐涂层、门的密封垫和锁。清洁壳体通气孔、加热器(温度调节器在 20 ℃运行)、照明灯具,端子紧固或装配(更换新端子),进行步进控制检查、限位开关电气与机械检查、触点与位置检查。必要时清理电动机驱动机构,检查所有螺栓。

(4)进行有载分接开关的切换特性试验(见《电力设备预防性试验规程》)。

3. 无载分接开关的检查(无载分接开关仅在停电状态下操作)

(1)触头接触不良。动、静触头接触不良,轻则接触电阻增大而过热,严重时触头被烧坏,甚至发生变压器事故。

(2)分接挡位调整不到位。分接挡位调整不到位会引起触头间产生电弧并放电,严重时可能会造成绕组分接区大匝短路,导致绕组损坏。

处理措施:将分接头往返移动,确保其不卡涩、不漏油、不渗油,定位准确。检查联锁。切换开关的终端位置是锁定的。当到达终端位置时,抽头切换开关只能向相反的方向移动。

4. 冷却系统的检查

(1)检查并记录冷却回路的油温,并做好记录。

(2)检查闸阀或碟阀的位置是否正确。

(3)检查油泵循环。检查油泵轴是否良好。如有明显异常,应拆开检查并清洗。

(4)检查变压器冷却风扇的控制电源。设备投运一个月内必须跟踪设备运行情况,此后每年校核一次设备。检查电压控制回路,继电器线圈是否发出噪声。检查控制电源箱及端子箱,箱内应无漏雨、漏水等异常现象。

(5)检查冷却风扇电机,电机应运行正常。如有异常,需要检修。

5. 套管的检查

(1)检查套管的油位是否在标称范围内。

(2)检查套管、套管升高座及通向套管的管子是否存在渗漏情况。

(3)清洁瓷瓶。清洁周期可根据空气污染情况决定。

6. 电流互感器的检查

(1)检查端子的接头,以防止在运行过程中电流互感器与测量仪器因接头松动而相连或短路。

(2)检查端子接地,接地应牢固。

(3)进行电流互感器电气试验(见《电力设备预防性试验规程》)。

7. 监视装置的检查

(1)检查瓦斯继电器是否漏油、渗油。

(2)校验瓦斯继电器(见附录1)。

(3)检查变压器油箱的压力释放装置是否漏油、渗油。

第五节　变压器故障及处理

一、变压器绝缘事故

案例一：2022年某月某日，某电厂#1机组负荷880 MW，主变高压侧有功功率840 MW，发变组保护柜主变差动速断保护、主变比例差动保护及发电机定子接地保护动作，主变压力释放，主变重瓦斯保护动作，汽轮机联锁跳闸。

案例分析：主变A相高压绕组内部存在制造缺陷，由局部放电发展为接地短路，短路电弧产生的巨大能量造成变压器喷油、着火。此变压器A相高压套管、中性点套管完全烧损，主变铁芯套管碎裂，主变内部A相绕组损坏，油箱底部基础位置的角钢位移、撕裂、膨胀、变形，分接开关挡位调节器脱落，母线及其他附件出现不同程度的损坏。

案例二：2020年某月某日，某电厂#1机组主变差动保护动作，汽轮机跳闸，锅炉MFT。现场#1主变A相高压套管损坏，瓷套粉碎性解体，仅剩法兰及导杆。变压器本体外观检查无明显损伤。主变高压侧套管故障，保护正确动作。

案例分析：主变DFP-380000/500型变压器，变压器高压套管为原装进口油纸电容式套管，套管与变压器2007年同步投产运行。套管主绝缘为纸质电容芯子。套管的户外端和油端以瓷套为外绝缘。该型号的套管曾经发生过异常，存在"家族性"缺陷。

变压器的绝缘事故一般包括以下四类，其中，绕组绝缘事故的危害最大。

1. 绕组绝缘事故，指主绝缘、匝绝缘、段间绝缘、引线绝缘以及端绝缘等放电、烧损引起的绝缘事故。

2. 分接开关绝缘事故，主要是指由于切换开关油室内油的绝缘强度严重下降，在切换分接头时不能灭弧，引起有载分接开关烧毁。另外还有无励磁分接开关和有载分接开关裸露的导体放电，引起相间、相对地或级间短路。

3. 铁芯绝缘事故，指铁芯的硅钢片对地绝缘损坏，引起铁芯多点接地；也指铁芯框架连接点间的绝缘损坏，产生环流，引起局部过热、故障。

4. 套管绝缘事故，指套管内部绝缘放电引起绝缘损坏，甚至瓷套爆炸。还包括套管外绝缘的沿面放电和空气间隙被击穿。

变压器套管的主要作用是将变压器不同电压等级的不同相绕组引线在对

地绝缘的情况下,引至变压器油箱外部。它起着固定变压器绕组引线的作用,是保证变压器与其他变电设备正确、可靠连接的一个关键部件,是变压器正常运行的有效保障。近年来,变压器套管的故障发生率持续增长,末屏接地不良引起放电问题是比较常见的原因。例如:电容式套管末屏引线焊接不良、脱焊;套管末屏引线接地螺母松动、脱落;套管末屏引线太短,受拉力和接地端螺母的剪切力影响而断掉;套管末屏未接地;套管下部封环密封或放油塞胶垫损坏,放油塞未拧紧,套管内的油位太高。末屏在运行中必须接地良好,如果运行中末屏不健全或接地不良,那么末屏对地会形成电容,而这个电容远小于套管本身的电容,按照电容串联原理,在末屏与地之间将形成很高的悬浮电压,造成末屏对地放电,甚至造成套管爆炸。变压器套管末屏的运行维护不到位,将直接威胁着变压器套管乃至整台变压器的可靠安全运行。

针对此种情况提出如下建议:

(1)加强套管末屏的日常运维管理。运维人员在日常巡视过程中,应注意观察套管的油位,检查套管末屏是否有渗油和漏油的情况发生,留意套管末屏处是否有放电现象和异常的响声。

(2)加强带电检测手段的应用。新变压器投产后及变压器本体例行检修、试验、投运、带负荷后24小时内,应针对变压器套管及其末屏开展红外带电检测;按周期开展变压器油中溶解气体分析,必要时取套管油样进行油中溶解气体分析,及时发现色谱异常情况。

(3)加强在线监测装置的应用。开展套管在线监测装置的接入应用,指定专人定期查看在线监测数据,及时发现设备数据异常情况。

(4)对末屏内接地的套管进行检修和试验前,应加强人员培训,确保相关人员了解其内部结构,掌握正确的操作方法。检修要严格按说明书的要求进行,保证销子取出后导电杆与接地铜套间无异物,接地铜套复位后位置正确,末屏接地可靠。

二、变压器油含气量异常

案例三: 某主变为三台 ODFS-334000/500 单相变压器。投运以来,三台变压器的油色谱特征相同,都是 H_2(氢气)增加,其他气体变化不明显。根据三比值法判断,变压器运行过程中,低能量的局部放电或低温过热的典型气体是 H_2 和 CH_4(甲烷)。而三台变压器的油色谱中 CH_4 变化不明显,由此排除这两种可能,初步判断此类单氢增长情况不会影响变压器的安全运行。

对比三台绝缘电阻的数值可以看出,交接试验和停电后验证性试验的绝缘电阻值均高于出厂试验数值,交接试验和停电后验证性试验的介损值与出厂试验数值相比,相当或优于出厂试验数值,可以排除安装和运行过程中器身受潮的可能。

分析这三台变压器产生单氢问题的共性,原因可能如下:

(1)器身绝缘受潮。

(2)油箱内壁或夹件油漆干燥不彻底。

(3)变压器内部器身所用的不锈钢材料吸附氢气。

(4)变压器的片散和冷联管加工工艺的影响。变压器的片散和冷联管在加工过程中要经历酸洗、涂漆等过程,在绝缘油浸泡下存在产出氢气的可能性。

综上,结合生产制造过程以及现场安装、试验等情况的排查和分析,可以排除器身绝缘受潮和油漆干燥不彻底的因素。氢气增加的原因可能是不锈钢材料在加工过程中吸附的氢气缓慢释放,或者片散、冷联管在加工过程中采用酸洗等工艺时,某些物质在绝缘油中发生反应,产生氢气。材料吸附的氢气释放完成和绝缘油中发生反应产生氢气需要一定的时间。氢气增加的速率随着时间延长会逐渐减小,并趋于稳定,

处理措施: 变压器进行热油循环脱气处理。

案例四: 2022年11月10日11时,#1主变高压侧有功功率846 MW,绕组温度37.2 ℃,油温29.6 ℃/31.3 ℃。#1主变7组冷却器投运,1组备用。主变及冷却器远方无报警。11时51分,#1发变组保护A、B柜主变差动速断保护、主变比例差动保护及发电机定子接地保护动作。发变组保护C柜主变压力释放,主变重瓦斯保护动作,汽轮机联锁跳闸,500 kV出口开关分闸,厂用电切换正常。11时52分,现场报告#1主变起火。

经查,主变油色谱分析情况如下:

(1)在本次事故前(最近为11月7日),离线油色谱数据分析的各项指标均未超注意值。

(2)在线油色谱数据分析中,2022年11月7日20点出现乙炔等各种特征气体增加的趋势。其中,氢气、总烃、乙炔增加速度最快,表明#1主变本次投运后内部发生故障。11月8日20点后,故障加剧。

(3)故障发生后,主变本体内有大量氢气、乙烯和乙炔气体。按照《变压器油中溶解气体分析和判断导则》的编码规则,这表明#1主变内部发生了电弧放电。

曾经也出现过储油柜胶囊破损导致变压器油中含气量增加。储油柜胶囊的作用是使变压器油不与大气接触。胶囊破损致使变压器油直接接触大气,并吸进空气,致使油中含气量增加。储油柜胶囊损坏导致变压器油中的含气量增加。胶囊损坏后,变压器油中的含气量增长较慢,一般不会超过3.5%。变压器部分管路有空气,导致变压器油中的含气量超标。有的产品在事故放油阀上接很长的放油管路,且管路处于无油状态。由于蝶阀关闭不严,渗漏油进入管路,同时管路内的空气由于压力增大进入本体内,导致油中的含气量超标。变压器结构和装配工艺存在缺陷,注油完毕后,由于冷却管路呈U形,管路顶部没有放气塞或者安装过程中放气不彻底,也会导致含气量超标。有的在结构上存在死空间,这也是含气量超标的一个原因。

三、气体继电器异常动作

案例五:某变压器(型号SFFZ-95000/220TH)的有载分接开关的瓦斯继电器运行时发出跳闸信号,变压器退出运行。

现场检查继电器外观未见继电器红色挡板动作。现场用500V摇表测量继电器接线柱对地绝缘,其绝缘电阻值不低。结合变压器本体油样结果,可判断继电器接点对地绝缘电阻低导致继电器误动。将开关油枕的油排空并进行检查,打开瓦斯继电器,检查发现继电器下部存在油水混合物,继电器内部连线的外部介质由油变为油水混合物,导致连线对地绝缘电阻降低,对地导通后发出跳闸信号。为查找进水原因,在开关储油柜呼吸器部位充氮气检漏,发现储油柜上部与呼吸器联管连接部位漏气,其他部位未见异常。打开该部位联管做进一步检查,发现法兰连接部位的胶垫未安装到位。变压器安装后,由于该部位渗漏,外部空气直接进入开关储油柜,在储油柜中形成冷凝水。经长期积累,在重力的作用下,冷凝水在瓦斯继电器部位集聚,形成油水混合物。

处理措施如下:

(1)渗漏部位更换新的密封垫,紧固到位。

(2)拆卸开关油位计,将储油柜内的残油清理干净,并用酒精擦拭。将开关筒内的残油清理干净,并用合格的热油冲洗。

(3)开关储油柜和管路用热油冲洗。更换全新的合格的开关流速继电器。

(4)开关吊芯经检查,外观未见异常。为防止开关芯体受潮,用烘干炉将芯体加热到100 ℃保持2 h,自然冷却后回装。

(5)回注合格的变压器油,采用多次注油、放油的方式清除开关内部残留的水分,注油后进行保压试验,未见异常。

(6)开关挡位切换试验,变压器直阻满足要求,开关油样满足大修后的标准。

案例六:某站变压器尚未并网送电,瓦斯继电器经常报警。

经查,充氮灭火装置处于空转状态,通往主体的油管路没有充油。

处理措施:灭火装置的管路充满油,问题解决。

四、其他异常

案例七:某1000 kV扩建站工程主变压器(型号ODFS-1000000/1000)调试期间,变压器夹件接地电流不稳定,主变A相电流值变化范围为200 mA~700 mA,B相电流为240 mA左右,C相电流为310 mA左右。经现场检查,夹件接地铜排与二次电缆防护管有搭接现象,存在绝缘不可靠的情况。

处理措施:将接地铜排整体抬高,完全避开二次电缆防护。

案例八:高厂变共箱母线仓盖板脱落,形成的孔洞未及时封堵,老鼠进入孔洞并爬行至高厂变垂直母线处,跌落至B、C相软连接处,造成变压器B、C相短路,电弧引起三相相间短路。最终,高厂变差动保护动作,发电机组跳闸。

处理措施:加强现场质量管理验收,对重点区域进行重点检查;加强现场防火封堵并定期检查;切实保证反事故措施在安装调试、运行维护、更新改造等阶段落实到位,有效防止电力生产事故的发生。

第四章 高压断路器

高压断路器(或称高压开关),不仅可以切断或闭合高压电路中的空载电流和负荷电流,而且当系统发生故障时,能够切断过负荷电流和短路电流,具有相当完善的灭弧结构和足够的断流能力。断路器型号标识如图 4.1 所示。

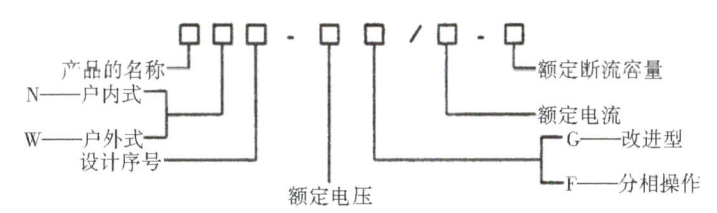

图 4.1 断路器型号标识

注:第一个为产品名称代码,具体如下:S——少油断路器;D——多油断路器;L——六氟化硫(SF_6)断路器;K——空气断路器;Z——真空断路器;等等。

第一节 六氟化硫断路器的结构与原理

六氟化硫断路器以六氟化硫为绝缘和灭弧介质。六氟化硫是不可燃的惰性气体,含水量低,绝缘水平高,密封性能好。六氟化硫断路器采用自能灭弧式结构,电气使用寿命长,自我保护和监视系统完备,操作功率小,缓冲平稳,适用范围广,能满足各种使用要求。

六氟化硫断路器按外形结构可以分为瓷柱式断路器、罐式断路器、GIS 组合式断路器等。

一、设备简介

LTB245E1 型断路器,是现阶段 220 kV 升压站常用的六氟化硫断路器,该断路器配用 BLG1002A 型电动储能的弹簧操动机构。操动机构经拉杆和断路器柱的机械系统相连,操动机构中的合闸弹簧控制断路器的闭合,分闸弹簧与断路器柱的操动机构相连。合闸时,断路器分闸弹簧被储能,操动机构中的脱扣掣子装置使断路器保持在闭合状态。分闸时只需释放脱扣掣子装置。该断路器有三个分立的极柱,每个极柱由三个主要部分组成。底部是操动机构,装在合金制成的机构箱中。操动机构箱上部是中空的支持绝缘套管,绝缘操作杆穿过其中。顶部是灭弧单元。每个灭弧单元包括两个灭弧室瓷套和带触头系统的上、下电流通道,灭弧室瓷套与法兰和上部操动机构箱构成密封体。压气室在下电流通道上移动。固定触头与上、下电流通道成为一个整体。断路器极柱内充有六氟化硫,正常工作压力为 0.7 MPa,压力由密度继电器来监视。

二、主要技术参数

六氟化硫断路器的主要技术参数详见表4.1。

表4.1 主要技术参数

序号	名称		规范
断路器型式与时间参量			
1	型式或型号		LTB245E1 型六氟化硫断路器
2	额定电压		252 kV
3	额定电流		4000 A
4	额定频率		50 Hz
5	额定操作顺序		0 - 0.3s - CO - 180s - CO
6	开断时间		≤40 ms
7	固有分闸时间		17 ms ± 2 ms
8	合闸时间		≤28 ms(分相操作);≤55 ms(三相机械联动)
9	重合闸无电流间隔时间		0.3 s 及以上,可调
10	合分时间		≤50 ms
11	分闸的不同期性	a. 相间	≤2 ms
		b. 同相断口间	≤2 ms
12	合闸的不同期性	a. 相间	≤3 ms
		b. 同相断口间	≤3 ms
其他特性参数			
1	额定操作顺序下,开断100%额定短路开断电流的次数		≥20

续表 4.1

序号	名称			规范
2	额定操作顺序下,开断100%额定电流的次数			≥5000 次
3	不经维修、调整或更换部件的空载操作次数			10000 次
4	操动机构	a	型式	弹簧
		b	操作电源的电压	AC:220 V
	操动机构	c	合闸电源	
			电压(U_e)	DC:110 V
			电压范围	$(80\% \sim 110\%)U_e$
			每相合闸线圈的只数	1
			每只合闸线圈的稳态电流	2 A
			每只合闸线圈的直流电阻	$53 \pm 5\%$
	操作机构	d	分闸电源	
			电压(U_e')	DC:110 V
			电压范围	$(80\% \sim 110\%)U_e$
			每相分闸线圈的只数	2
			每只分闸线圈的稳态电流	2 A
			每只分闸线圈的直流电阻	$53 \pm 5\%$
5	压力参数	a	最高	0.8 MPa
		b	正常	0.7 MPa
		c	最低	0.6 MPa
		d	报警气压	0.62 MPa
		e	闭锁气压	0.6 MPa

续表 4.1

序号	名称	规范
6	断路器内六氟化硫允许的含水量（20 ℃时的体积比）	<300 ppm
7	年漏气率	≤1%

第二节　断路器检修周期及项目

一、高压断路器和操动机构的维护周期及检修项目

高压断路器和操动机构的维护周期及检修项目详见表 4.2。

表 4.2　高压断路器和操动机构的维护周期及检修项目

	检查形式	检查周期	说明
C	目视检查	1~2 年 1 个月(新安装的断路器)	—
B	预防性维护 线路断路器 变压器断路器 发电机断路器	15 年，$\Sigma_n \times I^{1.8} = 20000$ 15 年，$\Sigma_n \times I^{1.8} = 20000$ 15 年，5000 次机械操作	总短路开断次数×短路电流的 1.8 次方 = 20000 = 触头运行寿命的极限
A	大修	30 年以后或 10000 次操作或 $\Sigma_n \times I^{1.8} = 20000$	

二、断路器 C 类维护

断路器 C 类维护情况详见表 4.3。

表 4.3　断路器 C 类维护周期及说明

拟进行的检查	检查周期	说明
目测检查	1~2 年 1 个月(新安装的断路器)	检查外部的清洁度、加热器的功能,检查气体压力、阀和排放孔。不需要特殊工具

三、断路器 B 类维护

断路器 B 类维护情况详见表 4.4。

表4.4 断路器B类维护周期及说明

检查形式		检查周期	说明
铭牌		和下述测量相结合	记录序列号
操作计数器		和下述测量相结合	记录操作次数
绝缘套管	目视检查和清扫	15年或5000次机械合分操作,或由于气候条件变化需要检查时	冲洗和擦拭以清洁绝缘子,去除盐分和其他污秽,可用水冲洗。检查螺栓/螺母。冲洗设备、干布、力矩扳手。力矩应按上述断路器的组装说明
	超声波试验	30年或10000次机械合分操作	用超声波检查有无裂纹。检查超声波试验设备
六氟化硫	充六氟化硫	必要时	检查六氟化硫充气设备,取下密度继电器并接上露点测量设备。露点最高为-5℃
	断路器在正常气体压力下的露点	充气后2~4周,运行15年或5000次机械合分操作	
主电流回路	操作频率<每年100次操作	15年	使用电桥法检查主回路电阻,试验电流至少200 A。电阻值≤40 μΩ
	操作频率>每年100次操作(小电流、小电容电流)	6年或非同步的:2500次电气操作。同步的:5000次电气操作	使用电桥法检查主回路电阻,试验电流至少200 A。允许的电阻值计算公式:$R = R_n(I_n/I)$。其中:R为允许的电阻增大值;R_n为工作参数中规定的最大电阻值(40 μΩ);I_n为铭牌规定的额定电流;I为计算最大电阻时的电流
热影像测量		6年或2500次机械合分操作	检查断路器外部部件的温度是否增加。使用热影像照相机,应考虑测量期间负荷电流和测量前3至4 h的负荷电流的剧烈变化情况
触头和开断位置		线路和变压器断路器15年或10000次机械合分操作或$\Sigma_n \times I^{1.8} = 20000$	在抽去气体、打开断路器、吊开瓷套后,才有可能检查触头和压气缸的PTFE元件
		电抗器断路器过滤器断路器电容器组断路器非同步的:2500次操作。同步的:5000次操作	另一种情况是取下上盖,用光纤孔径仪检查。当$\Sigma_n \times I^{1.8} = 20000$时,触头和PTFE元件必须更换。当断路器已运行30年或10000次合分操作时,断路器和操动机构必须大修

续表 4.4

检查形式		检查周期	说明
机构(分闸位置)		15 年或 5000 次机械合分操作	检查外臂和机构箱的参照孔
动作时间	固有分闸时间	15 年或 5000 次机械合分操作	用电子计时计测量,标称动作值。时间见技术规范
	合闸时间		
	合分时间		
预插入时间		15 年或 5000 次机械合分操作	用断路器的试验设备测量。时间见技术规范
操作的可用性	拉杆系统	15 年或 5000 次机械合分操作	检查拉杆系统的螺栓的紧固力矩。力矩扳手:36 mm。力矩:300 N·m
	操作安全性	15 年或 5000 次机械合分操作	测量最小动作电压。线圈的合闸时间小于 85% 标称值。可变的直流电源系统线圈的分闸时间小于 70% 标称值
	防跳继电器	15 年或 5000 次机械合分操作	在额定电压下,持续 30 s 的一个合闸脉冲没有"跳跃"(即当断路器重复分合)的情况下,必须进行一次合分操作。测量继电器的最低动作值
电动机电流		15 年或 5000 次机械合分操作	电动机电流应在储能行程末端进行。最大储能时间 20 s。电动机必须在至少 85% 的标准电压下能够为弹簧储能
缓冲器		15 年或 5000 次机械合分操作	检查油位或操作期间的阻尼记录。油位可通过取出缓冲器进行检查或用超声试验检查。阻尼可在操作期间用断路器分析仪记录。它的传感器接到断路器机构(分闸缓冲器)的操作臂和操动机构的操作轴上(合闸缓冲器)。如果缓冲时间和距离不满足特定缓冲曲线,应更换整个缓冲器。在操作期间只能由专业培训人员进行记录

续表 4.4

检查形式	检查周期	说明
掣子机构	15 年或 5000 次机械合分操作	进行目视检查。检查衔铁和辅助掣子之间的间隙,间隙最大 1 mm。如果间隙不符合要求,应更换整个掣子装置
限位开关	15 年或 5000 次机械合分操作	在弹簧组拉紧的最终阶段,电动机回路断开前,合闸回路必须接通。测量时间和检查触头的行程,并将相关数值与调试时获得的值做比较
机械联锁	15 年或 5000 次机械合分操作	联锁臂必须从联锁盘的圆周外侧提起 3.5 mm。当联锁臂与凸轮盘处于同一水平时,合闸回路必须接通
加热器元件	15 年或 5000 次机械合分操作	测量电阻: 70 W,220 V:$R = 691 \pm 10\%$(Ω)。 2×140 W,220V:$R = 173 \pm 10\%$(Ω)。 检查电压故障的信号(是否有信号)
端子排	15 年或 5000 次机械合分操作	检查螺丝和线夹
电动机启动器	15 年或 5000 次机械合分操作	检查电压故障的信号(是否有信号)
六氟化硫的密封密度继电器	15 年或 5000 次机械合分操作	检查压力传感器和密度继电器的信号/开断接点。用空气或氮气给密度继电器加压,慢慢降低压力并读取压力读数。 如果没有安装带压力表的密度继电器,就必须用单独的压力表记录压力。检查期间最低允许的电压是 30 V。 与充气压力的最大偏差(20 ℃时)如下: 压力表:$-0.02/0.05$ MPa。 密度继电器:± 0.015 MPa。 信号和闭锁压力之间的差大于 0.01 MPa
闭锁继电器	15 年或 5000 次机械合分操作	当密度继电器从充有充气压力的一相断路器上取下时,继电器应断开 (断路器退出运行时必须执行)
腐蚀	15 年或 5000 次机械合分操作	从外部进行目视检查。必要时,用防锈剂处理
润滑	15 年或 5000 次机械合分操作	操动机构驱动装置的润滑脂为"M"

续表4.4

检查形式	检查周期	说明
操作试验	5年或根据惯例	如果可能,操作试验与操作时间的测量结合进行(包括合分时间)

四、断路器A类维护

断路器A类维护情况详见表4.5。

表4.5 断路器A类维护周期及说明

检查形式	检查周期	说明
大修	30年或10000次机械合分操作	拆下各相断路器和机构,装新的触头和PTEE元件。更换其他磨损的部件。如果断路器和操动机构操作次数超过10000次则进行大修。原则上,所有可动部分均应更换。如果断路器和操动机构操作次数超过2000次则进行大修。原则上,某些磨损的部件应更换

五、弹簧操动机构的维护周期

1. 目视检查,1~2年进行一次。

2. 运行15年或2000次机械合分操作以后进行润滑。

3. 运行15年或5000次机械合分操作以后进行预防性维护。

4. 运行30年或10000次机械合分操作以后进行大修。

六、六氟化硫断路器试验项目

六氟化硫断路器试验项目详见表4.6。

表4.6 六氟化硫断路器试验项目

序号	项目	周期	要求	说明
1	红外测温	1)220 kV:3个月 2)必要时	红外热像图显示无异常,升温温差和相对温差符合DL/T 664要求	1.红外测温采用红外成像仪。 2.测试应尽量在负荷高峰即夜间进行。 3.在大负荷增加时检测
2	断路器内六氟化硫的湿度以及其他检测项目	1)A级检修时 2)220 kV:3年 3)必要时	按照DL/T 506执行	按照DL/T 506执行

续表4.6

序号	项目	周期	要求	说明
3	六氟化硫泄漏试验	1）A级检修后 2）必要时	年漏气率不大于1%或符合制造厂的要求	按GB/T 11023中的方法进行
4	辅助回路和控制回路的绝缘电阻	1）1~3年 2）A级检修后	绝缘电阻不低于2 MΩ	采用500 V或1000 V兆欧表测量
5	耐压试验	1）A级检修后 2）必要时	交流耐压或操作冲击耐压的试验电压为出厂试验电压值的80%	1. 试验在六氟化硫额定压力下进行。 2. 罐式断路器的耐压试验方式为合闸对地。分闸状态下，两端轮流加压，另一端接地。建议在进行交流耐压试验的同时测量局部放电。 3. 瓷柱式定开距断路器只做断口间耐压试验
6	辅助回路和控制回路交流耐压试验	A级检修后	试验电压为2 kV	耐压试验后的绝缘电阻值不应降低
7	合闸电阻值和合闸电阻的投入时间	1）1~3年（罐式断路器除外） 2）大修后	1. 除制造厂另有规定外，阻值变化允许范围不得大于±5%。 2. 合闸电阻的有效接入时间按制造厂的规定进行校核	罐式断路器的合闸电阻布置在罐体内部，只有解体大修时才能测定
8	断路器的速度特性	大修后	测量方法和测量结果应符合制造厂的规定	制造厂无要求时不测量
9	断路器的时间参量	1）大修后 2）机构大修后	除制造厂另有规定外，断路器的分、合闸同期性应满足下列要求：相间合闸不同期，时间不大于5 ms；相间分闸不同期，时间不大于3 ms；同相各断口间合闸不同期，时间不大于3 ms；同相各断口间分闸不同期，时间不大于2 ms	—

续表 4.6

序号	项目	周期	要求	说明
10	分、合闸电磁铁的动作电压	1) 1~3年 2) A 级检修后 3) 机构大修后	1. 操动机构分、合闸电磁铁或合闸接触器端子上的最低动作电压应为操作电压额定值的 30%~65%。 2. 在使用电磁机构时，合闸电磁铁线圈通流时的端电压为操作电压额定值的 80%（关合电流峰值等于及大于 50 kA 时为 85%）时应可靠动作。 3. 进口设备的动作电压应符合制造厂的规定	—
11	导电回路的电阻	1) 1~6年 2) A 修后	1. 敞开式断路器的测量值不大于制造厂规定值的 120%。 2. GIS 中的断路器的电阻应符合制造厂的规定	用直流压降法测量，电流不小于 100 A
12	分、合闸线圈直流电阻	1) A 级检修后 2) 机构大修后	应符合制造厂的规定	—
13	六氟化硫密度监视器（包括整定值）检验	1) 1~3年 2) A 级检修后 3) 必要时	应符合制造厂的规定	—
14	压力表校验（或调整）、机构操作压力（气压、液压）整定值校验、机械安全阀校验	1) 1~3年 2) A 级检修后	应符合制造厂的规定	气动机构应校验各级气压的整定值（减压阀及机械安全阀）
15	操动机构在分闸、合闸、重合闸下的操作压力（气压、液压）下降值	1) 大修后 2) 机构大修后	应符合制造厂的规定	—

续表 4.6

序号	项目	周期	要求	说明
16	闭锁、防跳跃及防止非全相合闸等辅助控制装置的动作性能	1)大修后 2)必要时	应符合制造厂的规定	—

注:注明年份的标准,仅该年份对应的版本适用于本文;未注明年份的标准,其最新版本(包括所有的修改单)适用于本文。

第三节　高压断路器的检修工艺及质量标准

一、断路器和操动机构的润滑

现场 220 kV 升压站采用北京 ABB 高压开关设备有限公司生产的 LTB245E1 型六氟化硫断路器。该断路器配用 BLG1002A 型电动储能的弹簧操动机构,故断路器及操动机构的润滑需按照厂家的具体说明执行。

1. 润滑油(见表 4.7)

表 4.7　润滑油

供货商	油"A"	油"D"	油"S"
ABB 商件号	1171 2039 - 1	1171 3011 - 102	1173 7011 - 106
ABB 备件号	1HSB875318 - A	1HSB875318 - B	1HSB875318 - C
MOBIL	MOBIL1(481127)5W - 30	断路器油 Univolt42(44)	—
CASTROL	FORMULA RS　5W - 50	—	—
SHELL	TMO 合成　5W - 30	NYSWITCHO 3/NYSWITCHO 3X	DC 200 Fluid 200 CS
OK	超级合成	断路器油　A65	—

说明:

(1)油"A":用于操动机构和断路器的润滑,使用稀薄的、完全合成的润滑油;也用于那些不能拆开的、不能使用"G"润滑剂润滑的轴承在某些操作以后的润滑,例如连接装置、连接机构。

(2)油"D":在20 ℃时,作为6.0cSt黏度指数的断路器油,也作为缓冲器油使用。在盖上印有字母"S"的缓冲器应充"S"油。

(3)油"S":用作重负载BLG操动机构的缓冲器的硅油。只有在盖上印有字母"S"的缓冲器才使用这种油。

2. 润滑剂(见表4.8)

表4.8 润滑剂

供货商	润滑剂"G"	润滑剂"K"	润滑剂"N"	润滑剂"L"
ABB商件号	1171 4014 - 407	1263 0011 - 102	1171 4016 - 607	1171 4016 - 606
ABB备件号	5316 381 - A	5316 381 - M	5316 381 - L	5316 381 - H
ASEOLAG	—	—	—	ASEOL SYLITEA 4 - 018
Dow Corning	—	G - rapid plus	—	—
GULF718EP	合成润滑剂	—	—	—
MOBIL	MOBIL润滑剂28	—	—	—
Monteflous	—	—	Fomblin OT 20	—
SHELL	航空、壳牌润滑脂223	—	—	—

说明:

(1)润滑剂"G":用于所有型式的轴承齿轮、蜗轮及气吹断路器阀的低温润滑,还用于润滑密封圈和断路器的缝隙、被锈蚀处的保护。

(2)润滑剂"K":用于齿轮箱和地震阻尼器中的销钉的润滑。

(3)润滑剂"N":用于润滑六氟化硫断路器的动触头和压气缸。应在触头的滑动面施加很薄的一层润滑脂。

(4)润滑剂"L":适用于精密部件的低温润滑、操动机构掣子部分的润滑。

(5)润滑剂"M":用于蜗轮、正齿轮和其他机械元件长期和永久低温润滑,可防磨损和腐蚀。

(6)润滑剂"P":用作断路器内部的固定触头表面的凡士林。

(7)润滑剂"S":用于润滑HPL型断路器转动轴的密封件。

3. 机构润滑剂(见表4.9)

表4.9 机构润滑剂

供货商	润滑剂"M"	润滑剂"P"	润滑剂"S"	润滑剂"SV"
ABB 商件号	11714016 – 612	11715011 – 102	11714014 – 406	11714016 – 610
ABB 备件号	5316 381 – J	5316 381 – N	5316 381 – G	5316 381 – C
DowCorning	—	—	FS – 3451 No. 2	—
Fluortech	—	—	Tp55	—
SHELL	—	壳牌凡士8401	—	—
Statoil	—	—	—	电气润滑剂

二、断路器的检修工艺及质量标准

1. 检修前的准备

(1) 检修前需要备好工具(包括力矩扳手),清洁设备(包括真空吸尘器、无毛材料的丁布),确保备件(包括润滑剂、润滑脂、油、防腐剂)充足,检查试验设备(包括记录缓冲曲线和动作值的设备),调试设备状态。

(2) 密封件储存时间有限,应避免使用超期储存的密封件。

(3) 断路器应在分闸位置。断开电源并接地,断开电动机回路,进行一次合分操作以释放操动机构弹簧组的能量。断开控制电压,必要时也要断开加热器的电源。

2. 清洁

用真空吸尘器清洁操动机构内部,检查在阀处的过滤器是否干净。如果严重脏污,过滤器应更换。

3. 防锈保护

在腐蚀严重的环境下,断路器操动机构会被腐蚀,产生锈斑。对于产生锈斑的断路器操动机构,应先清除锈斑,用刷子或喷枪喷涂新的防锈剂。

4. 润滑

使用规定的润滑剂进行润滑。除大修外,通常不需要润滑。操动机构中的滚珠轴承、滚柱轴衬和滚针轴承是永久润滑的,不需要检修。润滑只限于掣子机构的轴。这些轴应在操作次数达到2000次后进行润滑。断路器驱动装置中的蜗轮和蜗杆也应同时润滑。

5. 检查加热器

操动机构的加热器应始终处于接通状态。其电阻应满足维护要求。

6.检查驱动装置

(1)检查和清洁掣子装置的轴和驱动装置的蜗轮。

(2)用润滑脂润滑。

(3)在弹簧储能结束时,测量电动机的电流。电流应不超过电机的额定电流。

(4)检查手动/电动开关的电压指示信号。若信号不正常,应更换开关。

7.检查掣子装置

(1)检查脱扣线圈的动作电压,电压应不低于最低值。

(2)检查衔铁和辅助掣子之间的间隙。间隙最大 1 mm。如果间隙不符合要求,应更换整个掣子装置。

8.检查缓冲器

操动机构装有阻滞凸轮盘转动的合闸缓冲器和阻滞分闸运动最终阶段的分闸缓冲器。

(1)合闸缓冲器。通过在操作期间检查缓冲曲线,可检查缓冲器的油位。把断路器分析仪的传感器接到操动机构的凸轮轴上并记录缓冲曲线,按要求检查缓冲距离和缓冲时间。如果缓冲距离和缓冲时间在规定值以外,则更换整个缓冲器。

(2)分闸缓冲器。通过在操作期间记录的缓冲曲线,可检查缓冲器的油位。把断路器分析仪的传感器接到断路器的轴上并记录缓冲曲线,按要求检查缓冲距离和缓冲时间。如果记录的曲线与正确的曲线不同,则更换整个缓冲器。

(3)检查连接系统和弹簧组,对弹簧组、连接轴承进行一次目视检查,如有必要,用润滑脂润滑连接轴承。

9.检查带辅助接点的限位开关

将测量时间与调试时获得的值进行比较,可检查触头行程和触头缓冲时间。

10.检查端子排

检查端子排的螺栓和插头,端子接线应牢固。

三、高压断路器的试验项目

1.绝缘电阻的测量

(1)断口绝缘电阻的测量。

(2)一次回路对地绝缘电阻的测量。

(3)控制回路之间及对地绝缘电阻的测量。

备注:测量一次回路对地绝缘电阻的仪器为 2500 MΩ 的摇表;测量二次回路对地绝缘电阻的仪器为 500 MΩ 的摇表。

2.断路器导电回路电阻的测量

断路器的测量值应不大于制造厂规定值的 120%。

3.断路器特性的测量

(1)断路器合闸时间的测量:标准合闸时间≤65 ms。

(2)断路器合闸速度的测量:标准合闸速度为 4.9 m/s～5.2 m/s。

(3)断路器分闸时间的测量:分闸 1 的标准时间为 20 ms±2 ms;分闸 2 的标准时间为 20 ms±2 ms。

(4)断路器分闸速度的测量:分闸 1 的标准速度为 8.3 m/s～8.7 m/s;分闸 2 的标准速度为 8.3 m/s～8.7 m/s。

(5)断路器合、分闸时间的测量:断口 1 的标准时间为 35 ms～42 ms;断口 2 的标准时间为 35 ms～42 ms。

(6)断路器分闸不同期的测量:标准时间为不大于 5 ms。

四、BLG1002A 型弹簧操动机构的检修

1.测量所有动作值并做好记录。如果测量的值与断路器规定的值一致,则只需进行目视检查、清洁和润滑。

2.取下机构箱的顶和门,以便于检修和维护。

3.慢速手动合闸操作步骤如下:

(1)断路器在分闸位置,控制盘的当地/远方开关在断开位置,电动机的电源用直接启动器断开,电动/手动开关在手动位置。这样,手柄的轴可释放。

(2)释放合闸弹簧的能量。把手柄放在轴上,用一个改锥按反向掣子按钮,释放反向掣子按钮和弹簧的能量。顺时针转动手柄,直到弹簧轭架到达底部位置并靠在框架的底脚上。

(3)装配限位杆。在支杆周围装配限位杆。这样,固定孔就朝外面向操作箱。在限位杆上装配螺栓。

(4)解锁联锁机构。向上按操作杆或联锁臂,在孔中插入联锁销(如图 4.2)。

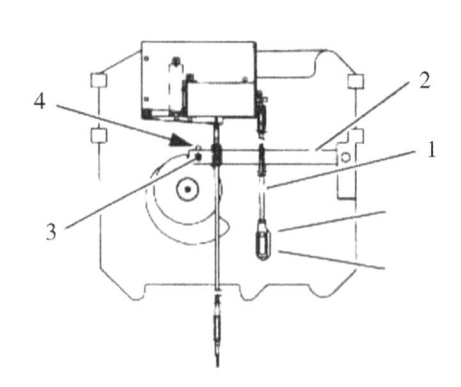

图 4.2 联锁(断路器分闸和合闸弹簧未储能)

1——操作杆;2——联锁臂;3——闭锁臂;4——闭锁的孔。

(5)限位杆移动到机械终端。手柄逆时针转动 6~8 圈,最多转动 10 圈。

(6)释放中间掣子,按下合闸线圈的衔铁。

(7)正在进行的慢合闸操作在锁钩与滚子啮合以前可在任何位置中断。按反向掣子按钮,断路器就会慢慢朝分闸位置运动,并在按钮释放时停在要求的位置。

(8)手柄逆时针转 10 圈。随后凸轮盘转动大约 3/4 圈并启动止动滚,这样,操作拐臂慢慢使断路器向合闸位置移动。当移动将要结束,操作臂上的锁钩与跳闸机构的滚子啮合时,可听到咔嗒声。

(9)手柄逆时针转几圈,凸轮盘的外部最尖端离开止动滚。操作拐臂在分闸弹簧的作用下很快朝分闸位置操作,直到锁钩靠在滚子上(声音很响)。

(10)手柄逆时针转动,直到锁钩正好靠在滚子上,这样凸轮盘就返回到其正确位置并使隔梁卸载。

(11)除去限位杆。

(12)检查锁钩是否靠在滚子上。如果锁钩没有靠在滚子上,凸轮盘将在错误位置,可能会在一次分闸操作期间损坏操动机构。

(13)从孔内拉出闭锁销。

(14)把电动/手动开关转到电动位置。

(15)用直接启动器接通电动机的电源。

(16)把当地/远方开关放在远程位置。现在,断路器在合闸位置,并可进行一次正常的分闸操作。

(17)在进行分闸前,限位杆应拆下。

4.慢速手动分闸操作

(1)断路器在合闸位置。

(2)控制盘的当地/远方开关在断开位置。

(3)电动机的电源用直接启动器断开。

(4)电动/手动开关在手动位置。这样,手柄的轴可释放。

(5)释放合闸弹簧的能量。把手柄放在轴上,用一个改锥按反向掣子按钮,释放反向掣子按钮和弹簧的能量。顺时针转动手柄,直到弹簧轭架到达底部位置并靠在框架的底脚上。

(6)装配隔梁。在支杆周围装配隔梁,这样,固定孔将朝外面向操作箱。在隔梁上装配螺栓。

(7)联锁臂用销闭锁并靠在闭锁盘上,停在水平位置。用力向上按联锁臂,在孔中插入联锁销。

(8)慢分闸意味着用凸轮盘"带动"断路器,此后释放反向掣子并使操动机构进行一次慢分闸操作。

(9)把手柄放在手动操作位置并逆时针转动手柄,直到隔梁移动到机构终端止动器。感觉手柄有轻的阻力,正常情况下应转动6~8圈,最多转10圈。

(10)按下合闸线圈的衔铁,闭锁钩与滚子将脱离。

(11)逆时针转圈。如果手柄转动的圈数太多,当凸轮盘通过止动辊并立即返回到正确位置时,可听到叮当声。按(9)(10)(11)的步骤再操作一次,并少转几圈手柄。

(12)把反向掣子按钮按入驱动装置。

(13)释放手柄并使它转动直到停止。

(14)用一个改锥轻轻敲衔铁以释放分闸掣子装置。分闸弹簧把操作拐臂推向分闸位置。当止动滚靠在凸轮盘上时,运动停止。

(15)反向掣子按钮状态保持不变,直到断路器由分闸弹簧推到分闸位置。如果弹簧力不足,无法移动闭锁钩,反向掣子按钮保持不变直到断路器由分闸弹簧推到分闸位置。如果弹簧力不足无法移动闭锁钩,可以通过按按钮并顺时针转动手柄,使闭锁钩可靠啮合在闭锁位置。接着按按钮并顺时针转动手柄。

(16)拆去隔梁。检查闭锁钩是否靠在滚子上。闭锁沟如果不靠在滚子上,凸轮盘将在错误位置,并在分闸操作期间可能损坏操动机构。从孔内拉出闭锁销,把电动/手动开关转到电动位置。

5. 机械联锁

当断路器已经在合闸位置或操动机构的合闸弹簧释能或未完全储能时,进行合闸操作。

(1)检查联锁臂和联锁盘的相对位置。联锁臂应在联锁盘上 2 mm 处。

(2)当联锁臂靠在联锁盘外侧时,合闸回路应接通。

(3)解开联锁。如果凸轮盘的运动由联锁臂停止,在凸轮盘返回到其正确位置以前,不能进行合闸操作(如图 4.3)。

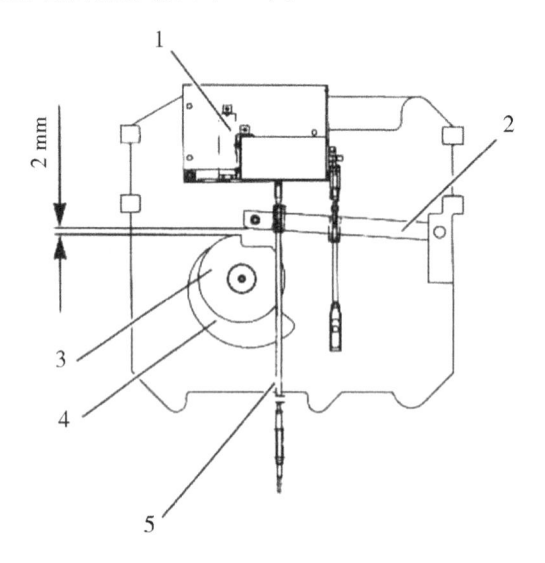

图 4.3 联锁机构

1——限位开关;2——联锁臂;3——联锁盘;4——凸轮盘;5——操作杆。

把控制盘上的当地/远方开关放在"停止"位置,用直接启动器断开电动机的电源,把驱动装置上的开关放在"手动"位置。这样,手柄的轴可释放。把手柄插入轴内。用一个改锥按反向掣子按钮并顺时针旋转手柄,直到操作杆上的闭锁钩越过滚子。逆时针旋转手柄,直到操作杆上的闭锁钩靠在合闸掣子装置的滚子上。

6.合闸弹簧的手动储能

逆时针旋转手柄,直到合闸弹簧完全储能。测量框架根部和桥梁之间的距离,把驱动装置上的开关切换到"电动"位置,复归直接启动器,把控制盘上的当地/远方开关切换到"远方"位置,尝试操作一次。

第四节　高压断路器故障及处理

一、高压断路器常见故障

1. 拒动。高压断路器拒动故障分为拒分故障和拒合故障两种。其中,拒分故障最为严重,往往会导致越级跳闸,系统故障,扩大事故范围。

拒动故障可能是多方面因素导致的。首先可能是机械原因。操动机构及其传动系统的机械故障是导致高压断路器拒动的主要原因。对于液压操动机构导致的故障,要先检查液压表及其低压闭锁装置,核查低压闭锁装置动作是否正确;对于气动操动机构导致的故障,要检查是不是压缩空气管道回路排水不及时而水冻结导致的。若存在水冻结的情况,应立即解冻,排净污水,然后检查压缩空气管道回路的各部件是否正常运行,证实低压闭锁装置动作的正确性。若都没有问题,则可能是内部元件及压缩空气管道回路故障。其次是断路器本体及其中间传动机构故障。如灭弧室动触头调整不当,动触头绝缘拉杆脱落、损坏、折断等。对于断路器本体及中间传动机构故障所致的拒动故障,同样应先检查压力表及其低压闭锁装置动作的正确性,检查六氟化硫压力降低是否是低温所致,断路器加热装置运行是否正常。若存在故障,应做恢复处理。如果是漏气所致,应补充气体或退出运行后再检查。若内部元件存在故障,需退出运行后进行处理。以上故障往往需设备厂家的专业人员配合处理。再次可能是电气方面的原因,主要是电气控制和辅助回路方面的问题,如分/合闸线圈烧损、端子排接线脱落、辅助开关节点接触不良等。在诊断电气故障时,要先检查电气控制回路的直流电源电压。若电压值低于规定值,需要把电压值调整到规定值,然后在运行的状态下对电气控制回路及其原件进行检查。

2. 断路器误动。如果高压断路器操动机构中的分、合闸电磁铁动作电压低,当操作控制回路上的直流系统接地时,断路器可能误分或者误合。如果操动机构电磁铁锁扣存在机械故障,当运行中的断路器因某种原因振动大时,可能发生无指令自行分闸的异常情况。

3. 绝缘故障。高压断路器发生内绝缘故障、外绝缘和瓷套闪络故障最为常见。外绝缘故障一般较容易检查和处理,内绝缘故障则需要厂家的专业人员进行检查。

4. 载流故障。断路器载流故障主要是触头接触不良、过热或者引线过热造成的。新安装的断路器触头接触不良主要是因为动触头与静触头没有对中,接触不良将导致载流或绝缘事故。此时需要加强监视,减少负荷,做好解体检修准备。

5. 泄露故障。液压操动机构泄露故障可能是高压放油阀关闭或密封不严、液压油管道回路上的接头漏油等导致的。现场检修人员应对液压油回路管道进行细致的检查,截止阀关闭严实。气动操动机构泄露故障可能是压缩空气回路管道接头漏油、储气罐的放水阀关闭不严等导致的。现场检修时应检查机构的压缩空气回路管道的阀门和连接部位是否渗漏。机构及其回路的阀体和部件若有异常,要退出运行后查明故障。

二、高压断路器异常案例

案例一:某电厂在执行调度令,合上合闸型号为 LTB245E1-1P 的 220 kV 线路断路器时,三相合上 26 ms 后,B 相跳开。随后本体三相不一致动作,跳开断路器 A、C 相。之后,运行人员将此断路器操作至冷备用,并多次进行远方试分合,未再发现该异常现象。在排除控制回路存在异常导致断路器偷跳的可能性后,测试断路器开关分、合闸的时间及速度,发现 B 相的合闸速度和 A、C 相的分闸速度低于厂家标准的下限值。分析后确认此次偷跳的直接原因是断路器 B 相合闸速度减慢,导致合闸拐臂带动分闸拐臂移至运动末端,无法将其送至分闸挚子上,机构分闸弹簧能量无法保持。偷跳的间接原因是合闸弹簧储能卷紧过程中,弹簧长期受力而有疲劳现象。弹簧合闸力的减弱,减小了机构弹簧的合闸力,减慢了合闸速度。

合闸弹簧长期储能导致弹簧力度不够,合闸力不足导致无法完成分闸储能全过程。这是本次事故的原因。可采取以下措施:停电检修时,严格落实断路器速度测试项目,调整机构速度使其满足标准要求。检查分、合闸弹簧的疲劳情况,避免弹簧疲劳后无法调整或强制调整弹簧导致弹簧损坏。

案例二:某变电站在操作断路器时,该断路器 B 相出现开关合闸不成功的现象。随即出现三相不一致,继电器动作,A、C 两相跳闸的情况。重复操作三次后仍不成功,机构箱出现异响。采取间隔转检修的相关安全措施后,检修人员打开 B 相机构箱发现了合闸拐臂断裂的痕迹,机构箱底部有合闸拐臂震碎的残片,合闸缓冲器存在渗漏油的痕迹。

导致此次事故的直接原因是操作不规范。此类断路器的标准操作顺序为分闸(时间 0.3 s)—合闸再分闸(时间 180 s)—合闸再分闸。如多次合闸时间间隔过短,不符合操作要求,受断路器内部气体平衡、缓冲器回油、机械震动及储能时间等因素的影响,频繁操作会对传动零件造成损伤。另外,合闸拐臂自身工艺存在缺陷,造成本次操作失败、设备损坏。

案例三: 某变电站在准备操作母联断路器时,合上断路器储能电源开关后,A 相机构箱在储能过程中发出"咯哒咯哒"的异常响声,储能指示不成功,储能电机持续处于转动状态,储能回路无法切断。B、C 两相储能电机工作正常,储能指示无异常,断路器无法正常分合操作。经现场检查,操动机构内的一个固定螺丝因断路器长期操作、振动而掉落,造成开关电机储能限位 BW 固定板偏移、变形,进而导致 A 相储能电机完成储能后无法有效切断。现场检修人员将 A 相机构箱的储能限位板矫正并复原后进行了测试,发现断路器 A 相合闸速度因卷簧处于过储能状态而受到影响,断路器合闸速度因而不符合标准。重新校准合闸弹簧的弹力后,进行数次分合闸操作并复测,确保断路器的机械特性数据均符合该型号断路器的工作标准,断路器方投入正常运行。

第五章　高压隔离开关

隔离开关的主要作用是将高压配电装置中需停电的部分与带电的部分可靠隔离，以保证检修工作的安全。隔离开关的触头全部暴露在空气中，具有明显的断开点。隔离开关没有灭弧装置，因此不能用来切断负荷电流和短路电流，否则断开点将在高电压作用下产生强烈的电弧，且很难自行熄灭，严重时可能产生飞弧造成相对地短路或相间短路，从而烧坏设备、威胁人身安全。

第一节　高压隔离开关的结构与原理

升压站广泛应用的 SSBⅡ-252 三相中心开断式（或双柱旋转）隔离开关，由六根独立的柱组成。这六根独立的柱在驱动的瞬间，通过连杆传动相互连通。位于绝缘子顶部的主刀转动 90°后，转动的绝缘子安装在一个钢底座上并与一根连杆相连。在开启状态，隔离开关形成了一个水平断口。接线端的触头可以旋转 360°。接地开关可以安装在隔离开关的两侧并且在一个平面内运动，在相间方向打开或闭合。隔离开关和接地开关都有各自的操动机构。主要装置包括底座、绝缘子、主刀、接地开关（如有）、垂直连杆、操动机构。

一、隔离开关的主要技术参数

隔离开关的主要技术参数见表 5.1。

表 5.1　主要技术参数

型号	SSBⅡ-252
额定电压	252 kV
额定电流	3150 A
额定热稳定电流	50 kA
额定热稳定时间	3 s
额定动稳定电流	125 kA

续表 5.1

额定接线端机械负荷		3000 N
1 分钟工频耐受电压	相对地	460 kV
	断口间	460 + 145 kV
雷电冲击耐受电压	相对地	1050 kV
	断口间	460 + 145 kV

二、操动机构的主要技术参数

操动机构的主要技术参数见表 5.2。

表 5.2 主要技术参数

电机电压	110 V DC/220 V DC/380 V AC
控制回路电压	110 V DC/220 V DC/220 V AC
额定短时耐受电流	50 kA
额定短路持续时间	3 s
额定峰值耐受电流	125 kA
额定端子静态机械负荷	2000 N
隔离开关的机械寿命	10000 次
温度等级	-40 ℃ ~ +40 ℃
绝缘子技术数据	弯矩 8 kN,扭矩 4 kN·m,爬距 6300 mm
生产厂家	北京 ABB 高压开关厂

二、手动接地开关主要技术参数

手动接地开关的主要技术参数见表 5.3。

表 5.3 主要技术参数

控制电压	220 V
辅助接点	8 对常开接点,8 对常闭接点
材料号	HCA2--190
转动角度	190°
生产日期	—
生产厂家	北京 ABB 高压开关厂

四、隔离开关的结构与动作原理

隔离开关的结构图如图 5.1 所示。

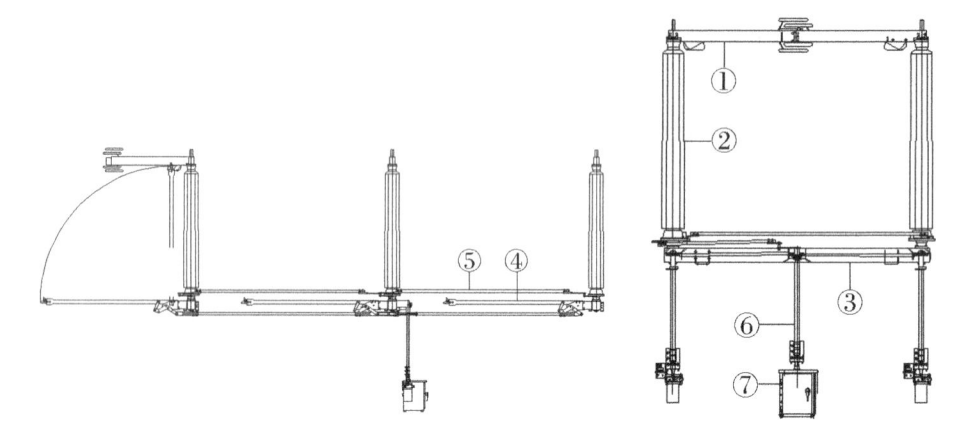

图 5.1　隔离开关的结构图

①——主刀；②——绝缘子；③——底座；④——接地开关；

⑤——连杆；⑥——垂直杆；⑦——操动机构。

隔离开关的工作原理如下：机构箱驱动垂直连杆，垂直连杆带动拐臂，拐臂通过相间连杆和瓷瓶托盘驱动操作瓷瓶，操作瓷瓶驱动主刀分合。

第二节　高压隔离开关的检修工艺及质量标准

一、底座

1.用一个临时储存平台来防止设备被破坏或弄脏，防止沙子和污染物进入润滑油喷嘴和螺丝孔，同时防止损害镀锌层和主触点。

2.检查箱子上的标记。把底座(如图 5.2)从箱子中拿出来，把号码标在底座的上面。检查铭牌。

3.注意：必须小心地把开关排列在支撑结构上。将要安装在底座上的面必须是平的、实的，而且定位要准确，否则底座安装在结构上时将会变弯。底座弯曲可能引起设备运行不正常。没有安装的运行部件可能在绝缘子上产生过大的应力。所有的底座和相关的固定部件必须安装到位。所有的底座都必须接地。

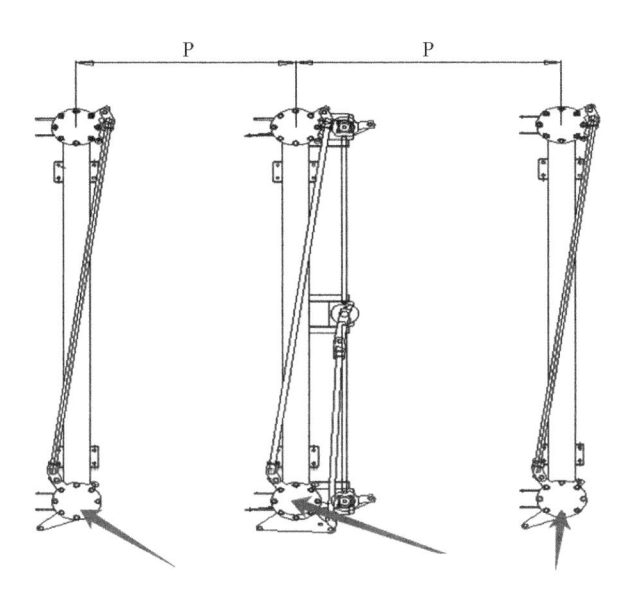

图 5.2　隔离开关的底座与连杆图

4.确保将要安装隔离开关的结构已经经过检查和验收正常。将 A、B、C 三相底座安装在设备的支架上并拧紧。

5.校对底座间是平行的。拧紧基础螺栓。

二、绝缘子

1.将绝缘子取出来,确认所提供的绝缘子是正确的。

2.准备好瓷瓶与底座安装螺栓(固定在底座转盘上),将绝缘子下部垂直放在平整的表面上。

3.提起绝缘子的其余部分并按照绝缘子的图纸安装绝缘子,拧紧螺栓。

4.将绝缘子放置在转盘顶部。为了安装主刀,顶部法兰的螺栓孔必须与底座架上的螺栓孔对齐。安装绝缘子的螺栓,将螺栓放回到相同的螺孔并拧紧。螺栓可以使用的长度可以不一样。

5.重复以上步骤,将剩余的绝缘子安装好。

三、主刀

主刀装置由一对主刀臂组成。这对主刀臂标有相同的编号。

1.确保转盘在图 5.2 中箭头所指的位置。转盘 A、C 和 E 偏心止挡必须接触到转盘连杆。图 5.3 是隔离开关的合闸位置。图中,1 为偏心止挡,2 为转盘连杆。

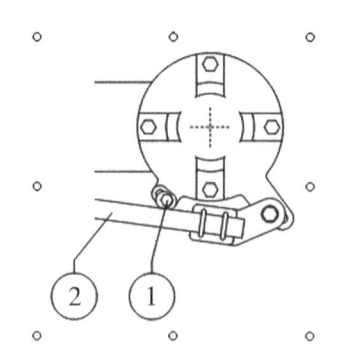

图 5.3　隔离开关底座图

1. 安装每相绝缘子顶部的主刀臂。带有阳触头的主刀臂装在绝缘子 A、C 和 E 的顶部。带有阴触头的主刀臂装在绝缘子 B、D 和 F 的顶部。

2. 如图 5.4 所示，用尺子检查主刀是否在同一条线上。如果不在同一条线上则进行调整。

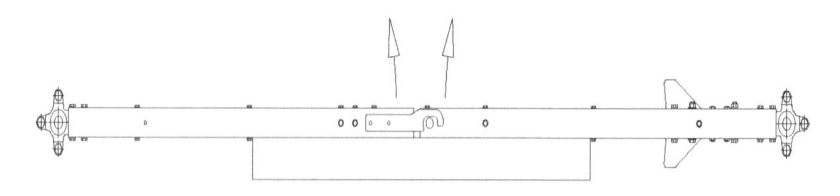

图 5.4　隔离开关连杆图

3. 如图 5.5 所示，检查两个主刀之间的距离。这个距离必须是 22 mm ± 4 mm。如距离不对就进行调整，拧松转盘上绝缘子的安装螺栓并且插入合适的垫片，这些垫片是为隔离开关提供的。每个装隔离开关的箱子中装有一个塑料袋，塑料袋中装有 30 个 0.5 mm 厚的垫片和 10 个 1 mm 厚的垫片。图中，1 为 0.5 mm 的垫片，2 为 1 mm 的垫片。

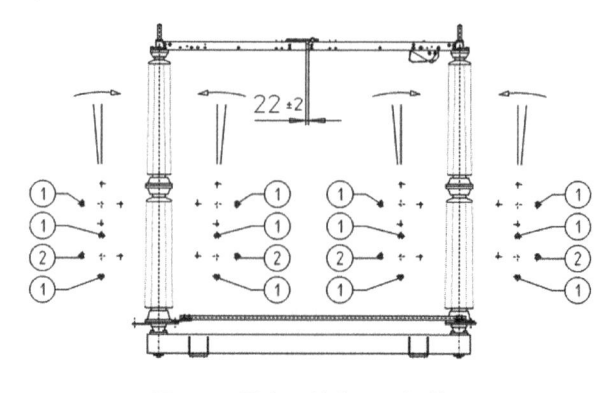

图 5.5　隔离开关主刀距调整图

4.拧紧绝缘子的安装螺栓。

5.用尺子检查主刀是否如图5.6所示在一条直线上。拧松M10的安装螺栓并调整主刀来进行调节,调节到位之后拧紧M10螺栓。图中,1为尺子,2为M10螺栓。

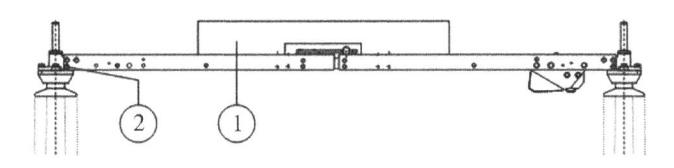

图5.6 隔离开关动、静触头连杆图

6.转动转盘将主刀置于图5.7所示的位置,使主刀的阴、阳触头轻微接触。如果需要调整,可通过拧松绝缘子顶部的主刀阳触头安装螺栓来实现。最后调整主刀阳触头的位置并拧紧螺栓。

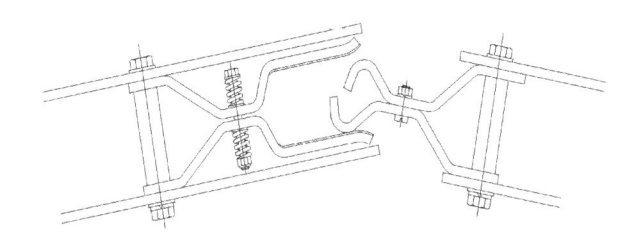

图5.7 隔离开关的动、静触头图

7.在主刀上安装四个均压环,其中两个带有排水孔的均压环位于主刀的低侧,见图5.8。螺栓要拧紧。

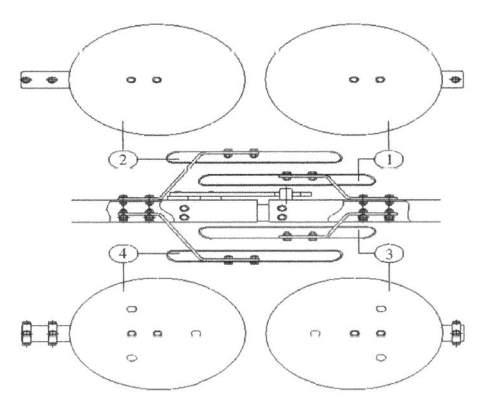

图5.8 隔离开关的均压环图

①——主刀臂阳触头侧上均压环;②——主刀臂阳触头侧下均压环;
③——主刀臂阴触头侧上均压环;④——主刀臂阴触头侧下均压环。

四、操动机构

安装隔离开关的操动机构之前,要检查操动机构与隔离开关的轴杆是否在同一条直线上。如图5.9,检查装配图上给定的尺寸,拧紧紧固螺栓,检查操动机构是否在合闸的位置。

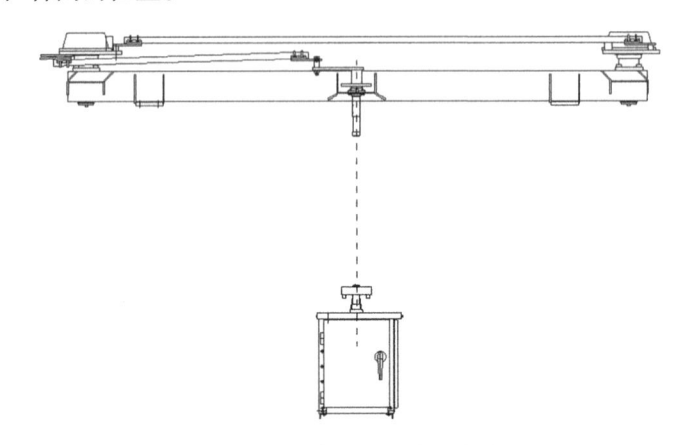

图5.9 隔离开关操动机构箱

五、垂直杆

注意事项:如果有机械联锁,就把它安装在底座上或安装在垂直杆之间。如果机械联锁安装在垂直杆之间,它的安装步骤将会在手册中进行说明。在安装垂直杆的时候还要安装联锁机构。

1.松开 M12 U 形螺栓并移开连接件。将连接件放在操动机构的连接件销钉上。

2.在连接件销钉上安装两个卡圈将连接件固定住。在操动机构的顶部安装三个卡圈(一个备用)。

3.空心管安装在隔离开关的垂直杆上并拧紧两个 M12 螺栓,扭矩为 120 N·m。

4.重新安装连接件中的 U 形螺栓,不要拧紧。

六、隔离开关传动杆

1.将传动杆放置在如图5.10所示的位置上。转轴的精确位置在装配图纸上已标明。

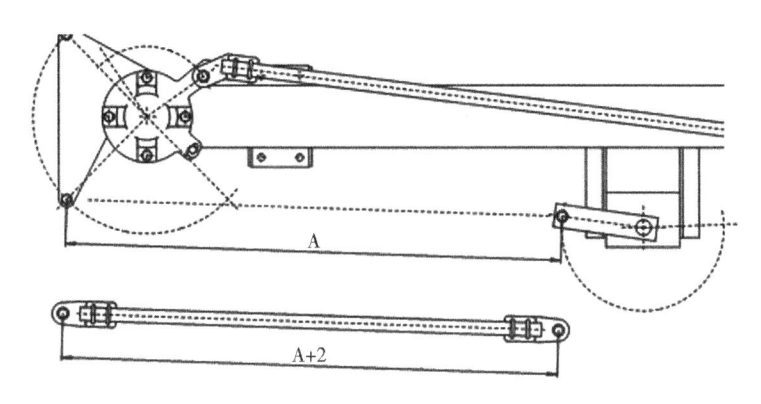

图 5.10　隔离开关传动杆连接图

2. 拧紧垂直杆上的 M12 U 形螺栓。转盘 A 的偏心止挡必须接触到转盘连杆。如果有必要可调整隔离开关传动杆的长度。

3. 移开隔离开关传动杆。测量两杆间的距离"A"。拧松隔离开关传动杆一侧的 M8U 形螺栓。调整传动杆的长度——在"A"的基础上加 2 mm。拧紧 U 形螺栓，安装传动杆。手动操作第一极两次，务必使主刀达到完全打开和完全关闭的状态。偏心止挡在这两个位置都会接触到转盘连杆。

七、连杆

1. 在安装连杆之前先将所有的转轴涂上嘉实多（Castrol Sphccrol AP3）润滑油，或其他相同性质的润滑油。把隔离开关的这三个极都调整到完全闭合的状态，务必使偏心止挡都接触转盘连杆。

2. 松开用于相间连杆的转轴上的螺栓。把连杆安装到转轴上，同时调整连杆之间的长度和相间距离，见图 5.11。转轴的零件详见装配图纸。拧紧转轴螺栓。在调整好后拧紧所有的 U 形螺栓。

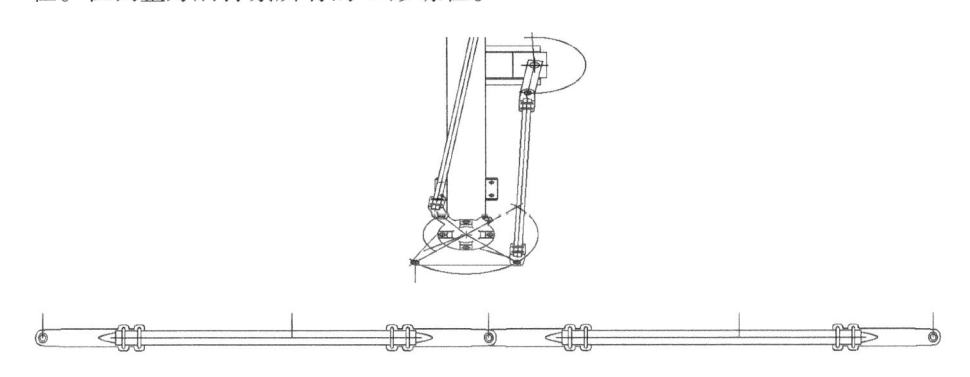

图 5.11　隔离开关相间连杆图

3. 电动(或手动)操作隔离开关两次,务必使主刀达到完全打开和完全关闭的状态。在这两个位置,偏心止挡都必须接触到转盘连杆。电缆和母线连接后,检查隔离开关的设置。

八、锁定机构

在安装隔离开关和接地开关后,操作隔离开关和接地开关各 15 次,以检查调整是否到位。在测试操作之后,垂直杆的连接必须被锁定。见图 5.12,钻一个直径为 10.5 mm、深度为 20 mm 的孔。给 M12 螺栓攻丝,深度为 15 mm。安装并锁紧 M12 螺栓。

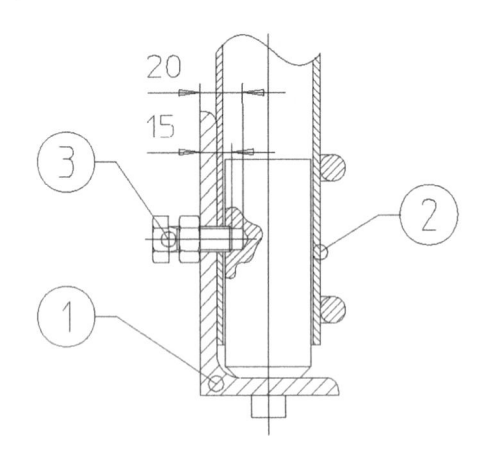

图 5.12 锁定机构图

①——连接件;②——垂直杆;③——锁定螺栓(M12×30)和螺母。

九、安装后进行检查

1. 检查所有的绝缘子部件,看是否有破碎或有缺陷的部件。

2. 检查所有触点的定位。

3. 检查所有螺栓的松紧程度。

4. 检查隔离断口、设备带电部件的安全净距和设备的行程。

5. 检查接地开关(如果有)的安装和运行。

6. 检查所有的操动机构(隔离开关和接地开关)的操作、润滑和行程。检查它们的空程、机械连接和控制或安装的过余空隙。

7. 检查所有开关的锁定功能(如有)、安全性和操作的便捷性。

8. 检查绝缘子、运动部件等是否清洁干净。

十、安装后的维护

隔离开关在正常使用条件下是免维护的。然而,为了提高它在任何条件下的可靠性,推荐每 5 年或最少每运行 1000 次检查设备。因各个地方的大气污染情况不同,检查周期可能更短或更长。如果不能定期检查,推荐打开和闭合开关,看它是否有效。为了清洁触头和运行部件活动正常,在定期维修时必须实行下面的措施。

1. 清洁触头。将一个均匀的 Molykote BR2 薄膜黏在触头表面,用手摩擦薄膜使其粘贴牢固,去掉多余的 MolykoteBR2 薄膜。检查触头是在合适的闭合位置上。当触头因机械载荷、电弧等而被损坏或严重磨蚀时,需要更换相关部件。

2. 润滑。

(1)使用嘉实多 Spheerol AP3/LMX、壳牌 Alvania R2、埃克森(埃索)Beacon P290、雪弗龙 Dura-Lith grease EP 这几类润滑剂润滑连杆的主要轴承和枢轴。

(2)在极限温度(-20 ℃ 到 -50 ℃)和特殊大气条件下,需要使用特殊类型的润滑剂。其他的锂基类型的润滑剂,只要满足一定的条件(具有高憎水性和很强的氧化稳定性,在全部的温度范围内具有很低的启动和运行扭矩,包含防腐剂)也可以使用。

(3)检查设备和操作结构,使它们保持良好的运行状态。检查螺栓、螺母、垫片是否在原地,状态是否良好。更换已磨损或腐蚀过多的部件。检查所有的安全联锁并进行测试以保证它们正常运行。检查绝缘子是否处于良好的状态,其表面是否清洁。

注意:在维修或检查之后,要确保在给设备供电之前,遵守了所有的安全注意事项。

第三节 隔离开关试验周期及项目

隔离开关试验周期及项目详见表5.4。

表5.4 隔离开关试验周期及项目

序号	项目	周期	要求	说明
1	红外测温	1) 220 kV: 3个月 2) 必要时	红外热像图显示无异常,升温温差和相对温差符合 DL/T—664 的要求	1. 红外测温采用红外成像仪进行。 2. 测试应尽量在负荷高峰即夜间进行。 3. 在大负荷条件下增加检测频率
2	测量有机材料支柱绝缘子及提升杆的绝缘电阻	1) 1~3年 2) A级检修后 3) 必要时	1. 用兆欧表测量胶合元件分层电阻。 2. 有机材料传动提升杆的绝缘电阻满足以下要求:额定电压小于 24 kV 时,大修后的电阻值为 1000 MΩ,运行中的电阻值为 300 MΩ;额定电压为 24 kV~40.5 kV 时,大修后的电阻值为 2500 MΩ,运行中的电阻值为 1000 MΩ	采用 2500 V 的兆欧表测量
3	测量二次回路的绝缘电阻	1) 1~3年 2) A级检修后 3) 必要时	绝缘电阻不低于 2 MΩ	采用 1000 V 的兆欧表测量
4	交流耐压试验	1) A级检修后 2) 必要时	1. 试验电压参照 DL/T 593 的规定。 2. 用单个或多个元件支柱绝缘子组成的隔离开关进行整体耐压试验有困难时,可对各胶合元件分别做耐压试验,试验周期和要求按第十章的规定进行	在交流耐压试验前、后应测量绝缘电阻;耐压后的电阻值不得降低
5	二次回路交流耐压试验	1) A级检修后 2) 必要时	试验电压为 2 kV	—

续表 5.4

序号	项目	周期	要求	说明
6	测量导电回路电阻	1)1~3年 2)A 级检修后 3)必要时	不大于制造厂规定值的 1.5 倍	用直流压降法测量,电流值不小于 100 A
7	操动机构的动作情况	大修后	1.电动、气动或液压操动机构在额定的操作电压(气压、液压)下分、合闸 5 次,动作正常。 2.手动操动机构操作灵活,无卡涩。 3.闭锁装置可靠	—
8	支柱瓷瓶超声波探伤	必要时	无裂纹和缺陷	参考 DL/T 303

第四节　高压隔离开关故障及处理

高压隔离开关是在无载情况下断开或接通高压线路的输电设备,以及对被检修的高压母线、断路器等电气设备与带电高压线路进行电气隔离的设备。一直以来,高压隔离开关都是电力系统中使用量最大、应用范围最广的高压电器设备之一。然而,由于生产工艺、超期维护等因素的影响,高压隔离开关在运行中也容易出现操作卡涩、拉合失灵、三相合闸不同期、接触部位发热等各种故障。这些故障若处理不好,将严重威胁电网的安全生产。

1. 隔离开关机构及传动系统造成的拒分拒合

原因:机构箱进水,各部轴销、连杆、拐臂、底架甚至底座轴承锈蚀,造成拒分、拒合或分合不到位;连杆、传动连接部位、闸刀触头架支撑件等强度不足或断裂,造成分、合闸不到位;轴承锈蚀、卡死。

处理措施:对机构及锈蚀部件进行解体检修,更换不合格的元件;加强防锈措施,采用二硫化钼润滑件;加装防雨罩。机构问题严重或有先天性缺陷时,应更换新型机构。

2. 隔离开关电气问题造成的拒分拒合

原因:三相电源闸刀未合上;控制电源断线;电源保险丝熔断;热继电器动

作,切断电源;二次元件老化、损坏使电气回路异常;电动机故障。

上述原因都会造成电动机构分、合闸时,电动机不启动,隔离开关拒动。

处理措施:电气二次回路串联的控制保护元器件较多,包括微型断路器、熔断器、转换开关、交流接触器、限位开关、联锁开关、热继电器以及辅助开关等。任一元件故障都会导致隔离开关拒动。当按下分、合闸按钮不启动时,首先要检查操作电源是否完好,熔断器是否熔断,然后检查各相关元件。元件损坏则应更换,并查明原因。二次回路的关键是各个元件的可靠性,因此必须选择质量可靠的二次元件。

3. 隔离开关分、合闸不到位或三相不同期

原因:分、合闸定位螺钉调整不当;辅助开关及限位开关的行程调整不当;连杆弯曲变形使其长度改变,造成传动不到位等。

处理措施:检查定位螺钉和辅助开关等元件,发现异常则进行调整;对于变形的连杆,应查明连杆变形的原因,及时更换。此外,在操作现场,当出现隔离开关合不到位或三相不同期时,应拉开重合,反复合几次。操作应符合要求,用力适当。如果还不能完全合到位,不能达到三相完全同期,应戴绝缘手套,使用绝缘棒,将隔离开关的三相触头顶到位。同时安排停电检修。

4. 隔离开关导电系统过热

原因:触头材质和制造工艺不良。如:主触头没有搪锡或镀银;触头虽镀银但镀层太薄,磨损后露铜;触头锈蚀,造成接触不良而发热严重甚至导致触指烧损。出线座转动处锈蚀或调整不当,造成接触不良。导电带、接线夹以及螺栓连接部位松动,造成接触不良,进而导致出线座及引线端子板发热。

处理措施:发现隔离开关的主导流接触部位有发热现象时,应将情况向调度人员汇报,设法减少或转移负荷,加强监视。

5. 隔离开关瓷柱外绝缘闪络

隔离开关外绝缘闪络,主要发生在棒式绝缘子上。

原因:瓷柱的爬电距离和对地绝缘距离不够。

处理措施:开发新型瓷柱,以增加爬电距离和瓷柱高度,提高整体绝缘水平。

6. 隔离开关瓷柱断裂

瓷柱断裂是危害性较大的一种故障,往往会造成母线短路、母线停电、变电

所或发电厂停电等重大事故，还会损坏相邻的电气设备或伤及操作人员。

原因：(1)应力的作用。一是水泥胶装剂膨胀产生的应力。法兰和瓷柱是用水泥胶装剂胶装的，水泥胶装剂夹在法兰和瓷柱中间，膨胀后会受到约束，必然在胶装部位产生应力。二是温度差引起的应力。由于铸铁法兰、胶装剂、电瓷的膨胀系数不同，当温度降低时，它们的收缩量不同，铸铁的收缩量大，瓷柱的收缩量小，瓷柱的收缩会限制铸铁的收缩。三是操作引起的应力。这种应力是由操作产生的，是暂态量。隔离开关若调整不当，会使操作应力增大。

(2)胶装质量不好。现场瓷柱解剖结果表明，胶装质量问题较多。例如：有的未加缓冲垫；有的定位木楔，断在里面未拿掉；有的露在外边，或只有一层薄薄的水泥；有的只胶装了法兰口一圈，里面没有胶装剂。

(3)瓷柱中有夹层、夹渣。瓷柱在挤制过程中，因过于光滑，会产生夹层。这种夹层在外面不容易发现。瓷柱可能会在有夹层的地方断裂。夹渣也会导致瓷柱断裂，夹渣周围必然有微小的裂纹。裂纹在外力的作用下产生应力集中现象，使裂纹逐渐变大，最后导致瓷柱断裂。若在瓷柱两端滚花、压槽，瓷质致密度变小，有夹渣或夹层，在上述三种应力的作用下更容易发生断裂现象。

处理措施及防范措施：(1)加强瓷柱强度，加装补强柱。在隔离开关支柱旁再加支补强柱，以防止瓷柱断裂，造成单相短路。采用高强度瓷柱。目前有厂家生产成型的高强瓷，有相对普通瓷增强50%强度及100%强度两种，都可供改造普通瓷柱用。选择50%的高强瓷是改造普通瓷柱的最佳方案，因为这种方案的工作量最小、费用最低。

(2)检测防护。采用超声波无损探伤仪对瓷柱进行检测，测试不合格的瓷柱应立即更换。

(3)涂专用防护胶。在探伤诊断良好的基础上，在瓷柱所在水泥结合面涂敷绝缘子专用防护胶。它的主要成分是改性硅橡胶。其优点为具有很强的憎水迁移性，具有常温固化、温度适应范围大、不老化、不起层、黏结力强、憎水性强的优点，不像硅油那样吸附灰尘、污染其他设备，对瓷柱所有水泥结合面有较好的防护作用，能延长瓷柱的使用寿命。

第六章　电流互感器

电流互感器(通常简称 CT 或 TA)的作用是将电力系统的一次大电流变换成与其成正比的二次小电流(一般为 5 A 或 1 A),然后输入测量仪表或继电保护及自动装置中。

第一节　电流互感器的结构与原理

一、电流互感器的构成及特点

1. 一次匝数少,二次匝数多。用于电力系统的电流互感器,其二次电流通常有 1 A、5 A 两种规格。一次电流可从通常的 100 A～5000 A 升至上万安培。其一次绕组通常是一次设备的进、出母线,但只有一匝;其二次绕组的匝数有很多。例如,变比为 5000/1 的电流互感器,其二次匝数为 5000 匝。

2. 铁芯中的磁密很低,系统故障时磁密高。正常运行时,电流互感器的铁芯磁密很低,其一次绕组与二次绕组保持安匝平衡。当系统故障时,由于故障电流很大,二次电压很高,励磁电流增大,铁芯中的磁密急剧升高,甚至使铁芯饱和。

3. 高内阻、定流源。正常工况下,铁芯中的磁密很低,励磁阻抗很大,但二次匝数很多。从二次看进去,其阻抗很大。负载阻抗与电流互感器的内阻相比,可以忽略不计,故负载阻抗的变化对二次电流的影响不大。

4. 电流互感器的二次回路不得开路。如果运行中二次回路开路,二次电流会消失,二次去磁作用也随之消失,铁芯中的磁密很高。由于二次匝数特别高,二次感应电压 $U(U=4.44fWBS$。f 为电源频率,W 为二次匝数,B 为铁芯中的磁密,S 为铁芯中有效截面)会很高,有时可达数千伏,危及二次设备及人身安全。

5. 电流互感器的二次负载如果很大,运行时其二次电压会很高,励磁电流必然增大,从而使电流变换误差增大。特别是在系统故障时,电流互感器一次电流可能是额定工况下的电流的数十倍,致使铁芯饱和,电流变换误差很大,不满足继电保护的要求,甚至使保护误动。

二、电流互感器极性

电流互感器极性是指它的一次绕组和二次绕组间的电流方向的关系。按照规定,电流互感器一次绕组的首端标为 P1,尾端标为 P2;二次绕组的首端标为 S1,尾端标为 S2。在接线中,P1 和 S1、P2 和 S2 称为同极性端。假定一次绕组的电流 I_1 从首端 P1 流入,从尾端 P2 流出,二次绕组的电流 I_2 从首端 S1 流出,从尾端 S2 流入,此时在铁芯中产生的磁通方向相同,这样的电流互感器极性称为减极性。常用的电流互感器,除有特殊规定外,均采用减极性。

三、电流互感器使用注意事项

1. 电流互感器的接线应遵守串联原则,即一次绕阻应与被测电路串联,而二次绕阻则与所有仪表负载串联。按被测电流的大小,选择合适的变比,否则误差将增大。

2. 二次侧一端必须接地,以防绝缘损坏时,一次侧高压窜入二次低压侧,造成人身和设备事故;二次侧绝对不允许开路,一旦开路将造成铁芯过度饱和磁化、发热严重乃至线圈烧毁。同时,二次侧绕组将感应到很高的尖顶波,其值可达到数千伏甚至上万伏,危及工作人员的安全及仪表的绝缘性能。

3. 电流互感器必须进行极性测定。

(1)用在仪表计量回路中的极性如果不正确,将会使电能计量或者各种仪器仪表的指示不正确。

(2)用在继电保护电路中的极性如果不正确,将引起差动保护、功率方向保护误动或拒动。

第二节 高压六氟化硫电流互感器的检修

一、220 kV 电流互感器的主要参数

绝缘水平:额定短时工频耐受电压 460 kV/min 或 395 kV/min;额定雷电冲击耐受电压 1050 kV 或 950 kV(峰值 1.2/50 μs)。

六氟化硫额定压力:0.40 MPa(20 ℃)。

六氟化硫补气压力:0.35 MPa(20 ℃)。

电流互感器年漏气率:不大于1%。

六氟化硫的含水量:出厂值不大于250 μL/L;运行值不大于500 μL/L。

电流互感器局部放电水平:252 kV(方均根值)时,不大于10 pC;175 kV(方均根值)时,不大于5 pC。220 kV电流互感器的其他参数如表6.1所示。

表6.1 220 kV电流互感器的其他参数

型号	额定电压/kV	额定一次电流	额定一次电流/A	额定二次电流/A	测量级 准确级	测量级 仪表保安系数	保护级 准确限值系数	TPY级 准确级	TPY级 额定对称短路电流倍数	额定负荷/V·A 测量级	额定负荷/V·A 保护级	额定负荷/V·A TPY级	额定短时(3s)热电流/kA	额定动稳定电流/kA
LVQB(T)-220W2(3)220	220	2×300/5(1)	300	5或1	0.2或0.2s或0.5或0.5s	FS5或FS10	5P或10P	15或20或25	TPY	20	—	—	—	—	—
			600												
		2×400/5(1)	400								40(10)	50(10)	—	—	—
			800												
		2×600/5(1)	600												
			1200												
		2×800/5(1)	800												
			1600								40(15)	60(15)	10(15)	50	125
		2×1000/5(1)	1000												
			2000												
		2×1250/5(1)	1250												
			2500												
		2×1500/5(1)	1500												
			3000												
		2×2000/5(1)	2000								60(20)	60(20)	15(20)	63	160
			4000												
		2×2500/5(1)	2500												
			5000												

二、电流互感器的运输、安装及调试

1.电流互感器采用水平卧倒式包装运输,拆包装箱时应小心谨慎,以防破

坏电流互感器。用起吊设备将电流互感器竖立起来,注意:不得碰伤瓷套或复合空心绝缘子,起吊时应缓慢、匀速。检查电流互感器在运输过程中有无碰伤、损坏,备件及随机技术文件是否齐全。电流互感器若有缺损,尽快与制造厂联系;若无缺损,用两根等长的锦纶带将电流互感器吊起,放在安装基础上,拧紧地脚螺栓。注意:起吊时一定不能用钢丝绳,以免严重损伤电力互感器表面涂层,同时不能使瓷套伞裙及导电带受力。吊装电流互感器时,严禁使用瓷套或复合空心绝缘子直接起吊。吊装时保证竖直、缓慢、匀速起吊,切忌突然加速。

注意:电流互感器必须通过接地螺栓可靠接地,不得使用安装互感器的地脚螺栓代替接地螺栓。

2. 电流互感器运输过程中,内部压力为 0.03 MPa~0.05 MPa(20 ℃)。电流互感器投运前必须充入六氟化硫,额定压力为 0.40 MPa(20 ℃)。充气前首先要检查所有密封面的螺栓是否松动,瓷件或复合空心绝缘子伞套有无破损,密度控制器是否完好。

3. 充气。充气前应检测待充六氟化硫的含水量,要求六氟化硫的含水量不超过 60 μL/L。将六氟化硫气瓶直立放置,接上减压阀,并将充气管一端与减压阀连接好,另一端与充气接头相连。先打开气瓶阀门,再开启减压阀,在低压侧压力为 0.02 MPa~0.04 MPa(20 ℃)的条件下放气 1 min,冲扫管道内的潮气。旋下位于产品底座内的阀门堵头,将充气接头与阀门连接牢固,然后缓缓开启减压阀,开始充气。注意:充气时速度不宜过快,气体应低速流入电流互感器。

当充气至额定压力为 0.40 MPa(20 ℃)时,关闭减压阀,将充气管从产品底座上卸下。随即旋上充气阀堵头,关闭气瓶阀门,卸下减压阀,将减压阀充气管及充气接头放到干燥处存放,以备下次使用。

充气完毕后,应对所有密封面进行定性检漏。电流互感器出厂时,随产品配有专用充气管及充气接头。电流互感器充气 24 h 以后测量六氟化硫的含水量,含水量不得超过 250 μL/L,运行中不得超过 500 μL/L(20 ℃)。环境温度不是 20 ℃时,可参照水分含量—温度曲线进行修正。

三、六氟化硫电流互感器的运行

产品一次绕组可通过串/并联方式获得两种电流变比(如图 6.1)。

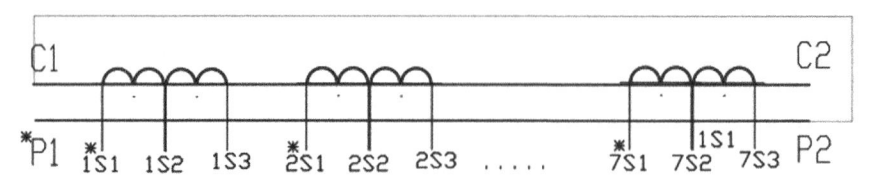

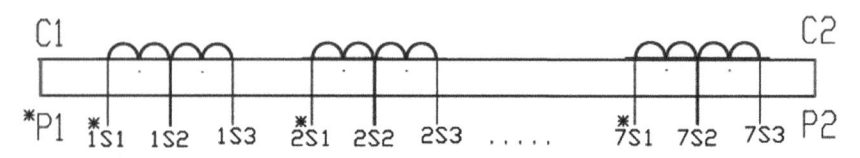

图 6.1 一次绕组串/并联

1. 串联接线

将大接线端子 P1、C2 卡在外导体组件两侧（P1 在静密封侧），将内导体穿入外导体组件，从内导体两端装入防水绝缘套并将内、外导体卡紧。然后将小接线端子 P2、C1 卡在内导体两侧（C1 在静密封侧），用导电带将大接线端子 C2 与小接线端子 C1 连接牢固，用压块将导电带固定在壳体上。此时，一次导体为两匝。

2. 并联接线

当一次电流小于或等于 2500 A 时，对于三通式结构，将一次接线端子的 C1、P2 端子及内导体和导电带拆除，P1 和 C2(P2) 端子分别与母线连接牢固，此时一次导体为一匝；对于钟罩式结构，将连接小接线端子和壳体的导电带以及内导体拆除，P1 和 C2(P2) 端子分别与母线连接牢固，此时一次导体为一匝。

当一次电流大于 2500 A 时，对于三通式结构，将导电带拆除，一次接线端子的 C1、P2 端子旋转至竖直向上，用并接端子将 P1 与 C1、P2 与 C2 端子分别可靠连接，然后再分别与母线连接牢固，此时一次导体为一匝；对于钟罩式结构，将连接小接线端子和壳体的导电带拆除，一次接线端子的 C1、P2 端子旋转至竖直向上，用并接端子将 P1 与 C1、P2 与 C2 端子分别可靠连接，然后再分别与母线连接牢固，此时一次导体为一匝。

四、六氟化硫电流互感器的检修维护

六氟化硫电流互感器在运行中基本不需要维护,只需保证六氟化硫的压力和六氟化硫的含水量符合要求。

运行中应每周巡视一次,并记录六氟化硫的压力、环境温度及日期。电流互感器不漏气时,密度控制器示值不变。每半年检测一次六氟化硫的含水量,运行中应不大于 500 μL/L,当六氟化硫的含水量超过 500 μL/L 时应换气。当六氟化硫的压力下降至补气压力时,密度控制器报警,应补充六氟化硫至额定压力。每三年应对密度控制器校验一次。校验方法如下:将一只 0.4 级的标准压力表(-0.1 MPa ~ 0.6 MPa)连在充气阀门上,根据环境温度下的压力表示值,查出 20 ℃对应的压力值,比较密度控制器示值与 20 ℃对应的压力值,绝对误差应在 ±0.02 MPa 的范围内。

注意事项:

1. 对同一台设备尽量采用同一台水分测试仪进行测试,以提高测量数据的可靠性。

2. 六氟化硫的含水量随气温升高而升高,测试宜在夏天进行,以获得六氟化硫含水量的最大值。

3. 六氟化硫密度控制器引出线上分别标有"1""2""3""4""接地符号"等标识,其中标识为"1""2"的两个端子为补气报警触点,标识为"3""4"的两个端子为闭锁报警触点,标识为"接地符号"的端子为接地线。密度控制器的触点为常开触点。当内部气体泄露至报警压力时,触点闭合,发出报警信号。

4. 按照电流互感器铭牌上的二次端子与对应的保护或测量负荷进行分配,各二次绕组与相应负荷可靠连接,不接负荷的空闲二次绕组必须用截面足够大的铜导线(导线截面不得小于 4 mm^2)进行可靠的短接,绝不允许开路。

第三节　电流互感器试验

一、六氟化硫电流互感器试验项目

六氟化硫电流互感器试验项目相关信息如表6.2所示。

表6.2　六氟化硫电流互感器试验项目、周期及判据

序号	项目	周期	判据	说明
1	红外测温	1) ≧330 kV：1个月 2) 220 kV：2个月 3) ≤110 kV：6个月 4) 必要时	各部位无异常温升	—
2	SF_6分解物测试	1) A、B级检修后 2) 必要时	—	用检测管、气相色谱法或电化学传感器测试
3	SF_6气体检测	1) A级检修后 2) 必要时	年漏气率不大于0.5%	按照GB/T 11023—2008规定的方法进行检测
4	绝缘电阻测量	1) A级检修后 2) ≧330 kV：≤3年 3) ≤220 kV：≤6年 4) 必要时	1. 一次绕组绝缘电阻应大于10000 MΩ。 2. 一次绕组段间绝缘电阻应大于10 MΩ。 3. 二次绕组间及对地绝缘电阻应大于1000 MΩ	采用2500 V绝缘电阻表测量
5	交流耐压试验	1) A级检修后 2) 必要时	1. 一次绕组为出厂试验值的80%。 2. 二次绕组间及对地(箱体)、末屏对地为2 kV	二次绕组交流耐压可用2500 V的绝缘电阻测量来代替
6	局部放电	1) A级检修后 2) 必要时	—	按照GB/T 20840.2规定的方法进行
7	极性检查	必要时	与铭牌标注的一致	—
8	变比检查	必要时	与铭牌标注的一致	—
9	励磁特性曲线校验	必要时	—	继电保护有要求时进行
10	绕组直流电阻测量	1) A级检修后 2) 必要时	与初值或出厂值比较，应无明显差别	

续表6.2

序号	项目	周期	判据	说明
11	气体压力表校准	1)A级检修后 2)必要时	符合产品技术文件的要求	—
12	气体密度继电器校准	1)A级检修后 2)必要时	符合产品技术文件的要求	—
13	精度测试	必要时	1. 比差 2. 角差	按照GB 1208—2006规定的方法进行测试

二、电流互感器的伏安特性

电流互感器的伏安特性(也称励磁特性)及10%误差测试、测量绕组的变比、角差、误差都是电流互感器最重要的特性。其与电流互感器的直流电阻、工频耐压试验等项目一样,有必要时需进行试验。

电流互感器的伏安特性指的是互感器二次绕组的电压与电流之间的关系。试验时在二次绕组施加交流电压,一次绕组开路,从小到大依次调整电压,记录所加电压对应的每一个电流值,并画在同一个直角坐标系中。以电压为纵坐标,电流为横坐标,各点所连成的曲线称为伏安特性曲线,如图6.2所示。

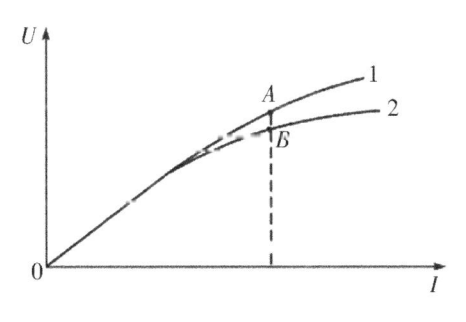

图6.2 伏安特性曲线

电流互感器伏安特性测试的目的有三个:

1. 检测电流互感器铁芯的磁性能,也可测试其磁滞回线。测量时,需要测出互感器的励磁电压、电流的对应关系以及饱和点(拐点)处的电压、电流值。

2. 伏安特性是检测CT饱和点的试验。继电保护专用的CT,在电网短路故障状态下即大电流极限状态下工作时,其线性输出有较高要求:尽量延后饱和。而测量绕组或计量绕组就不需要考虑大电流极限状态下的工作条件,只需保证在额定电流范围附近(额定电流的1.2倍以内),输出精度满足需要即可。因此，测量电流互感器的伏安特性还可以发现同一只互感器的各二次绕组引出标志是否正确。电流互感器的二次绕组一般分为计量级（S级）、测量级、保护级（P级）。计量级和测量级二次绕组的测量精度较高，误差较小，但饱和较早，拐点电压较低；而保护级的二次绕组饱和较晚，拐点电压较高。通过分析拐点电压的区别，可以检测出电流互感器的二次引出标志是否正确。

3. 由于电流互感器铁芯具有逐渐饱和的特性，在一次侧通过短路电流时，电流互感器的铁芯趋于饱和，励磁电流急剧上升，励磁电流在一次电流中所占的比例大大增加，使比差逐渐移向负值并迅速增大。作继电保护用的电流互感器应该保证在比额定电流大数倍的短路电流下能够使外部控制回路可靠动作。因此，测量电流互感器的伏安特性的另一个重要目的是：用此特性计算10％误差曲线，以校核用于继电保护的电流互感器的特性是否符合要求。

现场进行CT伏安特性试验的注意事项：

1. 伏安特性试验时应由零逐渐上升，不可中途降低电压再升高，以免因磁滞回线的关系，伏安特性曲线不平滑。

2. 在现场工程中，一般采用比较法进行比对，即同一型号的电流互感器通过试验得到的伏安特性曲线基本相同即可。测得的伏安特性曲线与出厂或以往测试的伏安特性曲线进行比较，电压不应显著降低。若电压显著降低，应检查二次绕组是否匝间短路。

3. 电流互感器的伏安特性试验，只对对继电保护有要求的二次绕组进行。二次侧是多绕组的CT，在做伏安特性试验时应将其他二次绕组短接。

三、电流互感器的10％误差曲线

电流互感器的10％误差曲线，是指当变比误差为10％时，一次电流倍数与二次负载的关系曲线。

电力系统正常运行时，电流互感器的励磁电流很小，比差也很小。但当系统发生短路故障时，一次电流很大，铁芯饱和，电流互感器的误差会超过其二次绕组所标定的准确等级所允许的数值，而继电保护装置恰恰在这个时候需要正确动作。因此，继电保护专用的电流互感器二次绕组有一个最大允许误差值。互感器的一次电流等于系统最大短路电流计算值时，其比差不超过10％（角差一般不超过7°）。在10％误差曲线以下，角差才小于7°。为满足这些要求，在使用电流互感器前，按GB 50150—2016规范的要求，应对电流互感器进行

"10%误差曲线"测试,以确定其是否能够投入运行。

实际工作中常常采用伏安特性法先测量电流互感器的伏安特性曲线,再绘出电流互感器的 10% 误差曲线。通过测量电流互感器的伏安特性曲线,还可以检查二次线圈是否匝间短路。电流互感器的变比误差除了与互感器本身的特性有关,还和互感器二次负载阻抗有关。如果制造厂对电流互感器提供了在 10% 误差曲线下允许的二次负载阻抗,当 M10(最大短路一次电流)已知时,从 10% 误差曲线上就可以得出允许的负载阻抗。如果它大于或等于实际的负载阻抗,误差就满足要求;否则应设法降低实际负载阻抗,直至它满足要求为止。在已知实际负载阻抗后,也可以在该曲线上求出允许的 M10(短路一次电流),将 M10 与流经电流互感器一次绕组的最大短路电流计算值做比较。如果它小于或等于实际的负载阻抗,误差就满足要求,否则应设法降低实际负载阻抗直至满足要求为止。

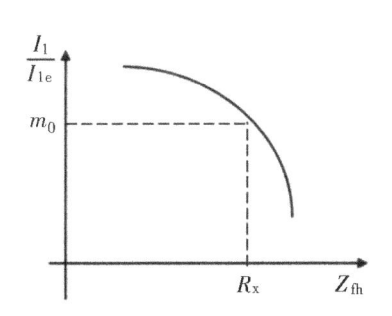

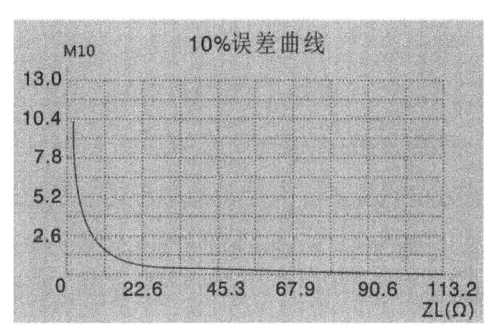

电流互感器不满足要求时的解决办法:

1. 改用伏安特性较高的电流互感器二次绕阻,提高带负荷的能力。

2. 提高电流互感器的变比,或采用额定电流小的电流互感器,以减小电流倍数(M10)。

3. 串联相同级别的电流互感器二次绕组,使负荷能力增大一倍。

4. 增大二次电缆的截面,或采用消耗功率小的继电器,以减小二次侧负荷。

5. 将电流互感器的不完全星形接线方式改为完全星形接线方式,将差动电流接线方式改为不完全星形接线方式。

6. 改变二次负荷元件的接线方式,将部分负荷移至互感器备用绕组,以减小计算负荷。

第四节　电流互感器故障及处理

案例一：某火力发电厂#1机组负荷280 MW，光字牌闪现"发变组开关事故跳闸"字样，发电机开关跳闸，汽机跳闸，锅炉MFT，发变组保护显示"发电机差动保护动作"。

案例分析：发电机机端侧A相CT绕组二次出线电缆较短（基建安装遗留隐患），在穿孔处紧贴孔壁。受周围环境和振动影响，电缆长时间与金属孔不断摩擦，致使绝缘层受损，电缆芯线触碰金属外壳接地。此处接地与发电机差动电流回路原保护接地构成两点接地，导致发电机机端侧A相电流一部分流入差动回路，一部分经两个接地点形成闭环。被分流的机端侧A相电流与发电机中性点侧A相电流幅值不等，形成差流，造成发电机差动保护动作跳闸。

案例二：某火力发电厂#1发变组保护B柜发出"厂变A分支零序过流"的信号，T1、T2时限动作，发电机跳闸，机组停运。

案例分析：经检查发现，接入发变组保护B柜的厂变A分支零序CT二次回路在发电机保护屏B柜后的端子排端子有短联片接地。另外，就地端子箱内又有一个接地点。保护误动的直接原因是保护二次回路有两点接地，抗干扰能力差，在外界的干扰下产生了零序电流，达到厂变A分支零序动作值，造成机组跳闸。

案例三：#2机组负荷650 MW，500 kV的升压站合环运行，主变高压侧电压533 kV。#2机组第一套主变保护装置零序过流Ⅰ段动作，边开关5023和中开关5022跳开，发电机解列。

案例分析：经现场检查和实测验证，用于主变零序过流保护的电流二次电缆绝缘外皮破损，在地电位差的作用下，经CT二次回路产生环流，是导致此次保护误动的直接原因。现场主变中性点电流互感器本体接线盒空间狭小，二次回路电缆内部布线紧凑，电缆芯线与电流互感器外部的金属端子盒卡口紧密接触，电缆芯线受力较大，加上互感器外部的金属盒被太阳直射，使二次电缆处于温度较高的环境，加快电缆芯线的老化速度，引起芯线绝缘层开裂、破损，最终导致该电缆与地间歇性接地。现场检修人员对发现的二次电缆破损点进行了外绝缘层包扎以及套封处理。机组重新启动并网后，对零序电流进行采样的录波仪显示,双套主变保护该通道电流维持在毫安数量级。

以上案例均可归属于电流互感器二次回路的接地问题。

电流互感器二次回路必须接地,目的是确保安全。否则,当电流互感器一次回路与二次回路之间的绝缘被破坏时,一次回路的高电压直接加到二次回路上,将损坏二次设备,危及人身安全。

电流互感器二次回路只能有一个接地点,决不允许多点接地。当二次回路只有一组呈 Y 形连接的电流互感器供电时,接地点应在电流互感器出口的端子箱内,在二次绕组呈 Y 形连接的电流互感器中性线接地。有几组电流互感器供电的二次回路(例如主设备纵差保护的各侧电流互感器),也只能有一个接地点,该接地点应在保护盘(柜)上。运行时,不允许拆除电流互感器二次回路的接地点。

案例四:某电厂#3 发电机发出"发电机逆功率保护"光字牌及音响预告信号。检查人员发现发变组"逆功率保护"信号灯亮,就地报告#3 发电机本体有焦煳味散出,仔细检查发现发电机出口 CT 端子箱处有烟并伴有放电现象,于是迅速申请停机处理。

停机检查发现,发电机 CT A 相二次引线接线已脱落,二次引线接线鼻子焊接不实,加之机组振动影响,接线鼻子已经脱落,即 CT 二次开路。此组绕组原短接备用,端子因 CT 开路产生的高压放电已基本烧损。应用于失磁、逆功率保护的相邻 CT 二次引线端子也有明显烧过的痕迹,故保护发出报警信号。现场人员在 CT 二次端子箱处更换端子及接线,用截面足够大的铜导线使不接负荷的空闲二次绕组可靠地短接,确保二次回路不开路。

第七章　高压电压互感器

电压互感器(通常简称 PT 或 TV)的作用是将电力系统一次的高电压转换成与其成比例的低电压(一般为 57 V 或者 100 V),输入继电保护、自动装置和测量仪表中。

第一节　电压互感器的结构与原理

根据不同的用途及一次系统的不同接线方式,电压互感器有单相互感器和三相互感器之分。三相电压互感器又分三相五柱式和三相三柱式。

一、回路接线方式

电力系统中常用的三相电压互感器二次回路的接线方式如图 7.1 所示。

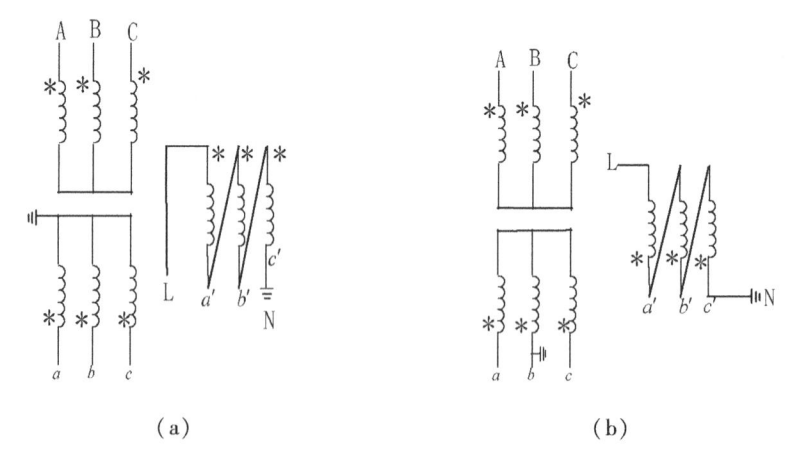

(a)　　　　　　　　　　(b)

图 7.1　常用的三相电压互感器二次及三次回路的接线方式

图中:A,B,C 分别为电压互感器一次三相输入端子;a,b,c 分别为电压互感器二次三相输出端子;a',b',c' 分别为电压互感器三次三相绕组的输出端子;L,N 为电压互感器三次输出端子。

图(a)与图(b)的区别是前者为二次中性点接地方式,而后者为二次 b 相接地方式。另外,两者的三次绕组相较于二次绕组所标示的极性不同。

在正常工况下,三相电压互感器二次电压与三次电压之间的向量关系如图 7.2 所示。

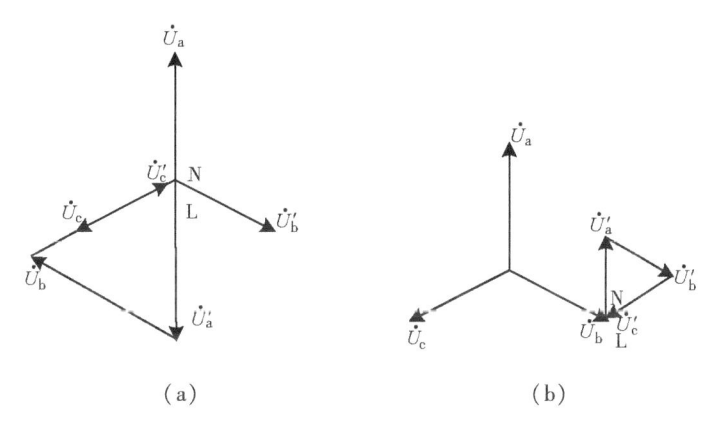

图 7.2 三相电压互感器二次、三次电压向量图

图中:$\dot{U}_a$,$\dot{U}_b$,$\dot{U}_c$ 分别为电压互感器二次三相电压;$\dot{U}'_a$,$\dot{U}'_b$,$\dot{U}'_c$ 分别为电压互感器三次三相电压。

二、电压互感器的特点

1. 一次匝数多,二次匝数少。电磁型电压互感器,像一个容量很小的降压变压器。其一次匝数有数千匝,二次匝数只有几百匝。

2. 正常运行时磁通密度高。电压互感器正常运行时,磁通密度接近饱和值,且一次电压越高,磁通密度越大。系统短路故障时,一次电压大幅度下降,其磁通密度也减小。

3. 低内阻定压源。电压互感器的二次负载阻抗可以很大。因此,从二次侧看去,其内阻很小。另外,由于二次负载阻抗很大,其二次输出电流很小,二次绕组上的压降相对也很小,输出电压与其内阻关系不大,因此它可看作定压源。

4. 二次回路不得短路。由于电压互感器的内阻很小,当二次出口短路时,二次电流将很大。若没有保护措施,电压互感器将会烧坏。

三、电容式电压互感器(CVT)的结构

电容式电压互感器具有体积小、便于安装、抑制谐振等优越的技术性能,成为现场高压电压互感器的主流设备。

电容式电压互感器分为组合式单柱结构和分立式结构两种。它们都由电容分压器和电磁单元两部分组成。电容分压器由一节或几节电容器串联组成,线路端子在电容分压器顶端。

互感器由电容分压器分压,电压互感器通过电容分压后,中间电压变压器再将电压变为二次电压,补偿电抗器电抗与互感器漏抗之和,与等值容抗[$1/\omega(C1+C2)$]串联谐振,得以消除容抗压降随二次负荷变化引起的电压变化,从而可使输出的二次电压稳定。

一般把二次绕组设定为三个绕组。组合式单柱结构的互感器的中压端子A′和低压端子N是由电容器底盖上的小瓷套引到电磁单元内与相应的A′及N端子相连。电磁单元由中压变压器、补偿电抗器和抑制铁磁谐振的阻尼装置组成。二次绕组端子及载波通信端子由油箱正面的出线端子盒引出。

四、220 kV 升压站电容式电压互感器的参数

系统额定工作电压:220 kV。

最高工作电压:252 kV。

额定一次电压:$220/\sqrt{3}$ kV。

额定频率:50 Hz。

测量用主二次绕组电压:$100/\sqrt{3}$ V。

保护用主二次绕组电压:$100/\sqrt{3}$ V。

辅助电压绕组:100 V。

额定输出及准确等级(在二次额定电压和负荷功率因数0.8时):

TYD $-220/\sqrt{3}-0.01$H,$220/\sqrt{3}/0.1/\sqrt{3}/0.1/\sqrt{3}/0.1/\sqrt{3}/0.1$ kV,6台。

计量级:0.2 级 50 V·A。

测量级:0.5 级 50 V·A(测量、保护合用)。

保护级:3P 级 50 V·A。

剩余:3P 级 30 V·A。

第二节 电压互感器的检修工艺及质量标准

一、电容式电压互感器的安装与调试

1. 互感器安装在坚固的水平基础上。它与基础是通过螺杆穿过其底座上的安装孔,用螺母和垫圈拧紧固定的。当互感器的电容分压器为几节电容器时,必须单节起吊,不允许几节叠装后起吊(油箱有吊攀的产品,须从油箱吊攀起吊,并注意保持平衡)。电容器用互感器所附螺杆、螺母、垫圈连接。

2. 互感器一次侧的线路端子是电容分压器顶盖的接线板。二次出线盒内的 N 端子,与载波耦合装置连接或直接与地连接。油箱必须牢固地直接接地。二次回路通过互感器出线盒内的二次出线端子进行电气连接。

3. 互感器的电容分压器和电磁单元是配套调定误差的,与其他互感器不能互换。

4. 中压接地开关用于互感器现场试验时短接中压变压器。因此,互感器运行时中压接地开关手柄必须固定在"正常运行"标识处;否则,互感器的中压变压器被短接。禁止带电操作中压接地开关。

5. 互感器机械、电气连接正确、可靠,即可送电运行。

6. 二次出线端子盒内的接地端子内部已与油箱连接。

二、电容式电压互感器的维护与保养

1. 每年检测电容及 $\tan\delta$ 值一次。检测时环境空气温度为 25 ℃ ±10 ℃,测量电容及介损的设备高于 3 级。当电容与出厂试验报告中的实测值偏差超差时,检查人员应高度重视,或者申请停止使用。

2. 互感器为内充绝缘油全密封产品,在使用期间应经常检查互感器的密封情况。检查部位为电容器上盖板、下盖板与瓷套连接处,二次出线盒内的出线板和油箱连接处。如发现漏油,应停止使用。

3. 设备运行期间应经常检查视察窗内的油位。当互感器在最高环境空气温度 +55 ℃ 的温度条件下运行时,油位不超过视察窗的最高位置为正常情况;当互感器在最低环境空气温度 -40 ℃ 的温度条件下运行时,油位不超过视察窗的最低位置也属于正常情况。一旦发现油位超过油位视察窗的最高位置或最低位置,应重点检测互感器电容、温升是否有异常情况。若单节电容器两次实

测电容相差1%,互感器应退出运行并进行检查。可采用红外测温设施对比相同产品的电容器及电磁单元的温升。若温升异常,互感器应退出运行并进行检查。

4. 设备运行期间不需要滤油、换油,不需要进行油样检测。

5. 互感器是全封闭产品,未经批准不能把电容分压器与电磁单元拆开。

6. 二次绕组的负荷均应在相应额定负荷的25%~100%范围内,而剩余电压绕组在互感器正常运行时不带负荷;否则,二次输出电压的误差限值无法保证在规定范围内。

7. 设备运行期间应经常检查互感器的机械、电气连接是否正常、可靠。

8. 互感器从电源侧断开,退出运行并进行检修后,必须多次放电或装设接地线后才可以接触。

三、电压互感器二次回路工作时的注意事项

1. 严防电压互感器二次接地或相间短路,因此应使用绝缘工具、戴手套。

2. 防止继电保护不正确动作。必要时,先退出容易不正确动作的有关保护。

3. 需接临时负载时,必须设置专用刀闸及熔断器。

4. 当在不带电压的互感器二次回路中进行通电试验时,应严防二次向一次反充电。为此,应首先做好以下措施:使试验电源与电压互感器二次绕组隔离;在互感器端子箱内将至电压互感器的连线断开;取下电压互感器的一次保险,或拉开隔离开关。

四、电容式电压互感器试验项目

电容式电压互感器试验项目详见表7.1。

表7.1 试验项目

序号	项目	周期	判据	说明
1	红外测温	1)≥330 kV:1个月 2)220 kV:3个月 3)≤110 kV:6个月 4)必要时	各部位无异常温升	参考DL/T 664—2016

续表 7.1

序号	项目	周期	判据	说明
2	分压器绝缘电阻测量	1）A、B级检修后 2）≥330 kV：≤3 年 3）≤220 kV：≤6 年 4）必要时	不低于 5000 MΩ	采用 2500 V 的绝缘电阻表测量
3	分压电容器低压端对地绝缘电阻测量	1）A 级检修后 2）≥330 kV：≤3 年 3）≤220 kV：≤6 年 4）必要时	不低于 5000 MΩ	采用 2500 V 的绝缘电阻表测量
4	分压器低压介质损耗因数及电容量测量	1）A、B级检修后 2）≥330 kV：≤3 年 3）≤220 kV：≤6 年 4）必要时	10 kV 下介质损耗油纸绝缘不大于 0.005 MΩ，膜纸复合绝缘不大于 0.002 MΩ，电容量差不超过初值的 2%	—
5	中间变压器绝缘电阻测量	必要时	一次绕组对二次绕组及对地（箱体）绝缘电阻大于 1000 MΩ；二次绕组间及对地（箱体）绝缘电阻大于 1000 MΩ	采用 1000 V 的绝缘电阻表，从 X 端测量
6	中间变压器一、二次绕组直流电阻测量	1）A、B级检修后 2）≥330 kV：≤3 年 3）≤220 kV：≤6 年 4）必要时	与初值比较，应无明显差别	—
7	交流耐压试验	必要时	1. 一次绕组为出厂试验值的 80%。 2. 二次绕组间及对地（箱体）、末屏对地为 2 kV	二次绕组交流耐压试验可用 2500 V 绝缘电阻表测量
8	局部放电	必要时	—	—
9	极性检查	必要时	与铭牌标注的一致	—
10	电压比检测	必要时	与铭牌标注的一致	—
11	阻尼器检查	必要时	绝缘电阻大于 10 MΩ	—
12	电磁单元绝缘油检测	1）A 级检修后 2）必要时	1. 击穿电压大于 30 kV。 2. 水分不大于 25 mg/L	—

第三节　电压互感器故障及处理

一、电压互感器 PT 断线

PT 断线失压，对保护、计量、测量的准确性和可靠性有很大的影响。一是会使保护装置的电压采样值发生偏差，而电压量的正确获取是距离保护、带方向闭锁以及含低电压启动元件的过流保护能否正确动作的先决条件。二是会影响计量装置计量数据的准确性。计量装置的电压量是电能计量的一个基础电测参数，为某些计量表计提供装置电源。PT 断线会影响电压量的准确监测，使电压量的运行监测失去可靠的依据。

PT 断线一般可以分为 PT 一次侧断线和二次侧断线，无论哪一侧断线都会使 PT 二次回路的电压异常。PT 一次侧断线分为两种情况：一种是全部断线，此时二次侧电压全无，开口三角也无电压；另一种是不对称断线，此时对应相的二次侧无相电压，不断线相的二次电压不变，开口三角有电压。PT 二次侧断线时，PT 开口三角无电压，断线相的相电压为零。

二、二次回路接地

电压互感器二次及三次回路必须各有一个接地点，且回路只允许有一个接地点。若没有接地点，当电压互感器一次对二次或三次之间的绝缘损坏时，一次的高电压将串至二次或三次回路中，危及人身及二次设备的安全。若电压互感器二次回路有两个或多个接地点，当电力系统发生接地故障时，各个接地点之间的地电位相差很大，该电位差将叠加在电压互感器二次或三次回路上，从而使电压互感器二次或三次回路的电压的大小及相位发生变化，进而造成保护误动或拒动。经控制室零线小母线（N600）连通的几组电压互感器的二次回路，只能在控制室内将 N600 一点接地。否则，各组电压互感器的二次回路均有接地点，将不可避免地出现多点接地现象，从而造成地电位加在二次回路中，使保护不正确动作。

反事故措施明确规定：电压互感器的二次回路只能有一个接地点。当两个及以上电压互感器的二次回路间有电气直接联系时，其二次回路接地点设置应符合以下要求：(1) 便于运行时检修维护；(2) 互感器或保护设备的故障、异常、停运、检修、更换等均不得造成运行中的互感器二次回路失去接地。对于未在开关场接地的电压互感器二次回路,宜在电压互感器端子箱处将每组二次回路的中性点分别经放电间隙或氧化锌阀片接地,其击穿电压峰值应大于 $30I_{max}$ V(I_{max} 为电网接地故障时通过变电站的可能最大接地电流有效值,单位为 kA)。应定期检查、更换放电间隙或氧化锌阀片,以免造成电压二次回路多点接地。为保证接地可靠,各电压互感器的中性线不得接有可能断开的开关或熔断器等。独立的、与其他互感器二次回路没有电气联系的电流互感器二次回路在开关场一点接地时,应考虑将开关场不同点的地电位引至同一保护柜对二次回路绝缘的影响。

三、二次回路与三次回路分开

对于二次中性点接地的三相电压互感器,当需要将二次三相电压及三次开口三角电压同时引至控制室或保护装置时,由互感器端子箱引出的二次回路四根线(即 A、B、C、N 四根线)中的 N 线与三次回路的 N 线不能合用一根线。否则,三次回路的电流将在公用 N 线上产生压降,致使自产式零序方向保护拒动或误动。

反事故措施明确规定:来自电压互感器二次回路的四根引入线和电压互感器开口三角绕组的两根引入线应分别使用独立的电缆。

四、三相式电压互感器的接线方式

三相式电压互感器二次回路的接地方式有两种,即中性点接地及 B 相接地。在过去设计的发电厂,电压互感器二次回路多采用 B 相接地方式。故现场若仍旧采用 B 相接地,需特别关注保护装置的接线。三相电压互感器二次中性点接地,能方便地获得相电压和相间电压,且有利于继电保护的安全运行。B 相接地的缺点包括:不方便测量相电压;中性点的击穿保险被击穿时,容易导致二次绕组短路并损坏电压互感器。故现在已基本不再采用 B 相接地方式。

五、互感器本体缺陷

互感器出线绝缘板上的 N 端子向接地端放电,烧坏出线绝缘板。直接原因是 N 端子未直接与地相连接。互感器渗油现象出现在二次出线盒内的出线绝缘板周围,此时应采取以下措施:对称、均匀地拧紧周围的密封螺钉。注意:不可用密封螺钉当作 N 端子的接地螺钉。

反事故措施明确规定：新采购的电容式电压互感器电磁单元油箱工艺孔应高出油箱上平面 10 mm 以上，且密封可靠。互感器末屏接地引出线应在二次接线盒内就地接地或引至在线监测装置箱内接地。末屏接地线不应采用编织软铜线，末屏接地线的截面积、强度均应符合相关标准。

处理措施及防范措施：加强套管末屏接地检测、检修和运行维护，每次拆/接末屏后应检查末屏接地状况，在变压器投运时和运行中进行套管末屏红外检测，对结构不合理的套管末屏接地端子进行改造。

第八章　高压避雷器

避雷器是指用以保护电气设备免受各种过电压损害的电气元件。避雷器与被保护设备并联,上端接高压导线,下端接地,是限制续流时间、限制续流幅值的电气设备。正常运行电压下,避雷器处于绝缘状态。当过电压达到避雷器的动作电压时,避雷器立即动作,对地放电,将过电压限制在一定的水平,使之不致危害设备的绝缘。当过电压消失后,避雷器又迅速恢复到绝缘状态,保证系统继续正常运行。

采用电气性能良好的避雷器,可以降低高压电气设备的绝缘水平,从而降低设备的建设费用,并能提高电力系统的运行可靠性。

第一节　高压避雷器的结构与原理

一、避雷器类型

避雷器有由碳化硅非线性电阻阀片和放电间隙构成的普通或磁吹灭弧阀式碳化硅避雷器、由氧化锌非线性电阻阀片组成的无间隙金属氧化锌避雷器。

氧化锌避雷器有优越的非线性、持久的抗老化能力及很强的通流能力,是理想的避雷器。氧化锌避雷器可以不带任何间隙,又无续流,可避免间隙带来的问题(如表面积污和淋雨对电压分布及放电电压的影响)。氧化锌避雷器结构简单,其非线性电阻片中的 ZnO 约占 90%,掺杂少量的 Bi_2O_3、CO_2O_3、Sb_2O_2、MnO_2 和 Cr_2O_2 等成分。

氧化锌避雷器用于保护各种电气设备。它有下列优点:过电压动作时,仅吸收超过动作电压的过电压能量,其后没有续流,较之碳化硅避雷器吸收的能量小得多;冲击电流残压低,因而保护比较小;有时能消除系统的振荡。

二、避雷器的保护特性

避雷器的保护特性见表 8.1。

表 8.1 避雷器的保护特性

序号	项目	金属氧化物避雷器
1	陡波 10 kA 冲击电流下的最大残压(波头 1 μs ~ 5 μs)	≤594 kV
2	雷电冲击电流下的最大残压(8/20 μs)	≤532 kV
3	2 kA 操作冲击电流下的最大残压(波头 30 μs ~ 100 μs)	≤452 kV
4	参考电压(直流电流 1 mA)	≥296 kV
5	电流冲击耐受能力	—
	大电流,短时最小耐受能力(4/10 μs 脉冲)	100 kA
	小电流,长时最小耐受能力 (矩形波 2000 μs,20 次脉冲)	800 A
6	线路放电等级	3 级
7	压力释放能力	—
	大电流时的最小值(0.2 s,kA,有效值,对称)	50 kA
	小电流时的最大值(有效值)	800 A
8	最小总能量吸收能力(2 脉冲)	7 kJ/kV
9	瓷套绝缘耐受水平	—
	雷电冲击耐受水平(1.2/50 μs,峰值)	1050 kA
	1 min 工频耐压(湿试,相—地,有效值)	395 kA
	操作冲击耐受电压	—
10	无线电干扰水平和局部放电特性	—
	在 1 MHz 频率下,无线电干扰电压 (在 1.1 倍最大连续运行电压下)	≤500 μV
	避雷器内部的局部放电 (在 1.1 倍最大相电压下)	≤10 pC

三、避雷器监测器

避雷器监测器与避雷器串联于电网中运行,以记录避雷器放电动作的次数和实时在线检测避雷器泄漏电流的变化情况。根据泄漏电流的变化情况,可及时判断避雷器运行过程中内部受潮或机械缺损等造成的异常情况,防止事故的发生,提高电力系统运行的可靠性。该产品将放电计数单元和泄漏电流测量单元集为一体,完全密封于金属铝外壳中,铝制外壳底座即可作为接地母线。避雷器监测器的另一端通过复合绝缘子接出电极,可通过引线与避雷器低压端相连。面板显示放电计数次数和泄漏电流指示值。产品密封性能良好,不受外界环境影响。内部元件有良好的抗老化性能,可长期在电力系统中运行。相关参数见表8.2。

表8.2 参数

标称放电电流(8/20 μs)	10 kA
标称放电电流下的残压	不大于2.5 kV
电流测量量程	2 mA
电流测量误差	不大于10%
2 mA 工频电流下的端电压	不大于12 V
下限动作电流(8/20 μs)	50 A
方波耐受电流(2000 μs)	1200 A
冲击大电流耐受(4/10 μs)	65 kA

注意事项:避雷器监测器投运后,应巡回监视并定期抄录电流表的读数。避雷器监测器的泄漏电流指示,其电流读数只具有相对意义,不能作为计量仪表使用。一般泄漏电流增大20%以上时,应注意观察并加强监视;增大50%以上时,应立即查明原因并进行处理。

第二节 高压避雷器的检修工艺及质量标准

一、避雷器运行中的注意事项

1.避雷器运行无异常声响。应定期检查避雷器的连接和外观情况,具体包括:避雷器引下线无松股、断股、弛度过紧及过松现象;避雷器引排无变色、弯曲、变形现象;避雷器接头无松动、发热或变色现象;均压环不歪斜;避雷器底座固定良好,固定螺丝未锈蚀;避雷器瓷套无裂纹及放电痕迹,无破损现象,外观清洁;避雷器底座接地良好,接地引下线(排)无断裂及锈蚀现象。

2.雷雨时严禁接近防雷设备(避雷器和避雷针),以防止跨步电压对人造成危害。接地网的接地电阻每年测量一次。

3.避雷器动作计数器完好,内部不进潮气,读数正确。每次雷击及避雷器检修和试验后应及时记录动作计数器的读数,在系统过电压保护动作后亦应记录动作计数器的读数。

4.避雷器泄漏电流表上的小套管清洁,螺丝紧固,泄漏电流读数在正常范围内,内部不进潮气;避雷器的在线泄漏电流表的读数应定期抄录,在线泄漏电流表的读数与原始值比较有明显变化,应分析原因并加强监视。

二、避雷器试验

避雷器投运前及每年的雷雨季节前,应进行预防性检测试验,详见表8.3、表8.4。

表8.3 无串联间隙金属氧化物避雷器的试验项目

序号	项目	周期	判据	说明
1	外观检查	1)结合线路巡检 2)必要时	外观无异常	—
2	红外测温	1)≥330 kV:1个月 2)220 kV:3个月 3)≤110 kV:6个月 4)必要时	无异常温升、温差	
3	避雷器监测装置检查	巡检时	1.记录放电计数器的指示值。 2.监测装置指示良好,量程范围正确	1.电流值无异常。 2.电流值明显增加时应进行带电测量
4	运行电压下的阻性电流测量	1)雷雨季节前 2)必要时	初值差不明显,阻性电流增加50%时缩短监测周期;增加1倍时,应立即停电检查	宜采用带电测量方法
5	绝缘电阻测量	1)≥330 kV:≤3年 2)≤220 kV:≤6年 3)A、B修 4)必要时	自行规定	采用2500 V及以上的绝缘电阻表测量
6	底座的绝缘电阻测量	1)≥330 kV:≤3年 2)≤220 kV:≤6年 3)A、B修 4)必要时	自行规定	采用2500 V及以上的绝缘电阻表测量

续表8.3

序号	项目	周期	判据	说明
7	本体直流1 mA电压(U_{1mA})及$0.75U_{1mA}$下的泄漏电流检测	1) ≥330 kV：≤3年 2) ≤220 kV：≤6年 3) A、B修 4) 必要时	1. 不得低于GB/t 11032—2016规定的值。 2. 实测值与初始值或规定值比较，变化不应大于±5%。 3. $0.75U_{1mA}$下的泄漏电流初值差≤30%或50 μA	应记录试验时的环境温度、相对湿度和运行电压；测量宜在瓷套表面干燥时进行，应注意相间干扰的影响
8	检查放电计数器的动作情况	必要时	测试3~5次，均应正常动作	—

表8.4 阀式避雷器的试验项目

序号	项目	周期	判据	说明
1	红外测温	1) 每年雷雨季前 2) 必要时	无异常温升、温差和相对温差	—
2	绝缘电阻测量	1) 每年雷雨季前 2) 必要时	1. FZ、FCZ和FCD型避雷器的绝缘电阻自行规定，与前一次或同类型的测量数据进行比较，不应有显著变化。 2. FS型避雷器的绝缘电阻应不低于2500 MΩ	1. 采用2500 V及以上的绝缘电阻表测量。 2. FZ、FCZ和FCD型主要检查并联电阻通断和接触情况
3	电导电流及甲联组合元件的非线性因数差值测量	1) 每年雷雨季前 2) 必要时	—	—
4	工频放电电压测量	1) 不超过3年 2) 必要时	—	带有非线性并联电阻的阀型避雷器只在解体大修后进行测量
5	底座绝缘电阻测量	1) 不超过3年 2) 必要时	自行规定	采用2500 V及以上的绝缘电阻表测量
6	计数器外观检查	1) 每年雷雨季前 2) 必要时	外观无异常	—
7	测试计数器的动作情况	1) 不超过3年 2) 必要时	测试3~5次，均应正常动作	—

二、避雷器监测器的试验方法

1. 动作性能试验:将一只耐压 1000 V 容量 10 μF~15 μF 的电容器接在 1000 V 的绝缘摇表上,用每分钟 90~120 转的转速摇动摇表,对电容器进行充电。当电容器上的电压达到 800 V(用万用表监视)时,立即断开与摇表连接的电容器,用电容器对监测器进行瞬间放电。监测器应计数一次,同时毫安表指针明显摆动后应恢复到原位。连续进行 10 次,均应可靠动作。

2. 泄漏电流测量误差试验:接好测试线路,逐渐调高调压器的输出电压,泄漏电流表的读数和测试表计(交流电流挡)的读数相应增加;当测试读数增大到 1 mA 时,读取泄漏电流表的值,并计算出最大误差,最大误差应不大于 10%。

第三节 高压避雷器故障及处理

避雷器常见的故障有:避雷器爆炸,避雷器阀片(电阻片)被击穿,避雷器内部闪络,避雷器外绝缘套污闪或冰闪,避雷器受潮造成内部故障,避雷器断裂,避雷器瓷套破裂,在正常情况下(系统无内过电压和大气过电压)避雷器计数器动作、引线断损或松脱,氧化锌避雷器的泄漏电流值有明显的变化,上下引下线烧断。

避雷器设备发生故障后,检修人员在初步判断故障的类别后,应详细记录异常发生的时间,是否有异常信号。若一时不能停电处理,应加强对避雷器的监视。若属于避雷器故障,应申请停电处理。

一、避雷器爆炸及阀片被击穿或内部闪络故障及处理

1. 应立即到现场对设备进行检查,在初步判断故障的类别、故障相和巡视避雷器引流线、均压环、外绝缘、放电动作计数器及泄漏电流在线检测装置、接地引下线的状态后,向调度及上级主管部门汇报。

2. 检查时要做好现场的安全措施。对于粉碎性爆炸事故,还应巡视故障避雷器临近设备外绝缘的损伤状况。无关人员不得随意接触故障避雷器及其附件,不得擅自将碎片挪位或丢弃。

3. 避雷器爆炸尚未造成接地时,雷雨过后应拉开相应的隔离开关,停用、更换避雷器。避雷器爆炸已造成接地者,需停电更换,禁止用隔离开关停用有故

障的避雷器。

二、避雷器瓷套裂纹

如天气正常,应请示调度让有裂纹的避雷器停电隔离,用合格的避雷器更换。有时,在不威胁安全运行的条件下,可在裂纹深处涂漆和环氧树脂防止受潮,并在短期内更换。如天气不正常(雷雨),应尽可能使避雷器继续运行,待雷雨过后再处理。如果瓷质裂纹已造成闪络,但未接地,在可能的条件下应停用避雷器。避雷器瓷套裂纹已造成接地者,需停电更换。

三、避雷器受潮、老化

避雷器内部受潮主要是密封不良引起的。潮气的来源有很多。

(1)在避雷器生产过程中,安装环境湿度超标。

(2)阀片及内部零部件烘干不彻底,有部分潮气滞留。

(3)装配时漏放密封圈或密封圈放偏,或者密封圈与瓷套密封面之间夹有杂物。

(4)运行一段时间后密封部件损坏造成潮气进入。环境湿热是造成并加速避雷器老化的主要原因。对于高压氧化锌避雷器来说,其受环境条件的影响较大。在潮湿和高温的双重作用下,避雷器的电位分布极不均匀,在靠近上法兰处,温度很高且电流也大,说明此处的荷电率高,可能会达到阀片的耐受极限,从而使局部阀片老化加速,导致避雷器的性能发生变化。

四、避雷器在线泄漏电流异常

避雷器在线泄漏电流表反映的是通过瓷套外绝缘和避雷器阀片的电流。

(1)避雷器的在线泄漏电流表读数异常增大

避雷器运行时,在线泄漏电流表读数异常增大应综合气候、环境及历史数据进行分析。如在天气潮湿、瓷套污秽等情况下,泄漏电流表读数会增大。在天气晴朗时,泄漏电流表读数会恢复正常数值。户外避雷器的泄漏电流表读数普遍增大,则可能是变电站所处环境差、天气潮湿所致;户内避雷器的泄漏电流表读数普遍增大,则可能是避雷器的外瓷套结露所造成的。

发现运行中的避雷器的在线泄漏电流表读数大于正常值时应加强监视,如有渐增趋势,则避雷器内部受潮可能性较大;也有阀片老化的可能。若泄漏电流表读数超过投运时原始值的10%,应将其作为紧急缺陷进行汇报。

(2)避雷器的在线泄漏电流表读数降低,甚至为零

这种情况主要发生在下雨时或下雨后的几天内,主要是避雷器底座的4个绝缘管进水带槽垫片堵塞或绝缘不良,使泄漏电流直接经支架入地,而不经泄漏电流表。一般在天晴后,泄漏电流表读数会恢复正常值。如泄漏电流表读数没有恢复正常,则可能是因为表计被轧死或损坏,应及早更换。

第九章　厂用电开关柜

断路器是电力系统的主要配电装置，35 kV 及以下的断路器可配置在中置柜、双层柜、固定柜中。在发电厂 6 kV～10 kV 厂用电系统中应用较为广泛的开关柜、开关小车多采用真空断路器。真空断路器因灭弧介质和灭弧后触头间隙的绝缘介质都是高真空而得名，具有体积小、重量轻，可频繁操作，连续断开额定电流万次以上，额定短路开断电流下也能开断数十次甚至上百次，灭弧不用检修的优点。

第一节　厂用电开关柜的结构

一、真空断路器

开关柜主要包含三大部分：真空灭弧室、电磁或弹簧操动机构、支架及其他部件。

1. 真空灭弧室按照开关型式不同，有外屏蔽罩式陶瓷真空灭弧室、中间封接杯状纵磁场小型化真空灭弧室、内封接式玻璃泡灭弧室，其基本结构如下：

（1）气密绝缘系统（外壳）：由陶瓷、玻璃或微晶玻璃制成的气密绝缘筒，动端盖板，定端盖板，不锈钢波纹管组成。气密绝缘系统是一个真空密闭容器。为了保证气密性，封接式要采用严格的操作工艺，还要求材料本身透气性好和内部放气量小。

（2）导电系统：由定导电杆、定跑弧面、定触头、动触头、动跑弧面、动导电杆构成。触头结构大致有三种：圆柱形触头、带有螺旋槽跑弧面的横向磁场触头、纵向磁场触头。目前采用纵磁场技术，此种灭弧室具有强而稳定的电弧开断能力。

（3）屏蔽系统。屏蔽罩是真空灭弧室不可缺少的元件，并且有围绕触头的主屏蔽罩、波纹管屏蔽罩和均压用屏蔽罩等多种。主屏蔽罩的作用是防止燃弧过程中电弧生成物喷溅到绝缘外壳的内壁,从而降低外壳的绝缘强度;改善灭弧室内部电场分布的均匀性,降低局部场强,促进真空灭弧室小型化。冷凝电弧生成物,能够吸收一部分电弧能量,有助于弧后间隙介质强度的恢复。

2.断路器型式不同,采用的操动机构也不同。常用的操动机构有弹簧操动机构、CD10电磁操动机构、CD17电磁操动机构、CT19弹簧储能操动机构、CT8弹簧储能操动机构。

二、真空灭弧的特点

1.熄弧过程在密封的真空容器中完成,电弧和热气体不会向外界喷溅,不会污染周围环境。

2.真空的绝缘强度高,熄弧能力强,所以触头行程很小,操动机构的操作功小,使整个开关的体积减小、重量减轻。

3.熄弧时间短,电弧电压低,电弧能量小,触头磨损小,开断次数多。

4.操作时,振动轻微,几乎没有噪音。

5.免维护。

三、真空断路器的规格参数

真空断路器的规格参数详见表9.1。

表9.1 规格参数

序号	项目	数值				
1	额定电压/kV	12				
2	额定短时工频耐受电压(1 min)/kV	42				
3	额定雷电冲击耐受电压(峰值)/kV	75				
4	额定电流/A	630 1250	630	630 1250 1600 2000 2500 3150	1250 1600 2000 2500 3150 4000	1600 2000 2500 3150 4000
5	额定短路开断电流/kA	20	25	31.5	40	50
6	额定短时耐受电流/kA	20	25	31.5	40	50
7	额定短路持续电流/s	4				
8	额定峰值耐受电流/kA	50	63	80	100	125

续表 9.1

序号	项目	数值				
9	额定短路关合电流/kA	50	63	80	100	125
10	二次回路工频耐受电压(1 min)/V	2000				
11	分闸时间/ms	20~50				
12	合闸时间/ms	35~70				
13	机械寿命/ms	20000(50 kA 为 10000 次)				
14	额定电流开断次数	20000(50 kA 为 10000 次)				
15	额定短路电流开断次数	50(40 kA 为 30、50 kA 为 20)				
16	动、静触头允许磨损累计厚度/mm	3				
17	额定合闸操作电压/V	AC 110/220　DC 110/220				
18	额定分闸操作电压/V	AC 110/220　DC 110/220				
19	储能电机额定功率/W	65(50 kA 为 80)				
20	储能时间/s	≤15				
21	触头开距/mm	9±1				
22	超行程/mm	3.5±1				
23	触头合闸弹跳时间/ms	≤2				
24	三相分合闸不同期性/ms	≤2				
25	分闸速度平均值/m·s^{-1}	1.0~1.4				
26	合闸速度平均值/m·s^{-1}	0.7~1.0				

四、FC 真空接触器的规格参数

FC 真空接触器的规格参数详见表 9.2。

表 9.2　FC 真空接触器的规格参数

项目	标准
回路接触电阻/μΩ	200
开距/mm	4±$^{1.0}_{0.5}$
超程/mm	1.5±0.5

续表9.2

项目	标准
同期/mm	≤2
合闸线圈直流电阻/Ω	2.8~3.2
分闸线圈直流电阻/Ω	53~58
分闸时间/s	<0.05
合闸时间/s	<0.15
交流耐压/kV	23
真空度检查/kV	32

第二节 开关柜的检修工艺及质量标准

一、真空断路器试验项目

真空断路器试验项目详见表9.3。

表9.3 真空断路器试验项目

序号	项目	周期	判据	说明
1	红外测温	1)≤1年 2)必要时	无异常温升	参考 DL/T 664
2	绝缘电阻测量	1)A、B级检修后 2)必要时	1.整体绝缘电阻参照产品技术文件的规定或自行规定。 2.断口和用有机物制成的拉杆的绝缘电阻不应低于规定数值：额定电压6 kV的绝缘电阻不应低于300 MΩ	—
3	耐压试验	1)A级检修后 2)≤6年 3)必要时	断路器在分、合闸状态下分别进行，试验电压值符合 DL/T 593 规定的值	—
4	辅助回路和控制回路交流耐压试验	1)A级检修后 2)≤6年 3)必要时	试验电压为2 kV	—

续表 9.3

序号	项目	周期	判据	说明
5	机械特性检测	1）A 级检修后 2）≤6 年 3）必要时	断路器的合闸时间和分闸时间,分、合闸的同期性,触头开距,合闸时的弹跳时间应符合产品技术文件的规定	—
6	导电回路电阻测量	1）A 级检修后 2）必要时	—	—
7	操动机构分、合闸电磁铁的最低动作电压测量	A 修后	1.操动机构分、合闸电磁铁或合闸接触器端子上的最低动作电压应在操作电压额定值的 30% 和 65% 之间。在使用电磁机构时,合闸电磁铁线圈通流时的端电压为操作电压额定值的 80%（关合峰值电流等于或大于 50 kA 时为 85%）时应可靠动作。 2.进口设备符合制造厂的规定	—
8	合闸接触器和分、合闸电磁铁线圈的绝缘电阻和直流电阻	1）A 级检修后 2）≤6 年 3）必要时	1.绝缘电阻不应小于 2 MΩ。 2.直流电阻应符合制造厂的规定	采用 1000 V 的兆欧表测量
9	灭弧室真空度的测量	1）A 级检修后 2）必要时	自行规定	有条件时进行
10	检查动触头上的软连接夹片是否松动	1）A 级检修后 2）必要时	应无松动	—

二、真空开关柜的检修

1.清扫断路器本体,检查外观

（1）开关面板、支持绝缘瓷瓶、消弧室外壳,用抹布抹干净。

（2）检查开关一次插头,用酒精将插头触指上的旧凡士林或电力复合脂清洗干净。检查触指表面是否光滑,是否有灼烧现象。检查触指弹簧的压力,压力应符合要求。触指上有弹簧垫的,弹簧垫应完好,不好的则更换。在触指上涂电力复合脂。

2.检查断路器本体和操动机构

（1）拆下开关前面板,并放在合适位置。用吸尘器和抹布将机构箱清扫干净,用毛刷和酒精将机构箱内所有的端子排、继电器清扫干净。

(2)检查机构箱内的端子排及辅助开关接线端子,用绝缘电阻表测量储能电机以及分、合闸线圈的绝缘电阻。

(3)检查操动机构的部件,并给其中的轴承、绞合链及转动部位加润滑油。

(4)用扳手检查导电回路各部件的螺丝。检查机械闭锁装置各部件是否齐全、完好,动作是否灵活,有无卡涩现象,并给转动部分加机油润滑。

(5)检查分、合闸缓冲器,分、合闸弹簧和储能弹簧。

(6)用开关专用摇把手动给储能电机储能,观察各部件的动作情况。储能到位后,手动按合闸按钮,将开关合闸。同时注意观察开关传动系统装置,再手动按机械分闸按钮,将开关分闸。

3. 检查断路器手车二次回路

(1)用螺丝刀分别对二次插头、端子排、各辅助开关接点的螺丝进行校紧。

(2)分别使开关保持在"合闸""分闸"位置,根据图纸用万用表对二次插头、继电器端子排、各辅助开关进行检查。用单臂电桥分别测量储能电机、分闸线圈、合闸线圈的直流电阻。

4. 检查断路器柜和电缆室

(1)用扳手将所检修开关后仓电缆室门的螺栓松开,将电缆室门移开并放在合适的位置。

(2)用抹布清洁高压电缆头、支持绝缘瓷瓶、电流互感器、接地刀闸等部件。

(3)用扳手检查各部件的螺栓,在接地刀闸动触头上涂凡士林油脂。

(4)用手解除接地刀闸闭锁,试验分、合接地刀闸数次,无异常后,恢复闭锁部件,保持接地刀闸在合闸位置。

(5)做电缆预试以及电流互感器、氧化锌避雷器预试工作。试验完毕后用细砂纸研磨电缆头,并用扳手紧固螺栓。

(6)用万用表测量开关柜内的机械限位接点,并用抹布全面清理柜内的部件。

(7)检查柜内的部件,并给轴销、转动部位加油润滑。

5. 测量与调整断路器

(1)在开关灭弧室下侧找一基准点,测量开关在分闸位置与合闸位置时,下导电杆与拐臂连接轴销距离之差,即测量断路器的开距。

(2)在断路器上、下出线端接上试灯,手动合上开关,测量试灯刚亮至合闸到底时,绝缘拉杆弹簧的压缩行程,即断路器的超程。

(3)在开关置于合闸状态下,分别观察三相真空灭弧室的下导电杆,检查真空灭弧室的磨损情况。

6.进行断路器电气试验

(1)用双臂电桥测量断路器三相导电回路的接触电阻。

(2)使用开关测试仪,完成断路器速度试验、同期性试验、分合时间和低电压试验。将测量数据和标准数据进行比较。

三、FC 真空接触器的检修

1.FC 型真空开关本体的解体检修

(1)拆卸断路器前应先测量其接触电阻,并测量检修前的主要技术数据,做好原始记录。

(2)将 F-C 手车从开关柜内拉出,在宽敞、明亮处进行解体。

(3)取下 F-C 手车上的高压熔断器外罩,并将三相高压熔断器取下,用活扳手将高压熔断器底座的螺栓松开,将导电联板、高压熔断器底座的夹子及绝缘紧固联板一起取下。

(4)用梅花扳手和活扳手将固定在高压真空接触器上的联板及动触头螺栓拆除,并用梅花螺丝刀将高压熔断器防爆接点的两个接线端子松开。

(5)用梅花扳手将固定在 FC 手车上的高压真空接触器底座的四个螺栓拆除,并将高压真空接触器搬运到方便检修的场所。

2.FC 型真空开关本体闭锁装置的解体检修

(1)将装在 F-C 手车本体右侧的闭锁止位杆上的销子用尖嘴钳取下,并取出止位杆及弹簧。

(2)将合闸止位杆上的销子用尖嘴钳取下,并取下垫片、止位杆和弹簧。

3.真空泡的检修

(1)检查真空泡外部有无破损、漏气现象,上、下导电杆有无弯曲现象,各部件是否齐全、完好。

(2)用真空度测量装置直接测定真空泡的真空度。

4.辅助开关、接线端子排、二次插头座的检修

(1)检查拆下的辅助开关动接点及静接点的烧伤情况,用什锦锉或细砂布

对其进行研磨,同时检查接点的小弹簧、小绝缘垫片是否齐全完好,检查完毕后将辅助开关的动接点、静接点、小弹簧、小绝缘垫片等部件按原样组接好。

(2)用推、拉辅助开关动作连杆,观察接点、弹簧的动作情况。

(3)检查拆下的接线端子排的插头和插座的接触情况,用万用表逐个对接点进行测量,用什锦锉对接触不良的接点进行研磨。

(4)用小口螺丝刀紧固二次插头座针形接点尾部的小螺丝,同时紧固底座上的螺丝。

5. 开关动触头及联板、高压熔断器的检修

(1)用平口螺丝刀拆下紧固动触头鸭嘴部分的两个螺丝(M4),用抹布蘸酒精清除导电联板及鸭嘴内的油污,必要时用什锦锉或细砂布研磨干净。

(2)检查三只高压熔断器有无裂纹、损坏,额定电流容量是否一致,并用抹布将表面积灰清除,用万用表检查其导通情况。

(3)检查高压熔断器底座夹子是否有变形现象,必要时用扳手进行校正,并试验其夹紧度及其与高压熔断器的接触情况。

6. 分、合闸机构的检修

(1)检查分闸机构的分闸线圈外观是否有损伤及烧灼现象,用单臂电桥测其直流电阻。检查铁芯部分是否完整,衔铁动作是否灵活,是否有卡涩现象。

(2)检查合闸机构的合闸线圈外观是否有损伤及烧灼现象,用单臂电桥测其直流电阻。检查合闸铁芯及其附件是否完整,吸合表面是否锈蚀。

7. 开关柜及电缆室的检修

(1)检查开关柜内的限位装置动作是否灵活,有无卡涩现象,并加润滑油进行润滑。用万用表检查限位接点在合闸位置是否接通,用抹布将柜内的灰尘、杂物清理干净。绝缘隔板提升机构的销子应齐全、完好,升降灵活。各转动部位加油润滑。柜内小车轨道处加凡士林油脂。检查接地刀闸传动系统并加油润滑。

(2)将所检修开关的电缆室后门打开,用抹布将三相电缆头、电流互感器套管、接地刀闸绝缘瓷瓶抹干净。瓷瓶应完好。相色标志应正确。电缆孔洞应密封严密。接地刀闸动触头处应涂电力复合脂。

8. 手车本体的检修

(1)检查手车的把手、滚轮、滚动轴承、限位小挡板等部件是否齐全、完好,

各部件的螺栓是否紧固、无松动。

(2)开关本体无锈蚀、脱漆现象,必要时应补漆。

9. FC 型真空开关的组装

按照解体检修步骤相反的顺序进行组装,组装时应将各部件的螺栓紧固并进行必要的校正。

10. FC 型真空开关的调整与测量

(1)首先用钢板尺测量 FC 手车三相之间的距离。

(2)分别在分闸和合闸位置,用万用表测量辅助开关常开接点、常闭接点的接通情况。

(3)调整真空接触器的开距和超程。高压真空接触器处于合闸状态时,真空管上部的杆端关节轴承与驱动架之间的间隙,即为超程。将 0.6 mm～1.5 mm 的专用塞尺插入间隙,应为 1.5 mm±0.5 mm。若超程不合格,则需将真空管拆下,转动杆端关节轴承进行调节即可。杆端关节轴承螺距为 1.25 mm 时,保持高压真空接触器在合闸位置,调松低压仓限位件的螺母,使之与驱动件上的尼龙限位的距离(即行程)为 19 mm,则开距 $D = H/3 - d - 0.5$(d 为超程)。

(4)保持真空接触器在合闸位置,用双臂电桥测其直流接触电阻。

(5)手动分、合 FC 真空断路器数次,给各转动部件加油润滑。

11. FC 型真空开关的试验

(1)使用高压开关测试仪以 100% 的额定电压对断路器进行合、分闸,读取测得的合闸、分闸时间。

(2)逐渐降低断路器分闸的操作电压,直到断路器刚好能够可靠分闸。此时测得的电压为分闸线圈的最低动作电压。

(3)使断路器分别处在合闸和分闸位置,分别对断路器进行耐压试验。

(4)给断路器上、下动触头鸭嘴部分涂满电力复合脂,将其推至工作位置。在开关柜后侧的上、下静触头间测量接触电阻。如果测量的接触电阻符合说明书的要求,说明断路器动、静触头接触良好。

(5)将断路器送到试验位置,接上二次控制插头,压好二次控制保险,将开关柜控制把手打在就地位置,分、合断路器数次。试验完毕后应将二次插头及二次控制保险取下,并将 F-C 手车开关拉至检修位置。

检修工作结束后,清点所用工具及物品,打扫现场卫生,办理工作票终结手续，填写检修记录。

第三节　高压开关柜检修周期及项目

高压开关柜检修周期及项目详见表9.4。

表9.4　高压开关柜检修周期及项目

序号	项目	周期	要求	说明
1	测量辅助回路和控制回路的绝缘电阻	1）A、B级检修 2）≤6年 3）必要时	绝缘电阻不低于2 MΩ	采用1000 V的绝缘电阻表测量
2	辅助回路和控制回路交流耐压试验	1）A、B级检修 2）≤6 3）必要时	试验电压2 kV	—
3	检测机械特性	1）A、B级检修 2）≤6年 3）必要时	分合闸时间、分合闸速度、三相不同期、行程曲线等机械特性符合产品技术文件的要求	—
4	测量导电回路的电阻	1）A、B级检修 2）≤6年 3）必要时	1. 大修后应符合制造厂的规定。 2. 运行中的电阻自行规定，建议不大于1.1倍的出厂值	用直流压降法测量，电流不小于100 A
5	测量绝缘电阻	1）A、B级检修 2）≤6年 3）必要时	1. 整体绝缘电阻参照制造厂的规定或自行规定。 2. 断口和用有机物制成的提升杆的绝缘电阻不应低于下表中的数值（单位MΩ） | 试验类别	额定电压/kV		
---	---	---	---
	<24	24~40.5	72.5
大修后	1000	2500	5000
运行中	300	1000	3000		—

续表9.4

序号	项目	周期	要求	说明
6	交流耐压试验（断路器主回路对地、相间及断口）	1）A、B级检修 2）≤6年 3）必要时	断路器在分、合闸状态下分别进行试验，试验电压值参照DL/T 593的规定	1）更换或干燥后的绝缘提升杆必须进行耐压试验，耐压设备不能满足要求时可分段进行。 2）相间、相对地及断口的耐压值相同
7	测量合闸接触器和分、合闸电磁铁线圈的绝缘电阻和直流电阻	1）1~3年 2）大修后	1. 绝缘电阻不应小于2 MΩ。 2. 直流电阻应符合制造厂的规定	采用1000 V的兆欧表进行测量
8	测量真空灭弧室的真空度	大、小修时	自行规定	有条件时进行
9	检查动触头上的软连接夹片是否松动	大修后	应无松动	—

第四节　开关柜故障及处理

一、开关柜故障处理

开关柜故障种类、原因和处理方法详见表9.5。

表9.5　故障种类、原因和处理方法

故障种类	原因	处理
断路器二次插头拔不出来	断路器在工作位置	将断路器摇到试验位置
接地故障	绝缘低	检查绝缘
接地开关合不上	小车在工作位置；地刀锁扣处在制动状态	将开关摇到试验位置，或退出柜外；检查锁扣，检查地刀的相关接线

续表9.5

故障种类	原因	处理
绝缘电阻低	受潮	投入加热器并加热不少于24 h
柜门关不上	轨道没拉开	拉开轨道
接地回路电阻高	螺丝松动	拧紧螺丝,清洁接触面
电缆接线头温度高	电缆连接螺丝松动	拧紧螺丝,清洁电缆的接触面
二次电压保险被烧毁	绝缘低	检查绝缘
绝缘装置表面放电	粉尘较多,潮湿较为严重	清理灰尘,投入加热器
开关不能操作	小车不在试验位置与操作位置	将小车推到相应的位置
断路器不能电动分合	二次电压太低;合闸回路出现故障;合闸线圈或分闸线圈被烧毁	检查二次电压;检查合闸回路;检查分、合闸线圈
小车不能推进柜内	没有导轨;开关在合闸位置;操作位置错误	安装导轨;断开开关;推到正确的操作位置
小车不能移动	断路器在合闸状态	断开断路器
小车不能从试验位置移到工作位置	开关在合闸状态	断开断路器
小车不能从工作位置移到试验位置	开关在合闸状态	断开断路器

二、开关柜故障案例

案例一:2019年某月某日,某电厂#2号机组负荷196 MW,厂用电正常运行,发变组保护发"6 kV 2B分支零序过流t1""6 kV 2B分支零序过流t2"保护动作信号,6kV 2B段工作电源进线开关跳闸,2号发电机跳闸,2号炉MFT动作,2号机组解列。

案例分析:现场检查发现2号机6 kV配电室2B段工作电源进线开关间隔处冒烟。将开关停电后,检查人员发现此开关下插头C相进线侧被烧坏。将6 kV 2B段母线停电,采取6 kV 2B段母线检修措施,进行开关解体检查,发现开关动触头弹簧紧力不足,导致触指发热,弹簧受热失去弹力,造成动、静触头绝缘套绝缘破坏,开关C相绝缘击穿接地,母线C相接地故障。因故障点在高厂变低压分支下口,高厂变与发电机采用硬连接方式,高厂变分支零序过流t动作后,6 kV 2B段工作电源开关跳闸,但故障点在开关电源侧,无法切除。高厂变分支零序过流 t2 动作,最终 2 号机组跳闸。

案例二:2021 年某月某日,某电厂#1 机组 DCS 发出高厂变 A 分支过流跳闸报警信号。6 kV 2A 段母线失电,工作进线开关 62A01 跳闸,同时闭锁快切装置。6 kV 2A 段母线失电,造成气泵跳闸、给水流量扰动过大,导致给水流量低保护动作,2 号机组随即跳闸。

处理措施及防范措施:检查发现事故的直接原因是循环水泵开关 A 相熔断器炸裂。此类型开关曾经出现过熔断器炸裂的情况,现场组织人员对同生产批次的此类开关熔断器进行排查,后期统一更换。在彻底消除此类缺陷前,做好相关母线失电事故应急预案。

案例三:2022 年某月某日,某电厂#1 号炉 B 引风机开关启动 2 s,B 引风机开关跳闸,6 kV 工作 B 段进线开关跳闸,母线失压,B 段母线上的送风机、磨煤机跳闸,锅炉 MFT,#1 机组停运。

案例分析:经检查后确认,B 引风机开关合闸时,开关 B 相 CT 上端头连接螺栓松动,接触电阻增大引起发热;铜排熔化、喷溅导致拉弧,弧光保护动作,进线开关跳闸,快切闭锁,造成 6 kV B 段母线失压,最终导致机组停运。

处理措施及防范措施:因厂用电 6 kV、10 kV 开关长时间运行,可靠性降低,机构变形、卡涩及线圈烧毁等问题时有发生,开关柜拒动甚至越级跳闸,造成机组停机的事故亦经常发生。可采取以下措施:

1. 规范设备安装调试工艺。应按照检修工艺规程,确保 6 kV 开关动/静触头的行程、接触电阻等重要参数符合规定。检修中需重点检查开关弹簧的压紧力、触头变形或损伤、绝缘老化或变色等问题。及时更换老化、疲劳的压紧弹簧和锈蚀的螺栓等配件。

2. 定期进行电气预试,重点关注开关三相分合闸同期时间、交流耐压等试验数据。发现异常及时查明原因、消除隐患。定期开展局部放电带电检测。

3. 加强对运行开关的巡视,对温度异常、开关操作次数多的开关柜进行数据比对及分析,加强开关柜绝缘破坏故障的预控。

4. FC 真空接触器宜增加大电流闭锁出口跳闸功能。FC 真空接触器不应配置速断保护,宜配置限时速断保护,并与 FC 真空接触器熔断器的熔断曲线进行配合,确保在短路电流大于真空接触器额定开断电流时,接触器不动作,由熔断器熔断来断开大电流。

案例四：夜间，某电厂机组 6 kV A 段进线开关突然跳闸，6 kV 母线备用电源自投成功。现场检查发现工作进线开关过流保护跳闸。经排查发现此 6 kV 母线下级负荷段的输煤 6 kV 厂用室曾有异常响声，输煤段 6 kV 母线进线开关柜体变形，分析此处可能发生故障。由于母线还在运行且带电，因此检查人员立即办理停电检修工作票。停电后，检查人员打开进线开关柜后门，发现内部柜壁拉弧，被熏黑，开关电源进线侧上部铜排三相间均有拉弧痕迹，柜内底部有一只老鼠经电击被烧焦。经分析，由于电源进线电缆封堵防火泥干裂、松动，老鼠通过缝隙进入开关柜，在跳跃的过程中造成相间短路拉弧，导致上级开关动作跳闸。

处理措施及防范措施：对电缆沟、电缆竖井、开关柜及穿墙孔洞进行一次全面的排查，重点区域要重点检查；加强现场防火封堵并定期检查；切实保证反事故措施落实到位，有效防止电力生产事故的发生。

第十章　厂用高压电动机

高压电机是指额定电压在 1000 V 以上的电机。它具有较高的电压和较大的功率。交流异步电机采用交流电源,其特点是结构简单、运行可靠、维护方便。6 kV 和 10 kV 异步电机广泛应用于火力发电生产领域。

第一节　高压电动机技术参数

高压电动机的技术参数详见表 10.1。

表 10.1　技术参数

设备名称	型号及型式	主要技术参数(额定)
送风机电动机	STMKK500-6S	额定电压 6 kV,额定电流 156 A,额定频率 50 Hz,额定功率 1350 kW,转速 992 r/min,绝缘 F,接线 Y,轴承型号 6236M/C3 SKF(前)、NU228ECJ/C3(绝缘轴承)SKF(后)、#3 锂基脂,加油周期 1500 h,重量 7050 kg
引风机电动机	STMKK900-8L	额定电压 6 kV,额定电流 776 A,额定频率 50 Hz,额定功率 7000 kW,转速 744 r/min,绝缘 F,接线 Y,重量 33620 kg
一次风机电动机	STMKK500-4S	额定电压 6 kV,额定电流 185 A,额定频率 50 Hz,额定功率 1650 kW,转速 1489 r/min,轴承型号 NU234ECM/C3.6234M/C3 SKF(前)、NU228ECJ/C3 SKF(后)。#3 锂基脂,加油周期 1500 h,重量 6950 kg
磨煤机电动机	YMPS500-6	额定电压 6 kV,额定电流 66.5 A,额定频率 50 Hz,额定功率 500 kW,转速 988 r/min,防护等级 IP54,冷却方式 IC611,轴承型号 NU230ECJ.6230 SKF、NU226ECF SKF,7008 航空润滑油,加油周期 3000 h,重量 4980 kg
循环水泵电动机	YKSLD3100/2250-16/18w	额定电压 6 kV,额定电流 389.7 A/319.9 A,额定频率 50 Hz,额定功率 3100 kW/2250 kW,功率因素 0.81/0.72,转速 372 r/min 或 332 r/min,下轴承 NU1060 SKF,#3 二硫化钼润滑脂,重量 36650 kg

续表 10.1

设备名称	型号及型式	主要技术参数（额定）
凝结水泵电动机	YSPKSI560-4	额定电压 6 kV,额定电流 191.9 A,额定频率 25 Hz～50 Hz,额定功率 1700 kW,转速 1489 r/min,接线 Y,防护等级 IP54,功率因数 0.89,轴承型号 7330BCBM 6232/C3 SKF,7008 航空润滑油,重量 8850 kg
浆液泵电动机	YXKK500-4	额定电压 6 kV,额定电流 129 A,额定频率 50 Hz,额定功率 1120 kW,转速 1488 r/min,防护等级 IP54,冷却方式 IC611,轴承型号 NU228E. M/C3 6230 SKF/NU226E. TVF2 SKF,7008 航空润滑油,加油周期 2000 h,重量 5230 kg
真空泵电动机	YKK4003-6	额定电压 6 kV,额定电流 27.8 A,额定频率 50 Hz,额定功率 220 kW,转速 988 r/min,绝缘 F,接线 Y,轴承型号 NU224 6224(前)、NU220(后),#3 锂基脂,重量 2700 kg
氧化风机电动机	YXKK450-6	额定电压 6 kV,额定电流 94.9 A,额定频率 50 Hz,额定功率 355 kW,转速 991 r/min,防护等级 IP54,冷却方式 IC611,轴承型号 NU228ECJ 6228 SKF、NU224ECP SKF,7008 航空润滑油,加油周期 3000 h,重量 3680 kg
除灰空压机电动机	Y4002-4SL	额定电压 6 kV,额定电流 46.3 A,额定频率 50 Hz,额定功率 337.5 kW,转速 1485 r/min,绝缘 F,轴承型号 6324 6324,润滑脂 UNIREXN2,重量 2250 kg
仪用空压机电动机	NEC50103-4SL	额定电压 6 kV,额定电流 31.4 A,额定频率 50 Hz,额定功率 262.5 kW,转速 1487 r/min,绝缘 F,轴承型号 6319 6319,润滑脂 UNIREXN2,重量 1450 kg
球磨机电动机	Y2450-4	额定电压 6 kV,额定电流 73.8 A,额定频率 50 Hz,额定功率 630 kW,转速 1488 r/min
碎煤机皮带电动机	YXKK450-8	额定电压 6 kV,额定电流 45.7 A,额定功率 355 kW,功率因数 0.79,转速 743 r/min
皮带电动机	YKK3554-4	额定电压 6 kV,额定电流 29 A,额定功率 250 kW,绝缘 F,转速 1481 r/min

第二节　高压电动机检修周期及项目

一、检修周期

高压电动机每年进行一次 C 级检修，每四年进行一次标准 A 级检修。若高压电动机在运行中或检查预试中出现异常情况，则要进行 D 级检修。

二、高压电动机 C 级检修项目

1. 检查及处理电动机引线。

2. 检查及处理电动机风扇。

3. 清扫电动机空冷器滤网。

4. 清扫与检查电动机。

5. 更换、补齐电动机缺少的螺丝及锈蚀的螺丝，紧固螺丝。

6. 进行电动机预防性试验。

7. 修整电动机电缆管及电缆软管。

三、高压电动机 A 级检修项目

1. 对电动机进行解体，清除灰尘和污垢。

2. 进行电动机修前试验。

3. 检修电动机定子。

4. 检修电动机转子。

5. 检修电动机轴承。

6. 检修电动机冷却系统。

7. 检查并校正机组中心线。

8. 检查电动机的气隙尺寸。

9. 进行电动机修后试验。

10. 组装和试运行电动机。

四、交流电动机的试验项目

交流电动机的试验项目详见表 10.2。

表 10.2　交流电动机的试验项目信息

序号	项目	周期	要求	说明
1	测量绕组的绝缘电阻和吸收比	1)C 级检修时 2)A 级检修时	1.绝缘电阻值如下： a. 额定电压 3 kV 以下者,室温下不应低于 0.5 MΩ。 b. 额定电压 3 kV 及以上者,在交流耐压前,定子绕组在接近运行温度时的绝缘电阻值不应低于 γ MΩ(γ 等于额定电压 U_n 的 kV 数,下同)。 c. 转子绕组不应低于 0.5 MΩ。 2.吸收比自行规定	1.500 kW 及以上的电动机,应测量其吸收比(或极化指数)。 2.3 kV 以下的电动机使用 1000 V 的兆欧表;3 kV 及以上者使用 2500 V 的兆欧表。 3.小修时定子绕组可与其所连接的电缆一起测量,转子绕组可与起动设备一起测量。 4.有条件时可分相测量
2	测量绕组的直流电阻	1)不超过 2 年(1 kV 及以上或 100 kW 及以上) 2)A 级检修时 3)必要时	1.3 kV 及以上或 100 kW 及以上的电动机各相绕组的直流电阻值的差值不应超过最小值的 2%。中性点未引出者,可测量其线间电阻,其差值不应超过 1%。 2.其余电动机自行规定。 3.注意相间差值的历年相对变化	—
3	定子绕组泄漏电流和直流耐压试验	1)A 级检修时 2)更换绕组后	1.试验电压:更换全部绕组时为 $3U_n$;大修或局部更换绕组时为 $2.5U_n$。 2.泄漏电流相间差别一般不大于最小值的 100%,泄漏电流为 20 μA 以下者不做规定。 3.中性点未引出、不能分相试验的电机的泄漏电流自行规定	1.有条件时可分相进行。 2.锅炉水泵电动机不开展此项试验
4	定子绕组的交流耐压试验	1)A 修后 2)更换绕组后	1.大修时不更换或局部更换定子绕组,试验电压为 $1.5U_n$。 2.定子绕组全部更换,试验电压为 $(2U_n+1000)$ V,但不低于 1500 V	试验电源频率为工频,范围为 45 Hz ~ 55 Hz

续表10.2

序号	项目	周期	要求	说明
5	绕线式电动机转子绕组的交流耐压试验	1)A级检修后 2)更换绕组后	试验电压参照 DL/T 596 的规定	绕线式电机已改为直接短路起动者,可不做交流耐压试验
6	测量电机轴承的绝缘电阻	A级检修时	绝缘电阻不低于 0.5 MΩ	—
7	定子铁芯磁化试验	1)线圈全部更换或铁芯被修理后 2)必要时	最高温升不大于 25 K,温差不大于 15 K	—
8	电机空转并测试空载电流和空载损耗	必要时	转动正常,空载电流自行规定,空载损耗不超过原来值的 50%	空转时间不宜少于 1 h

第三节 高压电动机的检修工艺及质量标准

一、卧式高压电动机的检修

1. 现场准备:核对电动机(以下简称电机)铭牌及编号,抄录电机铭牌,确认工作票上的安全措施已落实,确认电机已停止转动,在现场圈出工作区,向工作班成员交代现场安全措施及注意事项。

2. 拆除电机外部的接线:打开电机接线盒,在电缆端子上做好与电机接线的记号;拆电源电缆并将三相短路接地;盖好接线盒,拆除温度测点,拆除电机外壳接地线。

3. 拆除电机外围附件,将电机吊运到检修场地。

4. 进行电机修前电气试验。

5. 将电机解体检修。

(1)拆靠背轮,用专用拉马(必要时加热)拔下靠背轮,取下轴键。

(2)拆下两端轴承外小盖并做记号。

(3)拆下电机端盖,在转子上穿上钢丝绳,用行车和手拉葫芦挂好,并使之稍稍受力。松开端盖螺丝,用螺丝将端盖顶出。用行车吊住端盖,再用撬棍将端盖撬开,将端盖吊放在一旁。

(4)抽转子:将假轴套在转子负侧轴上,用行车和手拉葫芦(2只)吊起转子,找好平衡并使转子悬空,向反负荷侧平稳、缓慢地抽出定子膛。转子重心出机座时,重新挂葫芦,再找平衡,将转子抽出并放置在硬木上。

(5)拆下两侧轴承,清理干净轴承内的积油。由轴承外环向内环加热,温度适当时用紫铜棒将其敲下,取下两侧的内端盖,并做好记号。

6. 检修定子

(1)清洁定子:用吹尘器吹扫定子铁芯,用绝缘清洗剂擦洗线圈端部,并用干净的布擦净。检查定子线圈。检查线圈绝缘是否过热,是否有损伤现象。紧固绑线。表面应干净,无油灰。用干燥的压缩空气吹扫定子各部件,各部件见本色,无油污和灰尘。用非金属物件清理定子的通风孔,使之畅通、无脏物。清理定子铁芯及两侧线圈端部的油污。使用带电清洗剂等易燃溶剂清洁时,要注意通风和防火。

(2)检查铁芯:检查铁芯硅钢片是否松动,是否有生锈、磨损和短路现象。

(3)检查定子槽楔:定子槽楔应无变色、松动、焦枯、断裂现象。需更换槽楔时,应在定子线圈端部垫上防护层。

(4)检查电机出线、引线:绝缘瓷瓶或夹板应紧固,无损伤和裂纹,无积灰和污垢。出线、引线绝缘良好,无变色、破损、断裂现象。

(5)清理和检查转子:用竹签捣通通风槽后,用吹尘器吹扫转子各部。检查铁芯表面是否有锈蚀、磨损、变色和短路现象。检查鼠笼条和短路环是否有脱焊、断裂、松脱、开裂现象。转子风扇应焊接牢固,铆钉紧固叶片应无变形、开裂现象。

(6)检查轴承与轴颈:

①轴颈应完好、光洁,无锈斑和毛刺。

②测量轴颈与新轴承的内径,其紧力配合,符合标准。(标准见本章附表)

推力侧:轴颈 Φ _____,紧力_____,标准_____。

承力侧:轴颈 Φ _____,紧力_____,标准_____。

③检查新轴承的外观:内/外环滚道及滚子表面应光滑、清洁、完整,无裂纹、无锈蚀,铆钉紧固,与内/外环无直接接触。

④用手转动轴承,轴承灵活,无异常响声,并测量轴承间隙。轴承间隙应符合标准。(标准见本章附表)

推力侧:轴承间隙_____,标准_____。(标准见本章附表)

承力侧:轴承间隙_____,标准_____。(标准见本章附表)

(7)组装电机。

①套入轴承。放回两侧内小盖,用轴承加热器或变压器油将轴承加热到100 ℃(不超过100 ℃)。把轴承套在轴上,使轴承到位。

②穿入转子。按与抽转子相反的工序将转子穿入定子膛内。严禁碰伤铁芯和线圈绝缘。把转子位置调整到磁中心位置。

③给轴承加油。用汽油或煤油清洗轴承,并用细沙带擦干。加油脂,油量符合以下标准:电机转速≥1500 RPM 时,为 1/2 容积;转速≤1500 RPM 时,为 2/3 容积。

④组装电机两侧端盖。先装推力侧大盖,再装承力侧大盖。端盖内圈与轴承配合(标准见本章附表),进行实测并做好记录。

⑤通入 380 V 的交流电源进行试转,转动灵活,无异常摩擦声。

(8)进行电机修后电气试验。

(9)电机就位。将靠背轮装在轴上,加热到100 ℃(不超过120 ℃)后套入到位。运送电机就位。

(10)电机接线。按原标志接好电源电缆和中性点连线,接好外壳的接地线,恢复测温线。电机本体无油垢、无灰尘。电机平台四周无异物。

(11)电机试转:电机振动合格(标准见本章附表);电机各部分温度、振动正常(标准见本章附表);记录电机空载电流。

(12)结束检修工作:靠背轮恢复连接,清理工作现场,终结工作票。

二、检修滑动轴承立式高压电机

1. 现场检修准备工作:核对电机名称、编号与工作票上的设备信息,确保信息相符;核对电机铭牌;核对工作票上所载安全措施已落实,在现场圈出工作区;向工作成员交代现场安全措施及注意事项。

2. 拆除电机外部的连线:拆除电机电源、中性点接线,并将三相短路接地。

电源端子、中性点端子与电机引线做好相应标志,拆除测温元件的接线。

3. 拆除电机外围附件,将电机吊运到检修场地。

4. 测量电机解体前的数据:电机转、定子空气间隙:标准四等分点中最大值与最小值之差与平均值之比小于5%。实测误差为_____。

5. 进行电机解体检修前电气试验:具体步骤和要求见试验规程。

6. 抽转子。

7. 检修定子。

(1) 用干燥的压缩空气吹扫定子各部件,各部件见本色,无油污和灰尘。用非金属物件清理定子的通风孔,使之畅通、无脏物。清理定子铁芯及两侧端部线圈的油污,使用带电清洗剂等易燃溶剂清洁时要注意通风和防火。

(2) 检查定子绕组,线圈绝缘无过热、变色现象,表面无裂纹、损伤和短路。端部绑线未断裂,垫块未松动,线棒未磨损。

(3) 检查定子槽楔:槽楔无松动、凸出、变形、断裂现象。用小锤敲打,并判断其松紧程度。重新打紧槽楔时,应用专用工具。端部要垫上防护层,防止损伤绝缘,并吹扫定膛内部。

(4) 检查定子铁芯。铁芯表面无过热、变色现象,无锈蚀和短路。铁芯压紧螺钉未松动。硅钢片紧密。铁芯与机壳固定良好。

(5) 检查定子引线及接线盒。引线绝缘无过热、开裂现象。引线绑扎牢固。接线盒内干净,无杂物。接头无过热现象。中性点连接铜排紧固,无过热现象。

(6) 检查电机本体。机壳无裂纹,止口平整、光滑、无锈蚀。

8. 检修转子。

(1) 用非金属物件清理通风孔,用压缩空气、吹尘器将转子各部件清扫干净(见本色)。若油污严重,可使用绝缘清洗剂清洗。

(2) 检查铁芯。铁芯紧密,表面无锈蚀、变色和短路。铁芯压紧螺钉牢固。铁芯与转轴固定牢固,无轴向位移。

(3) 检查风扇叶片。风扇各处焊接牢固,铆钉紧固良好,叶片无变形、开裂现象。

(4) 检查平衡块。平衡块紧固,无松动现象,锁定螺丝牢固。

(5) 检查转轴。表面和轴颈应无裂纹、锈斑和电腐蚀现象。

(6) 检查鼠笼条是否开裂、断条。端环应完好,未变形,槽楔无松动、变色、过热现象。

(7)清理上、下机架：用清洗剂将上、下机架各部清理干净。

9. 组装电机：核实电机具备组装条件，用抽转子的工具按相反的工序穿入电机转子；注意保持转子垂直，避免转、定子相碰；按原标记打紧上机架螺丝和定位销。

10. 电机就位：依照吊电机的步骤，按相反的工序将电机就位。

11. 电机找正：调整电机转、定子间隙。用1 m塞尺("+"字)测量四点。标准四等分点中最大值与最小值之差与平均值之比小于5%。

12. 进行电机修后电气试验。

13. 组装电机附件：按原标志接好电机三相电源线、中性点连线。

14. 电机试转：记录电机空载电流；瓦温不高于80 ℃(极限温度)时，电机线圈温度为110 ℃；电机转动时无异常声响，各部振动符合标准。

15. 结束检修工作：清理工作现场及电机本体，终结工作票。

三、检修滚动轴承立式电机

1. 现场准备工作：核对设备编号，核对工作票上的安全措施已落实，确认电机已停止转动，抄录并比对电机铭牌，向工作班成员交代现场安全措施及注意事项，在现场圈出工作区。

2. 拆除电机的接线，拆除电机外壳的接地线，拆除测温线。

3. 吊运电机。

4. 拆除电机地脚螺丝、靠背轮螺丝，将电机吊离现场，并将其垂直放置在检修现场。

5. 进行电机修前电气试验。

6. 电机解体检修：

(1)拆除电机上端盖并放油，将上端盖水平放置在枕木上。

(2)拆除靠背轮。用专用拉码(必要时加热)拉下靠背轮，取下轴键。

(3)拆除电动机端盖。用专用拉马将上轴承帽拉出，可适当加热。拆除上油室，并做好记号。

(4)拆除电机下端盖及风筒，并做好记号。

(5)抽转子。假轴套在转子负侧轴上，用行车和手拉葫芦(2只)吊起转子，找好平衡并使转子悬空,向反负侧平衡、缓慢地抽出定子膛。转子重心出机座时,重新挂葫芦,再找平衡,将转子抽出,放置在硬木上,并用斜木塞住。

(6)拆下轴承,清理轴承内的积油。轴承由外环向内环加热,温度合适时用紫铜棍将其敲下。

(7)取下内端盖,并做好记号。

7.检修定子:

(1)清洁定子。用吹尘器吹扫定子铁芯,用绝缘清洗剂擦洗线圈端部,并用干布擦干净。

(2)检查定子线圈。线圈绝缘无过热、损伤现象,绑线紧固,线圈表面干净、无油灰。

(3)用干燥的压缩空气吹扫定子各部件。各部件见本色,无油污和灰尘。用非金属物件清理定子的通风孔,使之畅通、无脏物。清理定子铁芯及两侧线圈端部的油污,使用带电清洗剂等易燃溶剂清洁时,要注意通风和防火。

(4)检查铁芯。铁芯压紧螺钉无松动。硅钢片紧密,无生锈、磨损和短路现象。

(5)检查定子。定子槽楔无变色、松动、焦枯、断裂现象。需更换、打紧槽楔时,应在定子线圈端部垫上防护层。

(6)检查电机出线、引线。绝缘瓷瓶和夹板紧固,无损伤、裂纹,无积灰和污垢。出线、引线绝缘良好,无变色、破损、断裂现象。

8.检查并清理转子:

(1)用竹签捣通通风槽后,用吹尘器吹扫转子各部。

(2)检查铁芯,其表面无锈蚀、磨损、变色和短路现象。

(3)检查鼠笼条和短路环,应无脱焊、断裂、松脱、开裂现象。

(4)检查转子,转子风扇焊接牢固,铆钉紧固,叶片无变形、无裂纹。

9.检查轴承与轴颈:

(1)轴颈应完好、光洁,无锈斑和毛刺。

(2)测量轴颈与新轴承的内径,其紧力符合标准。

推力侧:轴颈 Φ _____,紧力_____,标准_____。(标准参考本章附表)

承力侧:轴颈Φ_____,紧力_____,标准_____。(标准参考本章附表)

(3)检查新轴承的外观:内/外环滚道及滚子表面应光滑、清洁、完整,无裂纹、无锈蚀。铆钉紧固,与内、外环无直接接触。

(4)用手转动轴承,轴承应灵活,无异常响声。测量轴承间隙,轴承间隙应符合标准。

推力侧:轴承间隙_____,标准_____。(标准参考本章附表)

承力侧:轴承间隙_____,标准_____。(标准参考本章附表)

10. 组装电机。

(1)套入下轴承。放回内小盖。用轴承加热器或变压器油将轴承加热到100 ℃(不超过100 ℃),然后将轴承放在轴上。敲击钢管使轴承到位。轴承自然冷却后,装好保险垫,再上并帽,同时将并帽打紧。

(2)串入转子。用抽转子的工具按相反的工序将转子穿入定子膛内。严禁碰伤铁芯和线圈绝缘。调整转子到磁中心的位置。

(3)给轴承加油。

(4)装下风筒及下端盖。用汽油或煤油清洗轴承,并用细沙带擦干。加高温高压油脂,油量符合以下要求:电机转速≥1500 RPM 时,为 1/2 容积;电机转速≤1500 RPM 时,为 2/3 容积。

(5)装电机上端盖。先装上端盖(油室),并清理上端盖。用铜棒将上轴承外坏打入上端盖内。加热上轴承,并将其装入镶套内。将装入镶套内的轴承加热后,套入转子,注意对准销子,装好保险垫,再上并帽并打紧。将转子卡住并尽力将转子顶起,轴承冷却后再将并帽打紧。然后加油,装上油盖,注意密封垫是否破损。旋紧电机下轴承盖的固定螺丝,立起电机,调整电机上、下轴承的位置。调整好位置后,旋紧下端盖的螺丝,盘动电机转子。

(6)通入380 V 的交流电源,试转电机。电机应转动灵活,无异常摩擦声。

11. 进行电机修后电气试验。

12. 电机就位:将靠背轮装在轴上,加热到100 ℃(不超过120 ℃),再用道木将靠背轮撞入拆除时的位置。运送电机就位。

13. 电机试运:按原标志接好电源电缆和中性点连线、外壳接地线。联系送电试转。电机试转要求:记录电机空载电流和电机温度,振动正常(标准见本章附表)。

14.结束检修工作,清理工作现场及电机本体,终结工作票。

第四节　高压电动机故障及处理

案例一:6 kV引风机及其电机进行解体大修,电机检修结束后试运行近3 h,空载电流、轴承振动和轴承温度均在正常范围内。带风机进行试转,因电机驱动端轴承温度高(92 ℃),停止运行。对电机进行检查,未发现异常。再次启动运行电机,电流和轴承温度正常,引风机投入正常运行。次日,电机运行时,驱动端轴承温度高烧损。

案例分析:对于由钢挠性联轴器连接的风机和电机之间的轴系,在冷态和热态工况下电机驱动端轴承是否受到轴向力是该轴承是否发热的原因。因此,在冷态工况下如何调整联轴器张口的尺寸是保证在热态工况下全面消除由热态膨胀导致的轴向力的关键。在更换轴承之后的回装过程中,检修人员仅保证安装尺寸在规范要求之内,没有结合引风机拆卸前的原始测量数据调整数据,在风机运行时未关注到轴承温度由50 ℃上升到70 ℃的异常变化趋势,轴承长时间摩擦,最终导致电机扫膛。

案例二:某电厂6 kV一次风机型号为YKK630-4,额定功率为2240 kW,工作转速为1486 r/min,冷却方式为电机内部风扇驱动的强制风冷,电机转子质量约3000 kg,电机由滑动轴承支撑。

现场检修过程及故障处理情况:对机组进行大修时,对一次风机电机定子和转子间隙进行检查,发现上部间隙最大为4 mm,下部间隙为2 mm,偏差为33%,不符合电机动、静间隙上下偏差应小于10%的规定。检修人员将电机轴承进行翻瓦检查,对轴瓦重新研磨,并调整轴承顶隙和侧隙,使其符合要求。单机检修后初次试运时,水平振动超过150 μm,振动以一倍频分量为主,说明电机存在严重的不平衡扰动力,电机两侧轴承水平振动表现为同相振动。因电机转子跨度较长,远远大于转子的直径,分析扰动力主要集中在电机跨中中部。

暴露的问题：大修中质量管控不严，对风机电机轴系检修过程中产生的转子质量不平衡问题缺乏控制。为消除电机振动，对风机进行动平衡处理。经过对风机驱动端及自由端多次试加重，测试加重后的振动数据，进行动平衡处理后，风机电机振动达到要求的振动优良值。

处理措施及防范措施：机组运行时仍需密切监视其振动值，加强就地巡检与测量，以便及时发现振动异常，并尽早做好防范措施。

案例三：某电厂机组正常运行，当运行远方操作启动机组 B 循泵时，B 循泵电机开关保护动作，B 循泵跳闸。当时集控室灯光闪烁，DCS 光字牌报警，多段 MCC 电源切换，空预器辅助电机跳闸。2 min 后，因空预器主辅电机强启失败，空预器全停，MFT 保护动作，机组跳闸。

事故处理：现场电气检修人员确认 B 循泵电机开关保护动作，开关从合位至跳位的变位时间为 4.6 s。B 循泵电机对地绝缘值为 0.1 MΩ。电机接线盒内有两点明显的电弧放电痕迹，A 相、C 相引线鼻子已烧断股，C 相连接片上的接线螺柱已严重过热、碳化。电机直阻测试分别为 162.5 MΩ、0 MΩ、0 MΩ，由此判断此循泵电机绕组相间及对地绝缘已被击穿。

绝缘值降低的原因：电机轴承冷却水进口阀门开裂，循泵漏水；电机中性点盖板密封不严，进了水；电机电缆爬电距离小，接线盒简单粗糙。

案例四：某电厂机组正常运行，当启动 D 磨煤机时，电机零序过流保护及过流速断保护动作，自动切除故障。同时，因#3 增压风机电机区外故障，两侧电流互感器对穿越性暂态电流的传变特性不一致，电流波形畸变产生暂态不平衡差动电流，导致风机差动保护误动、增压风机跳闸、脱硫 FGD 跳闸、锅炉 MFT 跳闸。磨煤机电机解体后发现：三相内部引线在接线盒处被拉断，定子线圈至接线盒的三相内部引线被拉断，引线断口处有电弧烧熔痕迹；电机定子铁芯与机座固定焊接处全部断裂，电机定子铁芯整体发生严重偏移，电机非驱动端定子铁芯轴向磨损严重，定子绕组端部引线的绑扎线被拉裂。

案例五：某电厂 600 MW 机组负荷运行，当启动 4E 浆液循环泵时，脱硫 6 kV B 段进线电源开关跳闸，母线失电，锅炉 MFT 动作，机组跳闸。MFT 首出，脱硫重故障（浆液循环泵全停）。现场 4E 浆液循环泵电机的功率为 1000 kW。电机接线盒爆开，接线盒内的三相电缆被烧断，A 相、B 相支柱绝缘子电机引线在接线柱处熔断，A 相支柱绝缘子断裂。4E 浆液循环泵电机保护装置速断保护未动作，导致后备保护——脱硫 6 kV B 段进线电源开关过流保护动作，脱硫 6 kV B 段母线失电。又由于现场吸收塔浆液循环泵运行方式不合理，浆液循环泵全停。

总结：由于生产需要，火力发电厂的 6 kV 厂用高压电机存在数量多、振动、机械冲力大、启动频繁等实际情况。特别是电机启动或过载时容易产生绝缘故障，容易造成厂用电 6 kV 或 400 V 电压降低。当现场同时出现其他设备隐患或叠加故障时，通常会造成厂用电系统故障、机组非计划停运等扩大性事故。

附表 1 轴承间隙表

轴承类型	轴承内圈与轴配合方式及公差					轴承外圈与端盖孔配合方式及公差				
	轴承公称内径/mm		轴承内径允许公差/丝	轴允许公差/丝	配合方式	轴承与内圈配合过盈值（轴径与轴承内径实际值之差）/丝	轴承公称外径/mm		轴承外径允许公差/丝	外盖端盖允许公差/丝	配合方式	轴承外圈与外壳端盖孔配合间隙/丝
	超过	到					超过	到				
单列向心球轴承	—	≤18	0 −1.2	+0.5 −0.3	gb	+1～+2	—	—	—	—	Gd	—
	18	30	0 −1.0	+1.2 +0.2	gb	+1～+2	18	30	0～ 0.9	+1.6 −0.7	Gd	0～3
	30	50	0 −1.2	+1.4 −0.2	gb	+2～+3	30	50	0～ 1.1	+1.8 −0.8	Gd	0～3
	50	80	0 −1.5	+1.6 −0.3	gb	+2～+3	50	80	0～ 1.3	+2.0 −1.0	Gd	0～3
	80	120	0 −2.0	+1.9(+2.8) 0.3(+1.2)	gb	+3～+5	80	120	0～ 1.5	+2.3 −1.2	Gd	0～3
	120	180	0 −2.5	+3.2(+4.0) +0.3(+1.3)	gb	+4～+7	120	180	0～ 2.5	+2.7 −1.4	Gd	0～3
							180	260	0～ 3.5	+3.0 −1.8	Gd	0～3
							260	315	0～ 3.5	+3.5 −1.8	Gd	0～3

续表

轴承内圈与轴配合方式及公差					轴承外圈与端盖孔配合方式及公差				
轴承公称内径/mm		轴承内径允许公差/丝	轴允许公差/丝	配合方式	轴承与内圈配合过盈值（轴径与轴承内径实际值之差）/丝	轴承公称外径/mm		轴承外径允许公差/丝	外盖端盖允许公差/丝	配合方式	轴承外圈与外壳端盖孔配合间隙/丝
超过	到						超过	到			
30	50	0 −1.2	+2.0　+0.9	gb	—	—	—	—	—	—
50	80	0 −1.5	+2.4　+1.0	gb	—	—	—	—	—	—
80	120	0 −2.0	2.8(+3.5) 1.2(+1.2)	gb	80	120	0 −1.5	+2.3 −1.2	Gd	0~3
120	180	0 −2.5	4(+5.2) 1.2(+2.5)	gb	120	180	0 −2.5	+2.7 −1.4	Gd	0~3
						180	260	0 −3.5	+3.0 −1.6	Gd	0~3
						260	3.5	0 −3.5	+3.5 −1.8	Gd	0~3

（行标题：单列向心短圆柱轴承）

附表2　滚动轴承间隙表

轴径/mm	50~80	80~100	100~120	120~140
滚珠轴承间隙(0.01 mm)	2.4~4.0	2.6~5.0	3.0~7.0	3.4~8.5
滚柱轴承间隙(0.01 mm)	3.0~9.0	3.5~11.0	4.0~13.0	4.5~15.0

附表3　电动机振动允许值

额定转速/r·min^{-1}	3000	1500	1000	750 以下
振动值(双振幅)/mm	0.05	0.08	0.10	0.12

附表 4　电动机的最高允许温升

部位		定子线圈				定子铁芯	轴承		转子线圈	集电环	换向器
		A 级	E 级	B 级	F 级		滑动	滚动			
环境温度/℃		35	35	40	40	40	35	35	35	35	35
允许温升/K	温度计法	60	65	75	85	65	45	65	65	70	65
	电阻测法	65	75	85	100	—	—	—	—	—	—

第十一章　干式变压器

干式变压器的绕组以铜为导体,用环氧树脂绝缘真空浇注而成,具有绝缘强度高、机械强度高、无污染、防火、防爆、免维护和噪声小的优越性能,比传统油浸式变压器更安全、更洁净、更可靠、更环保。发电厂现场干式变压器通常安装在场地清洁、通风良好、大气条件合适的户内场所。各种干式变压器的参数详见表11.1。

表11.1　各类干式变压器的参数

设备名称	型号	容量/kV·A	高压侧电压/kV	高压侧电流/A	低压侧电流/A
机低厂变	SCB10-2500/6.3	2500/3750	6.3	73.3	1154.7
炉低厂变	SCB10-2000/6.3	2000/3000	6.3	229.1	3608.4
灰库变	SCB10-800/6.3	800/1200	6.3	73.3	1154.7
公用变	SCB10-2000/63	2000/3000	6.3	183.3	2886.8
除尘变	SCB10-RL-1000/6	1000	6.3	91.6	1443.4
照明变	SCB10-800/6.3	800/1200	6.3	73.3	1154.7
检修变	SCB10-800/6.3	800/1200	6.3	73.3	1154.7
输煤变	SCB10-2000/6.3	2000/3000	6.3	183.3	2886.8
脱硫变	SCB10-RL-2500/6	2500	6.3	229.1	3608.4
循环水变	SCB10-500/6.3	500/750	6.3	45.8A	721.7
等离子变	SCB10-1250/6.3	1250/1875	6.3	114.6	1255.1

第一节　干式变压器检修周期及项目

一、干式变压器检修周期

1. 在干燥清洁的工作环境下，通常每 12 个月检修一次。
2. 在有灰尘或空气被化学烟雾污染、潮湿的环境下，应每 3 到 6 个月检查一次。
3. 在变压器运行、预试或检查时出现异常情况，应安排检修。
4. 变压器 A 级检修与机组 A 级检修时。

二、干式变压器检修项目

1. 检查和清扫变压器本体。
2. 高、低压侧引线端子及分接头等处的紧固件和连接件的螺栓紧固情况。
3. 检查风机、温控设备以及其他辅助器件。
4. 检查变压器的外壳及铁芯的接地情况。
5. 进行预防性试验。

三、干式变压器试验项目

除了检修项目，还有试验项目，如表 11.2 所示。

表 11.2　试验项目

序号	项目	周期	要求	说明
1	红外测温	1) 6 个月 2) 必要时	按照 DL/T 664 的规定进行	—
2	测量绕组直流电阻	1) A 级检修后 2) ≤6 年 3) 必要时	1. 各相绕组电阻间的差别不应大于三相平均值的 2%，无中性点引出的绕组，相间差别不应大于三相平均值的 1%。 2. 初值差不大于 2%	不同温度下的电阻值按下式换算： $R_2 = R_1 \left(\dfrac{T + t_2}{T + t_1} \right)$。 R_1，R_2 分别为在温度 t_1，t_2 时的电阻值；T 为电阻常数，铜导线取 235
3	测量绕组绝缘电阻	1) A 修后 2) ≤6 年 3) 必要时	换算为同一温度，与以前的测试结果相比，无显著变化	采用 2500 V 或 5000 V 的绝缘电阻表进行测量

续表 11.2

序号	项目	周期	要求	说明
4	交流耐压试验	1) A 级检修后 2) 必要时	一次绕组为出厂试验电压值的 0.8 倍	怀疑有绝缘故障时进行试验
5	测量穿心螺杆、铁芯的绝缘电阻	1) A 级检修后 2) ≤6 年 3) 必要时	与上一次测量结果相比,无显著差别	采用 2500 V 的绝缘电阻表进行测量

第二节　干式变压器的检修工艺及质量标准

1. 做好修前准备工作

(1)分析设备状况,确定重点检修项目或改进项目。

(2)根据设备的具体问题准备相应的备品、配件、个人常用工具、摇表(2500 V)、电动手提风机,准备毛刷、电力复合脂、无水乙醇、绝缘清洗剂等常用材料,做好防止检修场地被污染的工作,组织工作人员学习安全技术措施和设备资料。

(3)办理工作票及开工手续,确认现场工况及现场安全措施可靠、齐全。

2. 检查和处理柜体及变压器的各个接头

(1)打开变压器柜体,检查所有接线的连接情况,注意带电间隔及其他带电设备。

(2)检查引入的电缆和引线有无过热、变色现象,螺丝有无松动现象。

(3)检查柜体的接地线。

(4)核实分接头的位置、组别与标准铭牌图上的信息是否一致。

(5)拆开高、低压侧引线,注意保护绝缘子。

3. 清扫变压器

(1)检查变压器的清洁度,如发现有过多的灰尘聚集,则必须清除灰尘以保证空气流通,防止绝缘被击穿。特别要注意清洁变压器的绝缘子、绕组装配的顶部和底部。

(2)用手提风机、干燥的压缩空气或氮气吹净通风道等不易接近的空间的灰尘。若有沉积的油灰,使用无水乙醇清除。

4. 全面检查变压器

(1)检查铁芯及其夹件的外观,表面应无过热、变形现象,螺丝应无松动现象。检查芯体各穿心螺杆的绝缘情况,绝缘应良好,绝缘电阻一般不低于100 MΩ。

(2)检查接线、引线,检查高、低压侧引线端子和分接头等处的紧固件和连接件的螺栓紧固情况,螺栓应无生锈、腐蚀痕迹,并将分接头螺栓重新紧固一次。

(3)检查线圈,绝缘体表面应无爬电痕迹或碳化、破损、龟裂、过热、变色现象,必要时采取相应的措施进行处理。

(4)检查接地情况,检查变压器铁芯一点接地是否良好。

(5)检查和验收温控器及测温元件,配合热工人员校验温控器(见表11.3)。

表11.3 检查和验收温控器及测温元件

项目	校验温度/℃	标准值/℃	结果判断	备注
风扇启动		100		
风扇停止		80		
报警温度		130		
跳闸温度		150		

(6)检查附件部分、端子排及其接线情况。

(7)测量电机、风扇、接地、二次电阻等。

5. 装复柜体

检查接高、低压侧的引线以及各连接部分的紧固情况,检查铁芯接地部分。装复柜体。严禁在变压器上遗留工具和材料。

6. 进行电气试验

参考《电力设备预防性试验规程》的规定。

7. 做好结尾工作

清理工作现场,终结工作票。

第三节　干式变压器故障及处理

一、异常噪音

变压器正常运行时,会发出连续、均匀的"嗡嗡"声,如果运行声音不均匀或者有其他特殊的响声,即为运行不正常。根据不同的声音可查找出原因,及时进行处理。

可能的原因: 1)如果电网产生了单相接地故障或电磁谐振,电压就会明显升高,导致变压器过励磁。此时,响声将增大,同时十分尖锐。2)风机、外壳、其他零部件的共振将会产生噪声,此噪声并非变压器的噪声。3)安装的问题。底座安装不好会加剧变压器的振动,放大变压器的噪声。4)悬浮电位的问题。干式变压器的槽钢、压钉螺栓、拉板等零部件都喷了绝缘覆盖漆,各零部件接触不是很好。在漏磁场的作用下,各零部件之间会产生悬浮电位,发出放电的响声,通常为轻微"吱吱"声,往往容易被误认为是变压器绕组在放电。

处理措施及防范措施: 1)在切实保证低压供电符合要求的基础上,选用适宜的高压侧分接头,将电压适当调低,以消除过励磁,减小噪声。2)紧固松动的外壳铝板,完成对外壳铝板的固定操作,同时对变形的部件做好校正工作。检查风机是否松动,紧固风机上的固定螺栓,将胶皮设置在风机及其支架间,有效控制风机在运行期间产生的振动。若外罩变形,在运行期间与风机叶轮摩擦,要复原变形的外罩。3)对变压器进行适当的改造,比如在下方垫上防震垫,有效止动,以减少部分噪声。

二、异常过热

变压器在运行时有空载损耗和负载损耗产生。损耗出自变压器绕组、铁芯和金属结构件。损耗转化为热量后,一部分提高绕组、铁芯和结构件本身的温度,另一部分向周围空间和空气传播。当各部分温差达到热平衡时,各部件温度就不再变化;反之,变压器绕组发热和散热在规定的限值内不能达到平衡,就会出现过热现象。变压器过热可分为发热异常、散热异常和异常运行过热。

发热异常可能是变压器制造质量方面的问题引起的。如绕组换位不合适使漏磁场在绕组各并联导体中感应的电动势不同,各并联导体存在电位差,进而产生环流。环流和工作电流在一部分导体中相加,一部分在导体中相减,被叠加的导体电流过大,引起过热。此外,绕组匝间有毛刺、漏铜点等材料本身的质量问题,也会导致发热异常。匝间虽然不会完全短路,但会缓慢发热,最终出现过热现象。现场散热异常通常是配电室通风不良、变压器器身积灰多、环境温度高等因素造成的。变压器长期过负载运行或事故过负载运行也会造成运行过热异常。

处理措施及防范措施:及时调整运行方式,降低变压器的负载;跟踪记录变压器绕组的温度;增强配电室的通风效果,降低环境温度,以便于变压器散热。检修时彻底清扫变压器绕组、铁芯上的积灰,以便于变压器散热。

三、变压器绝缘异常

浇注式干式变压器绕组多是由树脂浇注而成的,导体材料密封其中。因此,其绝缘电阻下降大多是由绕组表面凝聚水汽、积聚灰尘或部分绝缘材料受潮引起的。在安装变压器时,低压绕组内部和铁芯之间落入杂物也容易导致整体绝缘下降。

处理措施及防范措施:清洁绕组表面,表面的水蒸气用干布擦干或自然风干。可采用白炽灯、加热器等烘干及加装风机促进通风等方法进行处理。可断开干式变压器三相的连接中性线(零排),用兆欧表确定问题出在哪一相,再仔细查找并进行处理。

四、变压器铁芯多点接地

干式变压器铁芯多点接地的原因可分为外部因素和内在因素。

(1)外部因素是指外部环境和人为因素。现场施工人员安装变压器时一时疏忽,不慎遗落金属异物,如螺母、铁屑等造成铁芯多点接地。铁芯绝缘铁轭、铁芯穿心绝缘筒等绝缘材料,由于凝露或受潮大大降低绝缘性能,导致铁芯出现低阻性多点接地。变压器运行时,因附近空间产生弱磁性,吸引了周围的金属粉末和粉尘,如果长期没有维护和清洁也会导致铁芯多点接地。由于运行维护不当、长期过载、高温运行,硅钢片片间绝缘老化,铁芯局部过热严重,片间绝缘遭破坏,造成多点接地。

(2)内在因素是指变压器内部绝缘材料有缺陷,或产品设计和安装工艺不当。制造变压器或更换铁芯时,选用的硅钢片质量有问题,如硅钢片表面粗糙,锈蚀严重,绝缘漆涂层因附着力差而脱落,会造成片间短路,形成多点接地。硅钢片加工工艺不合理,如毛刺超标,剪切时放置不平,硅钢片间夹有细小的金属颗粒或硬质非金属异物,将硅钢片压出小的凹坑,而另一侧则有小的凸点。硅钢片叠装时压力过大,硅钢片的绝缘层被破坏,造成片间短路。

处理措施及防范措施:根据现场变压器的状况进行分析判断,处理外部因素引起的多点接地故障。

(1)干式变压器因长期停用或没有密封而积灰、受潮或结凝露,可先清理铁芯表面,后采用烘烤法加热铁轭,使铁芯与铁轭之间的绝缘件受热,蒸发水分。但这个方法所需时间较长。

(2)在条件允许的情况下,可采用空载法进行烘烤。采用这种方法之前要做好安全防护工作,将变压器高压侧开路,给低压侧通额定电压,所需时间较短。如果排除绝缘件受潮的原因后,其绝缘电阻仍为零,可用交流试验装置对铁芯进行加压。当故障接地点不牢固,在升压的过程中会出现放电点,可根据相应的放电点进行处理。试验装置电流增大且不能升压,也没有放电现象,则说明故障接地很牢固。这时需结合内在因素进行分析和处理。

(3)用逐级排查方法处理内在因素造成的铁芯接地故障。通常使用直流法、交流法查找铁芯多点接地故障点。干式变压器铁芯多点接地发生在铁芯的上/下铁轭、穿心螺杆及拉板上。由于上、下铁轭跟拉板在铁芯的同一个侧面,是一体的,即上、下铁轭是连通的,因此检查时应该从上铁轭开始,拆除穿心螺杆后测试铁芯对地绝缘电阻。如故障不在穿心螺杆,则需拆除上铁轭的紧固螺杆。铁轭与铁芯分离后继续测试铁芯对地绝缘电阻以判断故障点。由于干式变压器三相高、低压线圈由下铁轭承托,如果要拆除下铁轭测试其绝缘电阻难度很大,且现场不具备拆除大容量干式变压器的铁轭并进行检修的条件。为了尽量不返厂处理,我们可采用以下方法处理此类故障:电容放电冲击法、交流电弧法、大电流冲击法(采用电焊机)。

五、干式变压器铁芯多点接地故障案例

1.铁芯绝缘电阻由 10 MΩ 降低 2 MΩ,铁芯穿心螺杆处有放电现象。

原因及处理措施:中部外侧铁芯拉杆与铁芯处绝缘不良,在放电处衬装薄绝缘板。

2. 铁芯绝缘电阻为零。

原因及处理措施： 焊接断裂的接地片有残留的焊锡金属粉末并吸附了粉尘，应用吹尘器清扫干净。

3. 铁芯绝缘电阻为零，并有放电声。

原因及处理措施： 铁芯上部与铁轭相连处有一颗钢钉，伤痕处涂刷绝缘覆盖漆。

第十二章 低压电动机

电机的绝缘等级如下：Y——60 ℃，A——65 ℃，E——75 ℃，B——85 ℃，F——95 ℃，H——105 ℃。

电机 IP 防护等级（表 12.1），是指电机在运行中的防尘能力和防水能力，由两位数组合组成。

表 12.1 电机 IP 防护等级

IP 防护等级	1	2	3	4	5	6
第一位数字表示防护固体	无防护	防护超过 50 mm 以上的物体	防护超过 12 mm 以上的物体	防护超过 2.5 mm 以上的物体	防尘，允许有限侵入	完全防尘
第二位数字表示防护液体	无防护	防护垂直方向下落的水滴	防护垂直方向呈 15°下落的水滴	防护垂直方向呈 60°下落的水滴	防护各个方向喷射的水，允许有限侵入	防护各个方向的低压喷水，允许有限侵入

第一节 低压电动机技术参数

低压电动机的参数见表 12.2。

表 12.2 设备参数

设备名称	型号	容量 /kW	电压 /V	电流 /A	转速 /r·min^{-1}	绝缘等级
真空泵	Y2-355D3-10	160	380	333	590	F
闭式泵电机	Y315M1-4	132	380	240	1485	F
发电机定子冷却水泵	Y2-230M-2	55	380	100	2965	F
火检风机 A	M2QA200L2A	30	380	30.5	2955	F
发电机密封油泵 A	Y2-160L-4	15	380	30	1460	F
给煤机电机 A	CS063110B	3	380	—	1400	F

第二节　低压电动机检修周期及项目

一、检修周期

低压电动机的检修周期详见表12.3。

表12.3　检修周期

检修分类	检修时间间隔	备注
日常维护检查	每天检查和巡视	消除异常
小修	每年进行一次	必要时解体
大修	运行环境良好的电动机每3年大修一次，运行环境差的每2年大修一次	解体大修
临时检修	根据设备运行的情况确定检修次数	必要时解体

二、检修项目

1. 日常维护

(1) 电机开关位置指示正确，电压表、电流表指示不超过额定值。

(2) 电机本体及周围温度正常。

(3) 电机无异常振动、异常响声和异味。

电机在运行时振动不应超过下列规定值：轴向窜动不大于2 mm～4 mm。具体见表12.4。

表12.4　电机的振动值

额定转速/r·min^{-1}	3000	1500	1000	750及以下
振动值/mm（双幅值）	0.05	0.085	0.10	0.12

2. 小修标准项目

(1) 测量电机的绝缘电阻。400 V电压的电机使用500 V的摇表测量，绝缘电阻应大于0.5 MΩ。

(2) 检查轴承，补充或更换润滑脂，清理电机外壳。

(3) 检查电机的控制回路及关联设备。

(4) 检查电机的引线与电缆的连接处。

(5) 试运转。

(6)在小修过程中,如发现问题,可根据具体情况进行大修。

3.大修标准项目

(1)将电机解体。

(2)检修定子。

(3)检修转子。

(4)检查新轴承与轴颈,更换轴承。

(5)检查电机的控制回路,检修关联设备。

(6)测量电机绕组的直流电阻。

(7)组装电机。

(8)测量电机的绝缘电阻,进行电气试验(45 kW 以上)。

(9)进行验收,让电机进行试运转,测量三相电流值。

第三节　低压电动机的检修工艺及质量标准

一、低压电动机大修

1.检修前的准备工作

(1)准备修前资料、工具、备件及材料。

(2)办理检修工作票,开工前交代安全措施及注意事项,明确工作范围。动火作业前,要做好防火措施,并防止定子线圈内溅入火花和金属屑。

(3)现场准备:进入现场前要穿工作服、戴好安全帽,高空作业时应系好安全带。核对设备编号,抄录电动机铭牌,核对工作票上的安全措施已落实,确认电动机已停止转动。

2.电动机大修

(1)打开电动机的接线盒,在电缆端子上做好与电动机接线相对应的记号。拆电源电缆并将三相短路接地,盖好接线盒。

(2)吊装电动机:拆除电动机外壳接地线,拆除电动机地脚螺丝、靠背轮螺丝。将电动机吊离现场,运到检修现场的垫木上。

(3)进行修前电气试验:对于"△"接线的电动机,拆掉接线盒内"△"接法的连接片。用 500 V 的绝缘电阻表测量线圈相间及对地绝缘电阻,并将数据填入检修记录表。45 kW 以上的电动机用电桥法测量三相电阻值,数据填入检修记录表。

3. 电动机解体检修

(1)拆下靠背轮、风扇及风罩。拆下靠背轮时,一般采用拉马,并在拉马顶端与转轴中心孔处加活动顶头。绝不允许用铁器敲打。

(2)测量轴承间隙,并将测量结果做好记录。

(3)拆下端盖,做好记号以便组装复位。拆下的零件应妥善保存。

(4)转子与钢丝绳不要直接接触。转子抽出过程中应用透光法掌握电动机定子、转子之间的气隙,不要碰伤定子线圈,不要触及轴径、滑环、绑线、风扇。转子抽出或移动时,应用木垫垫稳。

4. 定子检修

(1)用 2~3 个表压力的干燥压缩空气或其他吹灰工具吹净各部件的灰尘,清理干净各部件的油垢。定子各部应无积灰、无油垢。清理定子时不得使用金属工具。

(2)检查线圈端部。线圈应无鼓泡、焦裂、碰伤及变色等现象。绑线垫块应完好,无松动和脱落现象。

(3)检查铁芯。铁芯应无松动、锈蚀、变形、过热等现象,通风孔应畅通无阻。

(4)检查槽楔是否有松动、烧焦、断裂和凸出现象。松动和损伤的槽楔应更换和紧固,且不能损伤线圈和铁芯。

(5)检查接线盒及接线板、瓷瓶、接线鼻子。螺丝接合部位紧固,瓷瓶、接线板无破裂等现象,引出线绝缘良好,铜线无断股,接线鼻子无松动。

5. 检修转子

(1)检修鼠笼式电动机转子。检查转子外表,注意检查转子笼条。转子各部应清洁,无油垢、无灰尘,表面无裂纹及过温现象,笼条无断裂。检查转子风扇及转子铁芯。风扇连接牢靠,无变形。转子铁芯应无松动。修后电气试转,检查转轴;如更换笼条,要特别注意检查转轴的平衡。转轴应无变形,转轴与联轴器连接牢靠,销键完好,如损坏应更换。

(2)检查绕线式电动转子。吹灰除垢,检查线圈铁芯、槽楔。绑线应紧固,绑线下绝缘应完好。检查转子绑线和绝缘。转子应平衡。

6. 检查轴颈、更换轴承

(1) 轴颈应完好、光洁,无锈斑和毛刺。

(2) 检查轴承。检查轴承的外观,轴承内外轨迹无麻点、锈蚀等明显缺陷。轴承转动灵活,无杂音,轴承间隙正常。

(3) 测量其间隙,滚动轴承允许间隙见表 12.5。

表 12.5 滚动轴承间隙

轴径/mm	滚动轴承间隙(0.01 mm)	滚柱轴承间隙(0.01 mm)
50~80	2.4~4.0	3.0~9.0
800~100	2.6~5.0	3.5~11.0
100~120	3.0~7.0	4.0~13.0
120~140	3.4~8.5	4.5~15.0

轴承允许间隙、轴承与轴颈配合标准见高压电机检修附表。实际测验结果,记入检修报告。

(4) 装配轴承。把轴承放在轴承加热器上或将轴承放入盛有机油(或变压器油)的铁盒内,将轴承加热,温度不超过 100 ℃。有尼龙保持器的轴承应不超过 80 ℃。轴承受热要均匀,加热时温度应慢慢上升。不能用明火直接加热。安放轴承时,有型号的一面应向外。轴承放入轴内时,应用内环直径相同的钢套管套入轴端,顶住内环,从钢管外端用锤打入,敲打时不得歪斜,用力要正,直到轴承到位。

(5) 给轴承加润滑油,润滑油规格正确。滚动轴承一般采用二硫化钼润滑脂,添油量一般为轴承容量的 2/3,3000 r/min 添 1/2 即可。加油前应检查油中有无杂质及水分。

7. 穿转子

穿转子前要测量电机绕组的直流电阻。45 kW 以上的电机用电桥测量三相电阻值,并将数据填入检修记录表。标准如下:最大值与最小值之差和三相平均值之比应小于 2%。

8. 组装电机

(1) 组装前进行检查,各部分应检修完毕,并达到质量标准,同时做到记录完整。电机内部已清理干净,定子膛内不得遗留物件。

(2) 装配电机:使用抽转子工具,按相反的工序将转子穿入电机膛内。

(3)装端盖时注意核对拆卸时的标记,必须使机壳上所有的螺丝均匀交替拧紧,用木榔头或木板敲打端盖或其他零件,以免将端盖或其他零件敲坏。装好端盖后用手转动转子,确保转子灵活,无机械摩擦声音。风扇与外罩不得摩擦。

(4)按拆卸时所对好的相序接线,确保相序正确,螺丝拧紧。测量绝缘,若绝缘不合格,则需要进行干燥处理。

9. 进行电机修后试验

(1)测量电机的绝缘电阻,绝缘电阻不小于 0.5 MΩ。测量直流电阻,最大值与最小值之差和三相平均值之比应小于 2%。测量结果填入检修报告。

(2)接通 380 V 电源进行试转。用听针听电机轴承,检查运行声音是否正常。

(3)用钳形电流表测量三相电流,将电流值填入检修报告。

10. 让电机就位

(1)靠背轮套在轴上,用方木或铜棒将靠背轮打至拆之前的位置。若太紧,将靠背轮加热到 100 ℃ 左右再装好,做明显标记,以防误触烫伤,冷却后去除标记。

(2)电机吊装就位。

(3)检查接线鼻子有无毛刺,是否断裂,接线鼻子应光滑、干净、螺丝、垫片、弹簧垫齐全,螺丝一定要旋紧。

(4)按原标志接好电源电缆接线,接好外壳接地线。

11. 电机试转

(1)送电运行试转,声音正常,转向正确。

(2)用钳形电流表测量三相空载电流是否平衡,不平衡电流不应超过三相电流平均值的 10%。

(3)电机空转一小时,轴承温度正常,电机外壳以及电机引出线与电缆的连接处无过热现象。

(4)用听针检测各部声音,声音正常。电动机振动及串轴不得超过标准。

(5)电动机带负荷连续启动次数不能太多:鼠笼式电动机允许冷状态启动 2 次,每次间隔时间不少于 5 min;在热状态下启动 1 次。

(6)收尾时做到工完料尽场地清,现场标示清楚,铭牌正确,转向标示清楚。结束检修工作票。

二、电动机的干燥方法

全部或局部更换线圈的电动机以及绝缘受潮达不到要求的电动机,使用前应进行干燥。干燥电动机可参考下列方法进行:

1. 外部加热法

进水的电动机,绝缘电阻基本为零,可采用外部加热法。对于小容量的电机,可把灯泡插入铁芯内进行干燥。这种方法的缺点是发热不均匀,在靠近灯泡的地方,绕组可能过热,而其他地方则可能受热不足。另外还可以用热风进行干燥,鼓风机热风出口处的最高允许温度为 90 ℃ ~ 100 ℃。在外部加热法中,较理想的是用烘箱或烘房加热。这种烘干法的缺点是被烘电机有时受条件限制无法移动,且被烘电机的尺寸受到烘房、烘箱尺寸的限制。

2. 短路干燥法

短路干燥法是给受潮绕组内部通入 60% ~ 70% 的额定电流,这时绕组的铜被加热,并放出热量,逐步烘干绝缘;一相绕组同时通入降低了的电压而其他绕组短接;三相绕组同时通入降低了的电压,将转子卡死,使其不能转动。绕组式转子在应用上述通电方式时必须短接。为了使绕组通入 60% ~ 70% 的电流,要求所加入的短路电压为 7% ~ 15% 的电机额定电压,故一般 3 kW 的电机常采用 380 V 电压进行干燥。用短路法干燥绕线试转子时要注意端部的金属脚铁容易过热;用短路法干燥双鼠笼转子则可能使启动绕组过热,因为启动绕组是根据启动的短暂工作时间设计的。

3. 直流电流法

直流电流法的优点是容易调节电流,以控制绕组的温度。其缺点是需要较长的烘干时间。为了避免过电压可能引起的绝缘击穿,干燥时不应该切断直流电流,而应该把电流平滑地减少到零以后再拉开关。最好的办法是直流电源和被烘绕组之间不装开关。

4. 铁耗法

这种方法的本质在于利用定子铁芯内的交变磁通所产生的磁滞及涡流损耗,使电机发热到必需的温度,铁芯内的磁通由干燥时所绕制的磁化绕组产生。

5. 干燥时绕组绝缘变化的过程

干燥过程中,绕组的干燥程度,用电机外壳的绝缘电阻值来衡量。由于绕组发热,其绝缘电阻降到最小值并且在这个水平上维持一定的时间。之后,绝缘电阻开始上升。当绝缘电阻增加很多后,增加的速度越来越慢,直至停留在某一温度,这时就可以结束干燥。

6.干燥温度及绝缘鉴定方法

干燥时电机必须做好保温措施,防止着火或发生其他事故。干燥温度用温度表测量时,A级绝缘不得超过80 ℃;B级绝缘不得超过90 ℃。进行干燥时最好多用几个温度表测量温度,这些温度表必须分布在线圈和铁芯的不同地方,并尽可能放在最热点。当绝缘电阻开始下降,然后升高,达到标准并在同一温度下维持3~5 h,即可认为干燥结束。

第四节　低压电动机故障及处理

低压电动机故障及处理方法详见表12.6。

表12.6　故障及处理方法

故障现象	原因	处理方法
电动机转速减慢或电动机不动,有连续的嗡嗡声	二相运行	检查三相保险、交流接触器、热继电器、端子排及电动机三相进线是否脱落,将松动处重新接好、旋紧,保险如烧坏则更换
电动机过热	①二相运行; ②连续试门时间过长; ③电动装置与阀门选配不当	①处理方法同上; ②停止试门,待电动机冷却; ③请有关部门处理
空开一送就跳	①接线端子碰壳; ②微动开关接点碰壳; ③电缆短路; ④计数器盘内进水、受潮	①垫绝缘纸; ②套塑料套管; ③换接备用空线或更换电缆; ④烘干
电动机一启动就烧坏保险	①接线端子碰壳; ②电缆短路; ③计数器盘内进水、受潮; ④电动机线圈层间短路	①垫绝缘纸; ②换接备用空线或更换电缆; ③烘干; ④更换电动机

续表 12.6

故障现象	原因	处理方法
转矩行程开关不起控制作用	①电动机相序接错； ②接触器线圈接错； ③接触器吸铁不释放； ④电缆短路； ⑤左旋门	①调整相序； ②调整接线； ③清洁或更换接触器； ④换接备用空线或更换电缆； ⑤重新调整开关方向
行程控制机构失灵	①微动开关损坏； ②微动开关位置位移； ③弹性板没有到位； ④计数器损坏	①更换开关； ②检查开关位置并拧紧； ③调整弹性板； ④更换计数器
转矩控制机构失灵	①微动开关损坏； ②机械部分损坏	①更换开关； ②请有关部门处理
操作按钮按下，电动机不转	①按钮接触不良。 ②操作回路开路：a.电动装置内力矩或行程开关脱焊或已动作；b.接线端子脱线；c.接触器常开、常闭接点接触不良；d.接触器线圈烧坏；e.电缆断线	①检查按钮，必要时更换。 ②检查操作回路：a.重新焊牢或调整；b.重新接好；c.检查接触器常开、常闭接点，必要时更换；d.更换；e.换接备用空线或更换电缆
电机阀门转不动	机械脱扣	修理手动和电动手柄
在就地控制柜可以操作，远方遥控不能操作	①转换开关接点不通； ②转换开关未切到远方； ③开或关的状态指示未到	①修理接点，必要时更换； ②把转换开关切至远方； ③重新调行程，使状态指示在CRT上有显示

第十三章　低压配电装置

低压配电柜的作用有很多：便于合理配置电源，便于分片安排检修，而无须大面积停电，有利于控制故障范围，便于快速找出故障点，排除故障。

第一节　成套低压配电装置的结构

一、低压配电装置的组成

按照设备划分，低压配电装置一般包括五个部分：

1. 电路开关设备，包括框架断路器、塑壳断路器、小型空开、接触器等。

2. 测量仪器仪表。其中，指示仪表有电流表、电压表、功率表、功率因数表等，计量仪表有有功电能表、无功电能表以及与仪表相配套的电流互感器、电压互感器等。

3. 母线以及二次线。母线包括配电变压器低压侧出口至配电室（箱）的电源线和配电盘上的汇流排（线），二次线包括测量回路、信号回路、保护回路、控制回路的连接线。

4. 保安设备，主要包括熔断器、继电器、漏电保安器等。

5. 配电盘，主要包括配电箱、配电柜、配电屏等，是集中安装开关、仪表等设备的成套装置，可实现负载电源的接通、切断、保护等控制功能。

二、低压配电装置的类型

发电厂低压厂用电系统大量的低压动力中心（PC）和电动机控制中心（MCC），目前广泛采用 MNS 低压成套配电柜。表 13.1 所示为抽出式低压配电柜参数对比情况。

表 13.1 抽出式低压配电柜参数对比

型号	结构	材料	最小模数 E	模数层数	安装模数	操作柜
GCK	抽屉柜	异型钢	1 模数 E = 20 mm	最多9层	最多9抽屉	单面深800 mm
GCS	抽屉柜	8MF 型钢/C 型型材	1/2 模数 E = 20 mm	最多11层	最多22抽屉	单面深800 mm
MNS	抽屉柜	C 型钢	1/4 模数 E = 25 mm	最多9层	最多72抽屉	双面深1000 mm

型号	互换性	连锁	抽屉推进	分断接通能力	动热稳定性	垂直排
GCK	良好	良好	可以	高	高	三相
GCS	良好	良好	可以	高	高	三相
MNS	良好	良好	可以	强	强	三相

GGD 低压配电柜：G——低压配电柜；G——固定安装、接线；D——电力用柜。

GCK 低压配电柜：G——柜式结构；C——抽出式；K——控制中心。

GCS 低压配电柜：G——封闭式开关柜；C——抽出式；S——森源电气系统。

MNS 低压配电柜：是按照瑞士 ABB 公司转让技术制造的抽出式成套低压配电柜。

表 13.2 所示为主要技术参数。

表 13.2 主要技术参数表

序号	名称	要求值
1	成套设备参数	—
(1)	开关柜制造厂	—
(2)	型号	MNS
(3)	额定电压/V	380/220
(4)	最高工作电压/V	400
(5)	额定绝缘电压/V	660
(6)	额定频率/Hz	50

续表13.2

序号	名称	要求值
(7)	额定电流/A	1000
(8)	分支母线额定电流/A	400
(9)	主母线额定短时耐受电流(有效值,kA/s)	50
(10)	中性母线额定短时耐受电流(有效值,kA/s)	48
(11)	保护接地导体额定短时耐受电流(有效值,kA/s)	50
(12)	主母线/分支母线的额定峰值耐受电流/kA	105
(13)	母线尺寸、材质	紫铜
(14)	接地母线材料	紫铜
(15)	接地母线尺寸(宽×高)/mm	—
(16)	柜体尺寸(宽×深×高)/mm	—
(17)	整柜防护等级	IP54
(18)	开关柜基本模数	—
(19)	开关柜重量/kg	—
(20)	应用标准	—
2	框架断路器/塑壳断路器	
(1)	型式/型号/极数	—
(2)	额定电压/V	600
(3)	壳架额定电流/A	25～250
(4)	脱扣器额定电流/A	—
(5)	额定极限短路分断能力/kA	40
(6)	额定运行短路分断能力/kA	40
(7)	1 s 热稳定电流/kA	50
(8)	脱扣器型式	电磁式
(9)	断路器附件	—
(10)	欠电压脱扣器/线圈电压/V	—
(11)	分励脱扣器/线圈电压/V	—
(12)	辅助触头	5 A/220 V
(13)	报警触头	5 A/220 V

续表 13.2

序号	名称	要求值
(14)	电动操动机构	—
(15)	制造厂商	施耐德、西门子、ABB
3	熔断器	
(1)	型号	—
(2)	额定电压/V	
(3)	熔断器额定电流/A	
(4)	熔体额定电流/A	
(5)	最大预期分断电流/kA	
4	隔离开关(或刀熔开关)	—
(1)	型号、极数	—
(2)	额定电压/V	400
(3)	额定电流/A	630
(4)	额定短路接通能力(峰值)/kA	50
(5)	额定短时耐受电流/kA	50
(6)	额定接通能力/A	—
(7)	额定分断能力/A	100
5	交流接触器	—
(1)	型号、极数	
(2)	线圈额定电压/V	AC220/380 V
(3)	线圈额定电流/A	5
(4)	吸引线圈消耗功率(吸合/起动)/V·A	100
(5)	辅助触头额定电流/A	10
6	热继电器	—
(1)	型号	—
(2)	额定电压/V	380
(3)	额定电流/A	0.1~400
(4)	每相最大消耗功率/W	0.3
(5)	辅助触头额定电流/A	10

续表 13.2

序号	名称	要求值
7	马达控制器	—
(1)	型号	—
(2)	额定电压/V	—
(3)	额定电流/A	—
(4)	每相最大消耗功率/W	—
(5)	辅助触头额定电流/A	—
8	相电流互感器型号、变比、精度	—
9	零序电流互感器型号、变比、精度	—
10	电流变送器额定输出	4~20 mA
11	电压表量程	数显式 0~450 V
12	电流表量程	数显式 0~400 A
13	母线性能	—
(1)	材料	紫铜
(2)	水平主母线尺寸(宽×高)/mm	100×6
(3)	水平分支母线尺寸(宽×高)/mm	60×6
(4)	绝缘材料型号	MPG 热缩套管型
(5)	母线支架型号	—
(6)	接地母线材料	紫铜
(7)	接地母线尺寸(宽×高)/mm	60×6
14	端子排型式、制造厂商	—
15	柜内导线型号、最小截面	ZCV 系列,1.5 mm^2/2.5 mm^2

第二节 低压配电装置检修周期及项目

一、检修周期

表 13.3 所示为低压配电装置检修周期及项目。

表 13.3 低压配电装置检修周期及项目

分类	检修周期	备注
日常维护检查	每周检查巡视,定期清扫	记录异常现象,消除故障
小修	每年进行一次	检查小修项目,必要时解体
大修	随机组大修进行一次	解体大修,重点检查和清洁转动部位,给转动部位加油
临时检修	根据设备的停运时间确定检修周期	根据设备运行情况进行检查,必要时解体

二、检修项目

1. 定期清灰;定期检查开关的附件;定期对开关进行测温,发现问题及时处理。

2. 小修标准项目包括:把开关拖出柜外,进行清灰;检查开关的机构是否卡涩;检查开关各处接线是否松动;检查开关各螺丝是否松动;用 500 V 绝缘电阻测试仪测量绝缘电阻;检查面盖、底座等有没有裂痕或损坏;检查灭弧室是否被击穿。

3. 大修标准项目包括:把开关拖出柜外,进行清灰;检查开关的机构是否卡涩,清洗机构转动部件,加润滑油;检查开关各处接线是否松动。检查开关各螺丝是否松动;用 500 V 绝缘电阻测试仪测量绝缘电阻;检查面盖、底座等有没有裂痕或损坏。检查灭弧罩是否击穿;检查开关的主触头是否磨损及变形。检查主回路连接头是否褪色和变形;检查开关的合闸弹簧,手动储能;检查开关的手动合闸和手动分闸是否能顺利完成。

第三节　低压配电装置的检修工艺及质量标准

1. 检修需要准备工具和备品、备件。

2. 开检修工作票。工作负责人工作前应交代安全措施及工作标准,工作前必须验电。

3. 把开关拖出柜外,用毛刷把开关本体及柜内清扫干净。

4. 检查开关各处的接线是否松动,所有的接线应紧固。检查面盖、底座等是否有裂痕或损坏,如有裂痕或损坏要更换。

5. 用 500 V 的摇表测量开关的绝缘电阻,绝缘电阻不低于 100 MΩ。

6. 检查开关的主触头是否磨损及变形。检查主回路连接头是否变色和变形。

7. 开关的机构应无卡涩现象。如开关有卡涩现象,给机构加润滑油。反复操作几遍,直到开关机构灵活。

8. 检查开关的合闸弹簧,手动储能。向下拉动储能手柄 7 到 8 次后,检查合闸弹簧是否储能。如合闸弹簧未储能,检查机构是否变形,并进行修整或更换。

9. 检查开关的手动合闸、手动分闸是否能顺利完成。手动操作按钮时能否可靠完成合闸和分闸功能。如果不能合闸或分闸,要检查机械部分是否卡死。

第四节　低压配电装置故障及处理

发电厂低压配电柜往往存在数量多、使用年限长、技术落后等情况。柜内母排无防护罩,不符合防触电要求。柜内元器件老化严重,母排绝缘下降,机构变形,开关启、停操作困难,极易发生一次动、静触头错位,接触面发热,绝缘过热着火,二次插槽错位,使交流电窜至直流系统等风险隐患,制约机炉等附属设备运行的可靠性。

案例一: 配电箱积灰较多,年久失修,断路器频繁跳闸,影响使用寿命。最终,断路器因不能正常断开而发生短路被烧毁。

案例二：供电回路短路，配电装置过负荷，引起断路器着火，弧光高温使接线端子融化，造成母线停电，事故扩大。

案例三：配电装置熔断器配置不当。熔断器配置过大，起不到保护作用。线路过流而发热，开关不跳闸。熔断器配置过小则会频繁跳闸。

处理措施及防范措施：低压电气开关及装置要定期维护，电气元器件的质量要可靠，"清灰、紧螺丝、绝缘检测"是保证低压电气设备正常运行的法宝。同时应根据负荷合理地选择开关、接触器、熔断器的容量，关注上下级之间的选择性配合情况，根据实际情况合理设置，提高低压电源系统的可靠性。

第二部分　电气二次设备

电气二次设备是指对一次设备的工作进行监测、控制、调节、保护以及为运行、维护人员提供运行工况或生产指挥信号所需的低压电气设备。如熔断器、控制开关、继电器、控制电缆等。由二次设备相互连接,构成对一次设备进行监测、控制、调节和保护的电气回路称为二次回路或二次接线系统。

电气二次设备根据其在生产中的作用,可以分为以下六大类:

1. 继电保护,是电气二次设备的重要方面,负责一次设备的安全保护,是一次设备安全运行的保障。相关设备有发变组保护、线路保护、厂用保护(站用保护)、故障录波装置、保护与故障信息子站(主站)。

2. 电测计量,负责对一次设备运行数据进行监测,方便相关人员监视,如变送器、电流表、电压表、功率表、计量用的电度表,用于节能分析和电量结算。电测计量涉及相关仪器仪表的定期校验和维护,保证数据真实可靠。

3. 自动化:一般用于与电网调度系统相连接和交换信息的设备管理。常见的有相量测量装置(PMU)、远动终端装置(RTU)、自动电压控制(AVC)、自动发电控制(AGC)、电量计费系统等。

4. 通信,负责为自动化设备数据传输提供通道及通道相关设备的维护、管理工作,涉及通信方式的变更、调整。主要设备有光端机、数字配线架、音频配线架、行政/调度交换机、光纤配线架等。

5. 自动控制,是独立且区别于继电保护、自动化专业,又与继电保护、自动化相关联的(如励磁系统、变频系统、软启动装置、快切装置等)自动控制系统。

6. 电源设备,是为二次设备提供电源的设备,如110 V、220 V直流系统,蓄电池,UPS系统等。

第十四章　继电保护及安全自动装置检验规程

一、检验项目及周期

1. 常规检验种类如表 14.1 所示。

表 14.1　检验种类及定义说明

序号	类型	定义说明
1	验收检验	当新安装的一次设备投入运行时
		当在现有的一次设备上投入新安装的保护装置时
2	定期检验	全部检验
		部分检验
		用保护装置进行断路器跳、合闸试验
3	补充检验	对运行中的装置进行较大的更改（含保护装置软件版本升级）或增设新的回路后的检验
		检修或更换一次设备后的检验
		运行中发现异常情况后的检验
		事故后的检验
		已投运的装置停电一年及以上，再次投入运行时的检验

2. 检验周期

定期检验应尽可能在一次设备停电检修期间进行。220 kV 电压等级及以上的继电保护装置的全部检验及部分检验周期分别见表 14.2、表 14.3。

表 14.2　全部检验周期

序号	设备类型	全部检验周期	定义说明
1	微机型装置	6 年	包括装置引入端子外的交流、直流及操作回路，以及涉及的辅助继电器、操动机构的辅助触点、直流控制回路的自动开关等
2	非微机型装置	4 年	

表 14.3　部分检验周期

序号	设备类型	部分检验周期	定义说明
1	微机型装置	2 年到 4 年	包括装置引入端子外的交流、直流及操作回路，以及涉及的辅助继电器、操动机构的辅助触点、直流控制回路的自动开关等
2	非微机型装置	1 年	

3. 检验项目

具体检验项目见表14.4。

表14.4 检验项目

序号	检验项目		新安装	全部检验	部分检验
1	电流、电压互感器检验		√	—	—
2	二次回路检验		√	√	√
3	屏柜及保护装置检验	3.1 装置外部检查	√	√	√
		3.2 装置绝缘检查	√	—	—
		3.3 装置通电检查	√	√	—
		3.4 工作电源检查	√	√	—
		3.5 模数变换系统校验	√	√	—
		3.6 开关量输入回路检验	√	√	√
		3.7 输出触点及输出信号检验	√	√	√
		3.8 事件记录功能	√	√	√
4	整定值的整定及校验		√	√	—
5	操作箱检验		√	—	—
6	整组装置试验		√	√	√
7	与故障信息系统配合检验		√	√	√
8	装置投运		√	√	√

二、检验工作的基本要求

1. 保护装置检验所使用的仪器、仪表必须经过检验且检验合格，准确级应不低于0.5级。保护装置检验至少应配置可同时输出三相电流、四相电压的微机成套试验仪及试验线。配备数字式电压、电流表，钳形电流表，相位表；绝缘电阻表等相应工具。有接地端的测试仪表，在现场进行检验时，不允许直接接到直流电源回路中，以防止发生直流电源接地的现象。现场应提供安全可靠的检修试验电源，禁止从运行设备上接取试验电源。

2. 现场进行检验前，应认真了解被检验装置的一次设备情况及相邻的一、二次设备的情况，与运行设备关联部分的详细情况，据此制定检验过程中确保系统安全运行的技术措施。

3. 应配备与实际状况一致的图纸、上次检验的记录、最新定值通知单、标准化作业指导书、合格的仪器仪表、备品备件、工具和连接导线等。

4.对装置的整定试验,应按定值通知单进行。工作负责人应核对所给的定值是否齐全,所使用的电流互感器、电压互感器的变比值是否与现场实际情况相符。

5.继电保护检验人员在运行设备上进行检验工作时,必须遵照电业安全工作相关规定办理工作许可手续,在装置的所有出口回路断开之后,才能进行检验工作。

三、检验危险点分析及安全措施

表14.5所示为危险点分析及安全措施。

表14.5 危险点分析及安全措施

序号	危险点	安全措施
1	现场安全技术措施及图纸如有误,可能造成做安全技术措施时,运行设备误跳	检查运行人员所做的安全措施是否正确、充足;做安全技术措施前应先检查现场安全技术措施票,实际接线和图纸是否一致。如实际接线和图纸不一致,应及时向专业技术人员汇报,经确认后及时修改,修改正确后严格执行现场安全技术措施
2	拆动二次回路接线时,易发生遗漏及误接线事故	工作时应认真核对回路接线,如需拆头,应拆端子排内侧并用绝缘胶布包好,同时做好记录,加强监护,防止遗漏或误接线
3	短接二次回路,有可能造成二次交流、直流电压回路短路、接地、回路联跳,运行设备误跳	加强工作监护,严禁交流、直流电压回路短路、接地,将联跳回路端子用绝缘胶布封好,短接前查清回路,并由专人核对
4	漏拆联跳接线或漏取压板,易造成运行设备误跳	查清联跳回路的电缆接线,检查联跳运行设备的回路是否已断开
5	电流回路开路或失去接地点,易引起人员伤亡及设备损坏	加强工作监护,禁止交流电流回路开路或失去接地点
6	带电插拔插件,易造成插件损坏	试验中一般不插拔装置插件,不触摸插件电路板。需插拔时,必须关闭电源
7	保护传动配合不当,易造成人员受伤及设备事故	传动前须经检修班及运行人员许可,并设专人在现场查看

续表 14.5

序号	危险点	安全措施
8	保护室内使用无线通信设备,易造成其他运行装置不正确动作	保护室内禁止使用手机、对讲机等无线通信设备
9	表计量程选择不当或用低内阻挡测量联跳回路,易造成运行设备误跳	使用仪表应正确选择挡位及量程,防止损坏仪表或误用低内阻挡测量直流回路,造成直流接地、短路和运行设备误跳
10	保护室内保护装置密集,易发生走错间隔而误碰带电设备的情况	工作时应注意安全,防止误碰

四、检验

1. 准备工作

具体的检验准备工作如表 14.6 所示。

表 14.6　检验准备工作

序号	内容
1	根据本次校验的项目,组织作业人员学习作业指导书,使全体作业人员熟悉作业内容、进度要求、作业标准、注意事项
2	准备好校验所需仪器仪表、工器具、最新整定单、相关图纸、装置说明书、上一次试验报告及相关技术资料
3	按照工作内容、工作地点以及一、二次设备运行状态填写工作票和安全技术措施票,要求所有工作人员了解校验工作,明确危险点及现场安全措施。

2. 开工

开工的内容及注意事项如表 14.7 所示。

表 14.7　开工的内容及注意事项

序号	内容
1	工作票负责人会同工作票许可人检查工作票上所列安全措施是否正确、完备,经现场核查无误后,办理工作票许可手续
2	工作票负责人带领工作人员进入作业现场,并在工作现场向所有工作人员详细交代作业任务、安全措施、注意事项和设备状态。全体工作人员应明确作业范围,精神状态良好

续表 14.7

序号	内容
3	根据现场工作安全技术措施票,执行安全技术措施并逐项记录。在确认保护相关出口均已解除,做好所有安全措施后,方可开工
4	从检修电源箱或保护室专用试验电源屏接取检修电源,电源应配置有明显断开点的刀闸和漏电保护器

3.装置外部检查

装置外部检修项目内容、方法及要求如表 14.8 所示。

表 14.8 装置外部检修项目情况

序号	检修项目	具体内容	方法及要求	注意事项
1	装置外部检查	回路核查	核实本次检修的相关电流、电压及联跳等重要回路	图纸与实际情况相符
		压板检查	跳闸连接片的开口端应装在上方,接至断路器的跳闸线圈回路;跳闸连接片在落下过程中必须和相邻的跳闸连接处有足够的距离,以保证在操作跳闸连接片时不会碰到相邻的跳闸连接片;检查并确保跳闸连接片在拧紧螺栓后能可靠地接通回路,且不会接地;穿过保护屏的跳闸连接片导电杆必须有绝缘套,并与屏孔有足够的距离	防止直流回路短路、接地
		装置外部附件检查	切换开关、按钮等应操作灵活,手感良好。显示屏清晰,文字清晰	—
		装置插件检查	插件电路板无损伤,无变形,连线良好,元件焊接良好,芯片插紧,插件上的变换器、继电器固定良好,无松动现象;插件内的功能跳线(或拨动开关位置)满足要求	应采取防静电措施,不要频繁插拔插件
		保护屏清扫及检查	装置内外部应清洁,无灰尘,清扫电路板及屏柜内端子排上的灰尘,检查装置配线连接是否良好	—
		螺丝紧固	装置接线及端子排的螺丝应紧固	防止线芯挤脱

4.保护二次回路检查

保护二次回路检修项目内容、方法及要求如表 14.9 所示。

表14.9　保护二次回路检修项目情况

序号	检修项目	具体内容	方法及要求	注意事项
1	电流互感器二次回路检查	二次接线检查	检查电流互感器二次绕组的所有二次接线,接线是否正确。检查端子排的引线螺钉,确保其压接可靠	—
		二次回路接地检查	检查电流互感器二次回路,确保电流互感器二次回路分别且只有一点接地	运行中的电流互感器回路严禁开路、失去接地点
2	电压互感器二次回路检查	二次接线检查	检查电压互感器二次、三次绕组的所有二次回路,确保接线正确。检查端子排的引线螺钉,确保其压接可靠	—
		二次回路接地检查	1.经控制室中性线小母线(N600)连通的几组电压互感器二次回路,只在控制室 N600 一点接地,各电压互感器二次中性点在开关场的接地点应断开。 2.各电压互感器的中性线无可能断开的熔断器(自动开关)或接触器等。 3.来自电压互感器二次回路的四根开关场引入线和三次回路的 2~3 根开关场引入线已分开,不共用。 4.电压互感器二次中性点在开关场的金属氧化物避雷器(如有安装)的安装应符合规定	运行中 PT 回路严禁短路、接地
		二次回路熔断器(自动开关)、隔离开关、切换设备检查	1.检查电压互感器二次回路的所有熔断器和自动开关的装设地点、熔断和脱扣电流正常,能够保证选择性。 2.检查串联在电压回路上的熔断器或自动开关、隔离开关及切换设备的触点接触可靠	—

5. 装置二次回路绝缘检查

装置二次回路绝缘检修项目内容、方法及要求如表 14.10 所示。

表 14.10 装置二次回路绝缘检修项目情况

序号	检修项目	具体内容	方法及要求	注意事项
1	装置二次回路绝缘检查	电流回路、电压回路、直流控制回路绝缘	在保护屏柜的端子排处将所有电流回路、电压回路、直流控制回路端子的外部接线拆开,并将电压回路、电流回路的接地点拆开,用 1000 V 的绝缘电阻表测量回路对地绝缘电阻,绝缘电阻应大于 1 MΩ	检查时应停止回路上的一切工作,断开直流电源,拆开回路接地点,拔出所有逻辑插件。拆接地线并做好记录,试验后须将被测回路放电
		信号回路绝缘	对使用触点输出的信号回路,用 1000 V 的绝缘电阻表测量电缆每芯对地绝缘电阻,绝缘电阻应大于 1 MΩ	
2	电压互感器中性点的金属氧化物避雷器检查	电压互感器中性点的金属氧化物避雷器的工作状态	用绝缘电阻表检验电压互感器中性点金属氧化物避雷器的工作状态是否正常。一般情况下,若用 1000 V 的绝缘电阻表,金属氧化物避雷器不应击穿;用 2500 V 的绝缘电阻表,金属氧化物避雷器应可靠击穿	检查工作应在电压互感器停电时进行

6. 装置检查

装置检修项目内容、方法及要求如表 14.11 所示。

表 14.11 装置检修项目情况

序号	检修项目	具体内容	方法及要求
1	装置电源检查	稳定性	检查装置电源,确保电源工作正常,测量逆变电源各级输出电压值,电压值应符合装置技术说明书
		自启性能	直流电源调至 80% 的额定电压,拉、合开关电源的开关,保护装置应正常,运行指示正确
		使用年限	检查装置电源的使用年限,超过 6 年需更换
2	装置上电检查	上电检查	打开装置电源,装置应能正常工作;分别操作面板上的功能按键,各按键均能正常工作;核查打印机的打印功能,打印机能正常打印
		版本检查	检查装置软件的版本及程序校验码,确保版本及程序校验码正确
		时钟核查	检查时钟,时钟应准确,能正常修改和设定。通过断、合逆变电源的办法,检验在直流失电一段时间的情况下,时钟走时是否准确。改变保护装置的秒时间,检查时钟的对时功能,时钟应能准确地与整站同步对时

续表 14.11

序号	检修项目	具体内容	方法及要求
3	开关量输入回路检查	开入状态量	根据保护的具体配置,逐一检查装置的开入量状态,开入量状态应正确。(部检)可结合整组试验,从源头进行开入状态量检查
		压板检查	根据保护的具体配置,逐一检查开入压板,其逻辑应正确,(部检)可结合整组试验,进行开入压板检查
4	输出触点检查	输出触点及输出信号	按照装置技术说明书规定的试验方法,依次观察装置输出触点及输出信号的通断状态。 (1)检查输出接点和信号时应首先检查保护屏端子排上的输出接点,然后再检查各输出接点到各回路的实际输出情况; (2)对于中央信号接点,应检查中央信号系统相应的光字牌是否正确,检查监控系统相应的信号是否正确; (3)对于事件记录接点,可在录波器屏端子上监视或通过录波报告来检查其正确性; (4)对于远方接点,可只检查接点到遥信屏的正确性; (5)跳闸出口接点的检查,可以在整组校验时进行
5	模数转换系统检验	电流、电压零漂检测,幅值及相位精度检测	1. 零漂检测:误差符合技术参数。 2. 输入不同的幅值,相角的电流、电压量(交流电压分别为70 V、60 V、30 V、5 V、1 V,电流分别为 $5I_N$、$1I_N$、$0.2I_N$、$0.1I_N$),保护装置的显示值与外部表计测量值的误差符合技术参数。 3. (部检)输入额定电流、电压量,保护装置的显示值与外部表计测量值的误差符合技术参数
6	整定值检验	保护整定值校验	按照定值通知单进行装置各保护功能的动作值及动作时间整定值的试验。具体的试验内容、方法、要求因保护装置构成而不同,具体参照装置技术说明书。 一般原则如下:(1)每一套保护应单独进行整定值检验。(2)试验接线回路上的交流电源、直流电源及时间测量连线均应直接接到被试保护屏柜的端子排上。交流电压、电流试验接线的相对极性关系应与实际运行接线的电压互感器、电流互感器接到屏柜上的相对相位关系(折算到一次侧的相位关系)完全一致。(3)在整定值检验时,除所通入的交流电流、电压为模拟故障值并断开断路器的跳、合闸回路外,整套装置应与实际运行情况完全一致,不得在试验过程中人为地改变。(4)装置整定的动作时间为自向保护屏柜通入模拟故障分量(电流、电压或电流及电压)至保护动作向断路器发出跳闸脉冲的全部时间
		核对定值	将所有定值恢复到运行定值,将区号切换至运行区号,并打印核对

7. 整组试验

整组试验内容、方法及要求如表 14.12 所示。

表 14.12 整组试验项目情况

序号	检修项目	具体内容	方法及要求	注意事项
1	保护整组	传动开关	1. 保护功能传动开关 1 次,开关正常跳闸,保护逻辑正确。 2. 低频减载保护功能整组传动开关 1 次,开关正常跳闸,保护逻辑正确	在传动断路器之前,必须先通知检修班及变电站。在得到工作负责人及值班员的同意后方能传动断路器,并派专人到现场查看。通入 80% 的直流电源电压,做到每块出口压板都被传动到,并尽量少传动断路器,且须附打印报告及波形图
		与厂站自动化系统、继电保护及故障信息管理系统的配合检验	1. 检查显示屏显示是否和模拟的故障一致。 2. 检查厂站自动化系统继电保护的动作信息和告警信息的回路正确性及名称的正确性。 3. 检查继电保护及故障信息管理系统继电保护的动作信息、告警信息、保护状态信息、录波信息及定值信息的正确性	
2	防跳回路检查	防跳回路	短接合闸接点,做保护合闸试验,开关可靠闭锁在分位	

8. 结束检验

结束检验的具体内容如表 14.13 所示。

表 14.13 结束检验的具体内容

序号	内容
1	全部工作完毕,拆除试验接线,将装置恢复至检修前的状态,所有信号装置应全部复归
2	严格按现场安全技术措施票恢复全部安全措施,并经工作负责人确认安全措施全部恢复无误
3	本次所修项目、试验结果、存在的问题等记录存档,特别是异动部分及设备运行注意事项,并确定该装置可以正常投入运行
4	清扫、整理现场,终结工作票,结束定检工作

注:保护装置整屏更换及二次电缆全部更换的 A 类检修,应进行带负荷试验;在其他状态的检修试验中,如电流、电压回路有改动,需进行带负荷试验

第十五章　发变组保护

大型汽轮发电厂通常采用单元接线方式,典型设计方案是配置微机型发变组保护装置,即主变、发电机、高厂变、励磁变(励磁机)的所有主保护、异常运行保护、后备保护的全套双重化。两套发变组保护取不同组互感器,出口对应不同的跳闸线圈,操作回路和非电量保护装置独立组屏。发变组保护具有设计简洁、二次回路清晰、运行方便、安全可靠多项优点。

第一节　发变组保护的基本配置

一、发变组保护的典型组屏方案

发变组保护的典型组屏方案如图 15.1 所示。

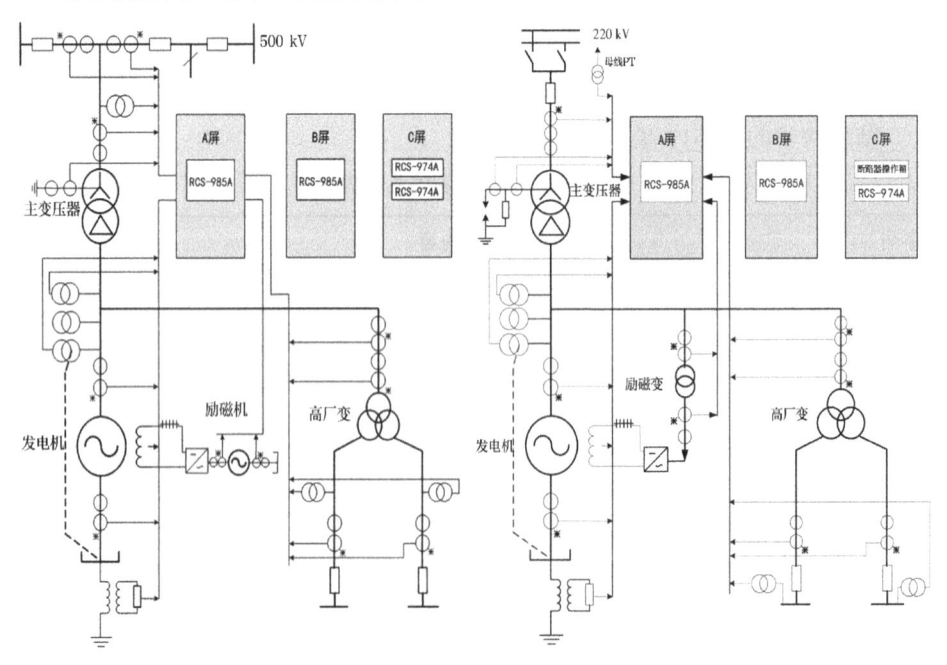

图 15.1　典型组屏方案

二、基本保护的功能配置

发变组保护的功能配置如表 15.1 所示。

表 15.1　基本保护的功能配置

发电机保护部分	主变保护部分	厂变及励磁变部分
发电机纵差保护	发变组差动保护	高厂变保护部分
发电机工频变化量差动保护	主变差动保护	高厂变差动保护
发电机裂相横差保护	主变工频变化量差动保护	厂变复压过流保护
纵向零序电压式匝间保护	主变高压侧阻抗保护	分支复压过流保护
工频变化量方向匝间保护	主变高压侧复合电压过流保护	分支零序过流保护
发电机相间阻抗保护	主变高压侧零序过流保护	厂变过负荷信号
发电机复合电压过流保护	主变高压侧间隙零序电压保护	起动风冷
机端大电流闭锁功能	主变高压侧间隙零序电流保护	—
定子接地零序电压保护	主变高压侧阻抗保护	励磁变保护部分
定子接地三次谐波电压保护	主变中压侧复合电压过流保护	励磁变差动保护
转子一、两点接地保护	主变中压侧零序过流保护	复合电压过流保护
定子过负荷保护	主变中压侧间隙零序电压保护	励磁过负荷保护
转子表层负序过负荷保护	主变中压侧间隙零序电流保护	TV、TA 断线判别
失磁保护	主变低压侧接地零序报警	—
失步保护	主变定、反时限过励磁保护	—
过电压保护	主变过负荷信号	—
过励磁保护	主变起动风冷	—
逆功率(程序逆功率)保护	TV、TA 断线判别	—
低、过频保护	—	—
起停机保护	—	—
误上电保护	—	—
TV、TA 断线判别	—	—

三、发变组保护整定的基本参数

发变组保护整定的基本参数如表 15.2、表 15.3、表 15.4、表 15.5 所示。

表 15.2　发电机参数表

发电机的规格型号	QFSN-600-2	额定容量	733 MV·A
额定功率	660 MW	功率因数	0.9（滞后）
制造厂家	上海汽轮发电有限公司		
额定电压	20 kV	空载励磁电压、电流	139 V、1480 A
额定电流	21169 A	额定励磁电流、电压	4534 A、445 V
接线型式	YY	励磁方式	自并励静态励磁
接地方式	中性点经接高阻接地 20/0.23 kV，$R=0.46\ \Omega$	—	—
直轴超瞬变电抗 X''_{du} 不饱和值/饱和值	25.1%/23.1%	交轴超瞬变电抗 X''_{qu} 不饱和值/饱和值	24.7%/22.7%
直轴瞬变电抗 X'_{dU} 不饱和值/饱和值	33.6%/29.6%	交轴瞬变电抗 X'_{qU} 不饱和值/饱和值	48.5%/42.7%
直轴同步电抗 X_d	238%	直轴同步电抗 X_q	238%
负序电抗 X_2 不饱和值/饱和值	24.9%/22.9%	零序电抗 X_{0U} 不饱和值/饱和值	11.4%/10.8%
定子电阻（15℃）	每相为 $1.109\times10^{-3}\ \Omega$	转子电阻（15℃）	0.0755 Ω
发电机转子转动惯量 J（相当于飞轮力矩 GD^2，为 38 t·m²）	9500 kg·m²	—	—

表 15.3　主变压器参数

型号	SFP-780000/220 kV	制造厂	特变电工衡阳变压器有限公司
容量	780 MV·A	相数	三相 ODAF
电压比	242 kV±2×2.5%/20 kV	接线	Ynd11
电流	1860.9/22516.7 A	调压方式	无载调压
短路阻抗	14.14%～14.67%（780 MV·A　1～5 分接头）	绕组耦合电容	高—低地 $C_x=24.00$ nF 高—低 $C_x=15.37$ nF 高低—地 $C_x=52.35$ nF 低—高地 $C_x=59.10$ nF
零序阻抗 /Ω	每相11.79（高压进电、低压开路）	空载损耗 空载电流	260 kW　9.375 A(0.08%) 低压侧 20 kV
绕组电阻 /Ω	高压侧每相 0.055428 低压侧每相 0.00092464	负载损耗	1300 kW（高压—低压）

表15.4 高厂变参数

型号	SFP－63000/20 kV	制造厂	特变电工衡阳变压器有限公司
容量	63 MV·A－36－36	相数	三相
电压比	20 kV±2×2.5%/6.3 kV（无载调压）	接线	D－yn1－yn1
电流	1818.7/3299.1－3299.1 A	冷却方式	ONAN
阻抗电压（63 MV·A基准）	穿越高—低 18.375 半穿越高—低 1 半穿越高—低 2 分裂低 1—低 2	绕组电阻/Ω	高压侧每相 0.055428 低压侧每相 0.00092464
零序阻抗/Ω	每相 11.79（高压进电、低压开路）	空载损耗和空载电流	224 kW 9.375 A(0.08%)
		负载损耗	1300 kW（高压—低压）

表15.5 高备变参数

型号	SFP－63000/220 kV	制造厂	特变电工衡阳变压器有限公司
容量	63 MV·A－36－36	相数	三相
电压比	220 kV±8×1.25%/6.3－6.3 kV（有载调压）	接线方式	YNyn0－yn0＋D
电流	158.1/3299.1－3299.1 A	冷却方式	ONAN
阻抗电压（63 MV·A基准）	穿越高—低 18.375 半穿越高—低 1 半穿越高—低 2 分裂低 1—低 2	绕组电阻/Ω	高压侧每相 0.055428 低压侧每相 0.00092464

第二节　发变组保护 RCS-985 检验

一、试验仪器

微机继电保护试验仪或其他继电保护试验仪器。

二、试验注意事项

1. 试验前应检查屏柜及装置是否有明显的损伤,螺丝是否松动。

2. 试验中不要插拔装置的插件,不要触摸插件电路。需插拔插件时,必须关闭电源。

3. 使用的试验仪器必须与屏柜可靠接地。

4. 调试试验内容,以技术说明书为准。

三、保护装置检验准备

1. 检验前详细阅读《RCS-985 系列发电机变压器成套保护装置技术说明书》。

2. 直流电源上电试验,试验步骤如下:

1)对照装置或屏柜直流电压极性、等级,装置或屏柜的接地端子可靠接地;

2)加上直流电压,合上装置电源开关和非电量电源开关;

3)延时几秒钟,装置"运行"灯(绿灯)亮,"报警"灯(黄灯)灭,"跳闸"灯(红灯)灭(如亮,可复归),液晶显示屏幕显示主接线的状态。

3. 按使用说明书上的方法进入保护菜单,熟悉装置的采样值显示、报告显示、报告打印、整定值输入、时钟整定等方法。

四、RCS-985A 开入接点检查

依次投入和退出屏上相应的压板以及相应的开入接点,查看液晶显示"保护状态"子菜单中的"开入量状态"是否正确。表 15.6 所示为主变高厂变保护部分压板的详细信息。

表 15.6 主变高厂变保护部分压板

序号	开入量名称	装置端子号	屏柜压板端子号	保护板状态	管理板状态
1	主变差动保护投入	6B17-6B1			
2	主变相间后备保护投入	6B17-6B2			
3	主变接地后备保护投入	6B17-6B3			
4	主变间隙保护投入	6B17-6B4			
5	发变组差动保护投入	6B17-6B5			
6	备用压板1	6B17-6B6			
7	厂变差动保护投入	6B17-6B7			
8	厂变高压后备保护投入	6B17-6B8			
9	A 分支后备保护投入	6B17-6B9			
10	B 分支后备保护投入	6B17-6B10			
11	备用压板 2	6B17-6B11			
12	备用压板 3	6B17-6B12			

表 15.7 所示为发电机励磁变保护部分压板的信息。

表 15.7 发电机励磁变保护部分压板

序号	开入量名称	装置端子号	屏柜压板端子号	保护板状态	管理板状态
1	发电机差动保护投入	5B29－5B3			
2	发电机匝间保护投入	5B29－5B4			
3	95%定子接地保护投入	5B29－5B5			
4	100%定子接地保护投入	5B29－5B6			
5	转子一点接地保护投入	5B29－5B7			
6	转子两点接地保护投入	5B29－5B8			
7	定子过负荷保护投入	5B29－5B9			
8	负序过负荷保护投入	5B29－5B10			
9	失磁保护投入	5B29－5B11			
10	失步保护投入	5B29－5B12			
11	过电压保护投入	5B29－5B13			
12	过励磁保护投入	5B29－5B14			
13	逆功率保护投入	5B29－5B15			
14	频率保护投入	5B29－5B16			
15	误上电保护投入	5B29 5B17			
16	起停机保护投入	5B29－5B18			
17	励磁变差动保护投入	5B29－5B19			
18	励磁过负荷保护投入	5B29－5B20			
19	励磁系统故障投跳	5B29－5B21			
20	非电量备用投跳	5B29－5B22			
21	断水保护投跳	5B29－5B23			
22	热工保护投跳	5B29－5B24			
23	发电机相间后备投入	5B29－5B25			
24	裂相横差保护投入	5B29－5B26			

表 15.8 所示为外部强电开入量。

表15.8　外部强电开入量

序号	开入量名称	装置端子号	屏柜压板端子号	保护板状态	管理板状态
1	断路器A位置接点	5A27－5A23			
2	断路器B位置接点	5A27－5A24			
3	主气门位置接点	5A27－5A26			
4	发电机开关辅助接点	5A27－5A22			
5	备用辅助接点	5A27－5A25			
6	热工保护开入	5A27－5A20	.		
7	断水保护开入	5A27－5A19			
8	非电量备用开入	5A27－5A18			
9	励磁系统故障开入	5A27－5A17			
10	非电量电源监视	5A27－220V(＋) 5A29－220V(－)			
11	光耦电源监视	5B29－6B17 5B30－6B16			
12	紧急停机开入 (与低功率保护开入)	6B25－6B19			
13	调相运行开入	6B25－6B20			
14	电制动开入	6B25－6B21			
15	备用开入	6B25－6B22			
16	开入监视	6B25－6B23			

五、RCS-985A交流回路校验

退掉屏上所有的出口压板,根据图纸,给屏柜端子上的每个电压回路、电流回路依次加入电压、电流。按使用说明书上的方法进入装置菜单中的"保护状态",比较装置显示值与输入值,其值应该相等,误差符合技术参数的要求。表15.9、表15.20分别为电压回路、电流回路采样试验应记录的相关数据。

表 15.9　电压回路采样试验数据

名称	输入值	装置显示值			
		A 相	B 相	C 相	相位
1. 主变高压侧电压	57.7 V				
2. 发电机机端 TV1 电压	57.7 V				
3. 发电机机端 TV2 电压	57.7 V				
4. 厂变 A 分支电压	57.7 V				
5. 厂变 B 分支电压	57.7 V				
6. 主变零序电压	100 V				
7. 机端 TV1 零序电压	10 V				
8. 机端 TV2 零序电压	10 V				
9. 中性点零序电压	10 V				

表 5.2　电流回路采样试验数据

名称	输入值	装置显示值			
		A 相	B 相	C 相	相位
1. 主变高压一侧电流	5 A				
2. 主变高压二侧电流	5 A				
3. 厂变高压侧 TA2 电流	5 A				
4. 发电机机端 TA2 电流	5 A				
5. 发电机机端 TA 电流	5 A				
6. 发电机中性点一电流	5 A				
7. 发电机中性点二电流	5 A				
8. 厂变高压侧 TA 电流	5 A				
9. 厂变 A 分支电流	5 A				
10. 厂变 B 分支电流	5 A				
11. 主变零序电流	5 A				
12. 主变间隙零序电流	5 A				

六、RCS-985A 开出接点检查

1. 报警信号接点(表 15.21)检查:当装置自检发现硬件错误时,闭锁装置出口,并停止运行;继电保护装置动作,包括告警信号和跳闸信号;点亮"报警"

灯,并启动信号继电器 BJJ 及相应的报警继电器,报警信号接点均为瞬动接点。

表 15.21　报警信号接点

序号	信号名称	中央信号接点	远方信号接点	事件记录接点
1	装置闭锁	4A1－4A3	4A2－4A4	4B4－4B26
2	装置报警信号	4A1－4A5	4A2－4A6	4B4－4B28
3	TA 断线信号	4A1－4A7	4A2－4A8	4B4－4B6
4	TV 断线信号	4A1－4A9	4A2－4A10	4B4－4B8
5	过负荷保护信号	4A1－4A11	4A2－4A12	4B4－4B10
6	负序过负荷保护信号	4A1－4A13	4A2－4A14	4B4－4B12
7	励磁过负荷保护信号	4A1－4A15	4A2－4A16	4B4－4B14
8	定子接地保护信号	4A1－4A17	4A2－4A18	4B4－4B16
9	转子接地保护信号	4A1－4A19	4A2－4A20	4B4－4B18
10	失磁保护信号	4A1－4A21	4A2－4A22	4B4－4B20
11	失步保护信号	4A1－4A23	4A2－4A24	4B4－4B22
12	频率保护信号	4A1－4A25	4A2－4A26	4B4－4B24
13	高厂变接地零序电压信号	4B25－4B27	4B29－4B30	—

2.跳闸信号接点(表 15.22)检查:所有动作于跳闸的保护动作后,点亮 CPU 板上的"跳闸"灯,并启动相应的跳闸信号继电器。"跳闸"灯、中央信号接点为磁保持。

表 15.22　跳闸信号接点

序号	信号名称	中央信号接点	远方信号接点	事件记录接点
	第一组			
1	发电机差动保护跳闸	2A1－2A7	2A3－2A9	2A5－2A11
2	定子接地保护跳闸	2A1－2A13	2A3－2A15	2A5－2A17
3	过负荷保护跳闸	2A1－2A19	2A3－2A21	2A5－2A23
4	失磁保护跳闸	2A1－2A25	2A3－2A27	2A5－2A29
5	失磁保护减出力跳闸	2A1－2B1	2A3－2B3	2A5－2B5
6	过电压荷保护跳闸	2A1－2B7	2A3－2B9	2A5－2B11
7	逆功率保护跳闸	2A1－2B13	2A3－2B15	2A5－2B17
8	起停机保护跳闸	2A1－2B19	2A3－2B21	2A5－2B23

续表 15.22

序号	信号名称	中央信号接点	远方信号接点	事件记录接点
9	误上电保护跳闸	2A1－2B25	2A3－2B27	2A5－2B29
10	励磁变差动保护跳闸	2A1－2B14	2A3－2B16	2A5－2B18
第二组			
1	发变组差动保护跳闸	2A2－2A8	2A4－2A10	2A6－2A12
2	主变差动保护跳闸	2A2－2A14	2A4－2A16	2A6－2A18
3	主变相间保护跳闸	2A2－2A20	2A4－2A22	2A6－2A24
4	主变接地保护跳闸	2A2－2A26	2A4－2A28	2A6－2A30
5	主变不接地保护跳闸	2A2－2B2	2A4－2B4	2A6－2B6
6	非电量保护跳闸	2A2－2B8	2A4－2B10	2A6－2B12
第二组			
1	发电机匝间保护跳闸	3A1－3A7	3A3－3A9	3A5－3A11
2	转子接地保护跳闸	3A1－3A13	3A3－3A15	3A5－3A17
3	负序过负荷保护跳闸	3A1－3A19	3A3－3A21	3A5－3A23
4	失步保护跳闸	3A1－3A25	3A3－3A27	3A5－3A29
5	跳闸备用 1	3A1－3B1	3A3－3B3	3A5－3B5
6	过励磁保护跳闸	3A1－3B7	3A3－3B9	3A5－3B11
7	程序逆功率保护跳闸	3A1－3B13	3A3－3B15	3A5－3B17
8	发电机相间保护跳闸	3A1－3B19	3A3－3B21	3A5－3B23
9	频率保护跳闸	3A1－3B25	3A3－3B27	3A5－3B29
10	励磁过负荷保护跳闸	3A1－3B14	3A3－3B16	3A5－3B18
第四组			
1	高厂变差动保护跳闸	3A2－3A8	3A4－3A10	3A6－3A12
2	高厂变后备保护跳闸	3A2－3A14	3A4－3A16	3A6－3A18
3	高厂变 A 分支保护跳闸	3A2－3A20	3A4－3A22	3A6－3A24
4	高厂变 B 分支保护跳闸	3A2－3A26	3A4－3A28	3A6－3A30
5	跳闸备用 3	3A2－3B2	3A4－3B4	3A6－3B6
6	跳闸备用 4	3A2－3B8	3A4－3B10	3A6－3B12

3.跳闸输出接点检查

(1)跳闸矩阵整定。保护装置给出14组跳闸出口继电器,共33付出口接点,跳闸继电器均由跳闸控制字整定。通过保护各元件跳闸控制字的整定,每种保护可实现灵活的、用户所需要的跳闸方式。每付跳闸接点允许通入的最大电流为5 A。跳闸出口继电器的接点数目如表15.23所示。

表15.23　RCS-985A 跳闸出口继电器接点数目表

序号	跳闸控制字对应位	出口继电器名称	输出接点数/付	备注
1	Bit.0	—	—	是否投跳闸
2	Bit.1	TH1:跳高压侧Ⅰ出口	4	—
3	Bit.2	TH2:跳高压侧Ⅱ出口	4	—
4	Bit.3	TJ:停原动机	4	—
5	Bit.4	TMK:跳灭磁开关	2	—
6	Bit.5	QSL:起动失灵	4	—
7	Bit.6	TBY:跳闸备用1	3	—
8	Bit.7	JCL:减出力	1	—
9	Bit.8	JLC:跳闸备用2	1	—
10	Bit.9	TML:跳闸备用3	1	—
11	Bit.10	QBL:跳闸备用4	1	—
12	Bit.11	QHA:起动A分支切换	2	—
13	Bit.12	QHB:起动B分支切换	2	—
14	Bit.13	TCA:跳高厂变A分支	2	—
15	Bit.14	TCB:跳高厂变B分支	2	—
16	Bit.15	未定义	0	—

整定方法如下:在保护元件投入位和其所跳开关位填"1",其他位填"0",则可得到该元件的跳闸方式。实际工程中,每组继电器的定义可能不同,因此跳闸控制字也有所不同,实际整定时可以通过专用软件设定,无须计算十六进制数。跳闸控制字的整定将影响跳闸输出接点的动作行为。只有某元件的跳闸控制字整定为跳某开关,这个元件的动作才会使对应的跳闸接点动作。因此,检查跳闸接点时要特别注意这一点。表15.24所示为一个整定示例。

表15.24 整定示例

序号	保护功能	跳闸方式	相应位整定				结果
			15-12	11-8	7-4	3-0	
1	发电机差动	全停	0111	1000	0011	1111	783F

(2)跳闸输出接点情况如表15.25所示。

表15.25 RCS-985A跳闸输出接点

序号	跳闸输出量名称	装置端子号	屏柜端子号	备注
1	跳高压侧Ⅰ出口	1A3-1A5、1A7-1A9 1A11-1A13、1A15-1A17	—	—
2	跳高压侧Ⅱ出口	1A19-1A21、1A23-1A25 1A27-1A29、1B1-1B3	—	—
3	停机	1A2-1A4、1A6-1A8 1A10-1A12、1A14-1A16	—	—
4	跳灭磁开关	1A18-1A20、1A22-1A24	—	—
5	启动失灵	1A26-1A28、1B2-1B4 1B6-1B8、1B10-1B12	—	—
6	跳闸备用1	1B5-1B7、1B9-1B11 1B13-1B15	—	—
7	减出力	1B17-1B19	—	—
8	跳闸备用2	1B21-1B23	—	—
9	跳闸备用3	1B25-1B27	—	—
10	跳闸备用4	1B29-1B30	—	—
11	启动高厂变A分支切换	1B14-1B16、1B18-1B20	—	—
12	启动高厂变B分支切换	1B22-1B24、1B26-1B28	—	—
13	跳高厂变A分支	2B24-2B26、2B28-2B30	—	—
14	跳高厂变B分支	3B24-3B26、3B28-3B30	—	—

4.其他输出接点检查

其他输出接点情况如表15.26所示。

表 15.26　其他输出接点

序号	跳闸输出量名称	装置端子号	屏柜端子号	备注
1	主变启动风冷	4B9－4B11、4B13－4B15	—	—
2	闭锁有载调压	4B1－4B3、4B5－4B7	—	—
3	厂变启动风冷	4B17－4B19、4B21－4B23	—	—
4	备用1	4A28－4A30、4A27－4A29	—	—
5	备用2	2B20－2B22	—	—
6	备用3	3B20－3B22	—	—

七、RCS-985A 发电机变压器保护功能试验

1. 发电机纵差保护试验

按照试验内容及定值通知单,进行保护功能的动作值及动作时间定值的试验。整定"发电机差动速断投入""发电机比率差动投入""发电机工频变化量比率差动""TA 断线闭锁比率差动"的控制字,投入发电机差动保护压板,记录整定值:比率差动启动定值为_____,起始斜率为_____,最大斜率为_____,速断定值为_____。

1.1　发电机比率差动试验

根据图纸,从屏柜端子上加入试验量,模拟发电机机端三相电流,模拟发电机中性点三相电流。"发电机比率差动投入"置"1",A、B、C 相分别按表 15.27 进行测试。

表 15.27　发电机比率差动试验

相别	序号	机端电流 A	机端电流 I_e	中性点电流 A	中性点电流 I_e	制动电流 I_e	差动电流 I_e	计算值 I_e
A 相 (B、C 相)	1							
	2							
	3							
	4							

其中,制动电流 $I_r = \dfrac{|\dot{I}_1 + \dot{I}_2|}{2}$,差动电流 $I_d = |\dot{I}_1 - \dot{I}_2|$。

1.2 发电机工频变化量差动试验

"发电机工频变化量比率差动"置"1",需要加两相及以上差流测试,启动电流定值为_____I_e;试验值为_____。

1.3 发电机速断试验

"发电机差动速断投入"置"1",模拟任一相差动电流,使差动速断动作,定值为_____I_e,试验值为_____,差动保护动作时间实测值为_____s。

1.4 TA断线闭锁试验

(1)"发电机比率差动投入""TA断线闭锁比率差动"均置"1"。两侧三相均加上额定电流,断开任意一相电流,装置发"发电机差动TA断线"信号并闭锁发电机比率差动,但不闭锁差动速断。(2)"发电机比率差动投入"置"1","TA断线闭锁比率差动"置"0"。两侧三相均加上额定电流,断开任意一相电流,发电机比率差动动作并发出"发电机差动TA断线"信号。

2. 发电机匝间保护试验

2.1 匝间保护定值整定(纵向零序电压)

按照试验要求整定"零序电压投入""零序电压经相电流制动投入""零序电压高定值段投入"的控制字。保护总控制字"发电机匝间保护投入"置"1",投入发电机匝间保护压板。记录整定值:灵敏段定值为_____V,高定值段为_____V,延时_____s。

匝间保护试验内容如下:根据图纸,从屏柜端子上加入试验电流、电压。电流制动取发电机机端,电压取专用TV。

匝间保护方程为:$U_z > U_{zd} \times (1 + k \times I_m)/I_e$。

$$I_m = 3 \times I_2 \, (I_{max} < I_e \text{ 时})。$$

$$I_m = (I_{max} - I_e) + 3 \times I_2 \, (I_{max} \geq I_e \text{ 时})。$$

式中:U_z为零序电压值,U_{zd}为零序电压定值,k为制动系数,I_{max}为发电机机端最大相电流,I_2为发电机机端负序电流,I_e为发电机额定电流。

工频变化量负序功率方向满足条件,不经相电流制动,只需要大于定值出口;发生区外故障,负序功率方向不满足条件,经相电流制动,制动系数为2,保护被制动。各个试验数据(表15.28)应做好记录。

表 15.28　试验数据

序号	发电机电流 /A	最大相电流 /A	负序电流 $3I_2$ /A	动作电压 /V	电压计算值 /V
1					
2					
3					
4					

延时定值试验如下:加入 1.2 倍的动作量,保护延时出口,测得延时 _____ s。

2.2　工频变化量保护试验内容

(1)保护总控制字"发电机匝间保护投入"置"1"。

(2)投入发电机匝间保护压板。整定控制字"工频变化量保护投入"为"1",若匝间保护压板不投,保护只投报警;若匝间保护压板、跳闸控制字投入,保护动作与跳闸。突加负序电压、负序电流,灵敏度为 78 度,负序工频变化量功率、负序工频变化量电压、负序工频变化量电流三个判据同时满足。动作定值内部已设定,延时定值同纵向零序电压保护延时。同时还要进行延时定值试验,测得延时 _____ s。

2.3　发电机后备保护试验

2.3.1　复合电压过流保护定值整定

(1)保护总控制字"发电机后备保护投入"置"1"。

(2)投入发电机相间后备保护投入压板。

(3)负序电压定值为_____V,相间低电压定值为_____V,过流Ⅰ段定值为_____A,过流Ⅱ段定值为_____A。

(4)整定过流Ⅰ段跳闸控制字、过流Ⅱ段控制字。

(5)根据需要整定"过流Ⅰ段经复合电压闭锁""过流Ⅱ段经复合电压闭锁""经高压侧复合电压闭锁"的控制字。

(6)"TV 断线保护投退原则"置"0"时,TV 断线时,复合电压判据自动满足,控制字"1";当 TV 断线时,该侧 TV 的复合电压判据退出。

(7)"自并励发电机"控制字置"1"时,复合电压过流保护启动后,电流带记忆功能。

复合电压过流保护试验内容如下:保护取发电机机端、中性点最大相电流,是否经过复压闭锁,按定值单执行。

过流Ⅰ段试验值为_____ A,过流Ⅰ段延时_____ s。

过流Ⅱ段试验值为_____ A,过流Ⅱ段延时_____ s。

负序电压定值为_____ V,低电压定值为_____ V。

2.4 阻抗保护定值整定

(1)保护总控制字"发电机相间后备保护投入"置"1"。

(2)投入发电机相间后备保护投入压板。

(3)阻抗Ⅰ段正向定值为_____ Ω,阻抗Ⅰ段反向定值为_____ Ω,阻抗Ⅰ段延时_____ s;阻抗Ⅱ段正向定值为_____ Ω,阻抗Ⅱ段反向定值为_____ Ω,阻抗Ⅱ段延时_____ s。阻抗保护试验内容如下:发电机相间阻抗保护取发电机机端电压 TV1、中性点电流,灵敏角固定为78°,阻抗元件方向指向系统。阻抗元件经突变量和负序电流启动。阻抗Ⅰ段试验值为_____ Ω,延时_____ s;阻抗Ⅱ段试验值为_____ Ω,延时_____ s。TV1断线闭锁阻抗保护。

2.5 发电机定子接地保护试验(基波零序 + 三次谐波)

2.5.1 95%定子接地保护定值整定

(1)保护总控制字"定子接地保护投入"置"1"。

(2)投入发电机95%定子接地保护投跳压板。

(3)基波零序电压定值为_____ V,零序电压高定值为_____ V,零序电压保护延时_____ s。

(4)"零序电压报警段投入"置"1",报警段动作判据:$U_{N0} > U_{0zd}$。

(5)"零序电压保护跳闸投入"置"1",灵敏跳闸段动作判据:中性点零序 $U_{N0} > U_{0zd}$ 同时满足:1)机端零序电压 $U_{T0} > U_{0zd}'$,U_{0zd}' 内部自动转换;2)主变高压侧零序 $U_0 > 40$ V。

(6)高定值段动作判据:$U_N > U_{0zd\_h}$。

95%定子接地保护试验内容如下:根据图纸,从屏柜端子上加入中性点零序电压。基波零序电压灵敏段试验值为_____ V,零序电压高定值试验值为_____ V,零序电压保护试验值延时_____ s。

2.5.2 100%定子接地保护定值整定

(1)保护总控制字"定子接地保护投入"置"1"。

(2) 投入发电机100%定子接地保护投跳压板。

(3) 发电机并网前三次谐波电压比率定值($K_{3W\,pzd}$)为_____,并网后三次谐波电压比率定值($K_{3W\,1zd}$)为_____,三次谐波电压差动定值为_____,三次谐波电压保护延时_____s。

(4) "三次谐波比率判据投入"置"1"。动作判据:并网前,$K_{3w} > K_{3W\,pzd}$;并网后,$K_{3w} > K_{3W\,1zd}$。其中:$K_{3w} = U_{T3}$(机端三次谐波电压)$/U_{N3}$(中性点三次谐波电压)。

(5) "三次谐波电压差动判据投入"置"1"。动作判据:$|U_{T3} - K_{3wt} * U_{N3}| > K_{3W2zd} * U_{N3}$。

本判据在发变组并网后且发电机电流大于$0.2I_e$时延时投入;"三次谐波电压保护报警投入"置"1",100%定子接地保护动作于报警;"三次谐波电压保护跳闸投入"置"1",100%定子接地保护动作于跳闸。

定子三次谐波零序电压保护试验内容如下:

1) 定子三次谐波电压比率判据:模拟发变组并网前断路器位置接点输入,机端加入的正序电压大于$0.5U_n$,机端、中性点零序电压回路分别加入三次谐波电压,使三次谐波电压比率判据动作。模拟发变组并网后断路器位置接点输入,机端加入大于$0.5U_n$的正序电压,机端、中性点零序电压回路分别加入三次谐波电压,使三次谐波电压比率判据动作。各试验数据(表15.29)应做好记录。

表15.29 试验数据

发电机状态	U_{T3}	U_{N3}	K_{3w}	延时
并网前				
并网后				

2) 定子三次谐波电压差动判据:机端正序电压大于$0.85U_n$,机端三次谐波电压值大于0.3 V,发变组并网且发电机负荷电流大于$0.2I_e$,小于$1.2I_e$。模拟发变组并网后断路器位置接点输入,机端加入大于$0.85U_n$的正序电压,发电机电流回路加入大于$0.2I_e$的额定电流,机端、中性点零序电压回路分别加入反向三次谐波电压,使三次谐波差电压为0,延时10 s,三次谐波电压差动判据投入。减小中性点三次谐波电压,使三次谐波电压判据动作。

2.6 注入式发电机定子接地保护试验(低频注入电源 RCS-985U)

在第一次投产时,厂家已在静态和动态下对相关参数进行了设置。为确保安全,定检一般做静态下的接地电阻测试。

要求如下:一次回路无人工作,一次系统无接地;在中性点接入一个电阻,保护装置显示的实测电阻值与实际加入的电阻值偏差在5%之内。加入的电阻值为_____ kΩ,实测值为_____ kΩ。

2.7 转子接地保护

因现场通常采用励磁柜内的注入式转子接地保护,发变组保护装置的转子保护一般备用。

2.8 定子过负荷保护试验

2.8.1 定时限过负荷定值

(1)保护总控制字"定子过负荷保护投入"置"1"。

(2)投入定子过负荷保护压板。

(3)定时限定子过负荷电流定值为_____ A,定时限定子过负荷延时_____ s,整定定时限定子过负荷跳闸控制字_____。

(4)定子过负荷报警电流定值为_____ A,定子过负荷报警延时_____ s。

定时限过负荷试验内容如下:保护取发电机机端、中性点最大相电流。过负荷试验值为_____,延时试验值为_____。

2.8.2 反时限过负荷定值

(1)保护总控制字"定子过负荷保护投入"置"1"。

(2)投入定子过负荷保护压板。

(3)反时限启动电流定值为_____ A,反时限上限时间定值为_____ s,定子绕组热容量为_____,散热效应系数为_____,整定反时限过负荷跳闸控制字_____。

反时限过负荷试验内容如下:保护取发电机机端、中性点最大相电流。端子同定时限过负荷。各试验数据(表15.30)应做好记录。

表15.30 试验数据记录(I_e = _____)

序号	输入电流	动作时间	计算时间	备注
1				
2				
3				
4				

2.9 负序过负荷保护试验

2.9.1 定时限负序过负荷定值

(1)保护总控制字"负序过负荷保护投入"置"1"。

(2)投入负序过负荷保护压板。

(3)定时限负序过负荷电流定值为＿＿＿＿A,定时限负序过负荷延时＿＿＿＿s,整定负序过负荷跳闸控制字＿＿＿＿,负序过负荷报警电流定值为＿＿＿＿A,负序过负荷信号延时＿＿＿＿s。

定时限负序过负荷试验内容如下:保护取发电机机端、中性点负序电流小值(电流端子同定子过负荷保护试验),一侧 TA 断线,负序过负荷保护不会误动。

负序过负荷Ⅰ段试验值为＿＿＿＿,负序过负荷延时＿＿＿＿s。

2.9.2 反时限负序过负荷定值

(1)保护总控制字"负序过负荷保护投入"置"1"。

(2)投入负序过负荷保护压板。

(3)反时限启动负序电流定值为＿＿＿＿A,反时限上限时间定值为＿＿＿＿s,转子表层热容量 A 值为＿＿＿＿,长期允许负序电流为＿＿＿＿A,反时限负序过负荷跳闸控制字＿＿＿＿。

反时限负序过负荷试验内容如下:保护取发电机机端、中性点负序电流小值,(电流端子同定子过负荷保护试验)一侧 TA 断线,负序过负荷保护不会误动。各试验数据(表 15.31)应做好记录。

表 15.31　试验数据记录(I_e = ＿＿＿＿)

序号	输入电流	动作时间	计算时间	备注
1				
2				
3				
4				

2.10 发电机失磁保护试验

2.10.1 失磁保护定值整定

(1)保护总控制字"发电机失磁保护投入"置"1"。

(2)投入发电机失磁保护压板。

(3)定子阻抗判据:失磁保护阻抗1(上端)定值为_____Ω,失磁保护阻抗2(下端)定值为_____Ω,无功功率反向定值为_____%,整定"阻抗圆选择"控制字选择静稳阻抗圆或异步阻抗圆,整定"无功反向判据投入"控制字。

母线电压判据:主变高压侧低电压定值为_____V。

减出力判据:减出力功率定值为_____%。

(4)失磁保护Ⅰ段延时_____s,动作于减出力,整定控制字"Ⅰ段阻抗判据投入""Ⅰ段转子电压判据投入""Ⅰ段减出力判据投入",整定失磁保护Ⅰ段跳闸控制字。

(5)失磁保护Ⅱ段延时_____s,母线电压动作于出口,整定控制字"Ⅱ段母线电压低判据投入""Ⅱ段阻抗判据投入""Ⅱ段转子电压判据投入",整定失磁保护Ⅱ段跳闸控制字。

(6)失磁保护Ⅲ段延时_____s,动作于出口或信号,整定控制字"Ⅲ段阻抗判据投入""Ⅲ段转子电压判据投入""Ⅲ段信号投入"。

失磁保护阻抗判据:失磁保护阻抗采用发电机机端TV1正序电压、机端正序电流来计算。

辅助判据:正序电压$U_1>6$ V,负序电压$U_2<6$ V,电流大于$0.1I_{ezd}$。

无功反向判据:采用发电机机端电压、机端电流计算。

2.10.2 失磁保护转子判据试验

辅助判据1:正序电压$U_1>6$ V,负序电压$U_2<6$ V,发电机在正常运行状态。

辅助判据2:高压侧断路器在合闸位置,发电机负荷电流大于$0.1I_e$,延时1 s。

2.10.3 失磁保护Ⅰ段减出力试验

功率采用发电机机端电压、机端电流来计算,电流电压端子同上。

失磁保护Ⅱ段经母线电压低动作于跳闸,失磁保护Ⅲ段动作于信号或跳闸,失磁保护Ⅳ段延时动作于跳闸。

2.11 发电机失步保护试验

2.11.1 失步保护定值整定

(1)保护总控制字"发电机失步保护投入"置"1"。

(2)投入发电机失步保护压板。

(3)定子阻抗判据:失步保护阻抗定值Z_A为_____Ω,失步保护阻抗定值Z_B为_____Ω,电抗线阻抗定值为_____Ω,灵敏角定值为_____°,

透镜内角定值为_____°。

(4) 振荡中心在发变组区外时,滑极定值为_____。振荡中心在发变组区内时,滑极定值为_____,跳闸允许电流定值为_____A。

(5) 失步保护跳闸矩阵定值。

(6) 失步保护控制字"区外失步动作于信号""区外失步动作于跳闸""区内失步动作于信号""区内失步动作于跳闸"。

失步保护判据试验:动作于信号时,不需投入压板。失步保护阻抗采用发电机机端正序电压、机端正序电流来计算。发电机变压器组断路器跳闸允许电流取主变高压侧电流。采用试验仪模拟振荡试验,振荡周期为 0.2 s~10 s,分别设置振荡中心在发变组内部、外部,观测保护动作情况。

2.13 发电机电压保护试验

2.13.1 发电机电压保护定值整定

(1) 保护总控制字"发电机电压保护投入"置"1"。

(2) 投入发电机电压保护投入压板。

(3) 过电压Ⅰ段定值为_____V,过电压Ⅰ段延时_____s,过电压Ⅰ段跳闸控制字_____;过电压Ⅱ段定值为_____A,过电压Ⅱ段延时_____s,过电压Ⅱ段跳闸控制字_____。

电压保护试验内容如下:电压保护取发电机机端相间电压,过电压保护取三个相间电压的最大值。过电压Ⅰ段试验值为_____V,过电压Ⅰ段延时_____s,过电压Ⅱ段试验值为_____V,过电压Ⅱ段延时_____s。

2.14 发电机过励磁保护试验

2.14.1 定时限过励磁定值

(1) 保护总控制字"发电机过励磁保护投入"置"1"。

(2) 投入发电机过励磁保护压板。

(3) 过励磁Ⅰ段定值为_____,过励磁Ⅰ段延时_____s,过励磁Ⅰ段跳闸控制字_____;

过励磁Ⅱ段定值为_____,过励磁Ⅱ段延时_____s,过励磁Ⅱ段跳闸控制字_____;

过励磁信号段定值为_____,过励磁信号段延时_____s。

定时限过励磁试验内容如下:发电机过励磁保护取发电机机端电压及其频

率计算。(U/f 采用标幺值计算）

过励磁Ⅰ段试验值为_____，过励磁Ⅰ段延时定值为_____s。

过励磁Ⅱ段试验值为_____，过励磁Ⅱ段延时定值为_____s。

过励磁信号段试验值为_____，过励磁报警延时定值为_____s。

2.14.2 反时限过励磁定值

(1)保护总控制字"发电机过励磁保护投入"置"1"。

(2)投入过励磁保护压板。

(3)整定反时限过励磁保护定值。

(4)整定反时限过励磁跳闸控制字。

反时限过励磁试验内容如表 15.32 所示。

表 15.32　反时限过励磁试验内容

序号	名称	U/F 定值	输入电压	频率	U/F 实测值	延时定值	延时实测
1	反时限上限						
2	反时限定值1						
3	反时限定值2						
4	反时限定值3						
5	反时限定值4						
6	反时限定值5						
7	反时限定值6						
8	反时限下限						

2.15　发电机逆功率保护试验

2.15.1　发电机逆功率保护定值整定

(1)保护总控制字"发电机逆功率保护投入"置"1"。

(2)投入发电机逆功率保护投入压板。

(3)逆功率定值为_____%，逆功率延时_____s，逆功率跳闸控制字_____。

低功率保护定值为_____%，低功率保护延时_____s，低功率保护跳闸控制字_____。

程序逆功率定值为_____%，程序逆功率延时_____s，程序逆功率跳闸控制字_____。

逆功率保护试验内容如下：保护取发电机机端电压（大于 6 V）、机端电流，逆功率试验值为_____V，逆功率延时_____s。

低功率保护需经热工控制接点闭锁（6B19 强电开入），断路器位置接点闭锁。低功率试验值为_____V，低功率延时_____s。

程序逆功率需经发电机主气门开关位置接点、发变组高压侧断路器位置接点（合位）闭锁。程序逆功率试验值为_____V，程序逆功率延时_____s。

2.16　发电机频率保护试验

2.16.1　发电机频率保护定值

(1) 保护总控制字"发电机频率保护投入"置"1"。

(2) 投入发电机频率保护压板。

(3) 整定频率保护定值。

(4) 整定低频保护跳闸控制字、过频保护跳闸控制字。

(5) 按需要选择每一段动作于跳闸或动作于报警，整定"电超速功能投入"控制字，投入电超速功能。

2.16.2　频率保护试验

低频保护辅助条件：发变组断路器位置接点，发电机机端相电流大于 $0.06I_e$，低频Ⅰ、Ⅱ带累计功能。过频保护不需经位置接点、负荷电流闭锁，计时均不累计。各试验数据（表 15.33）应做好记录。

表 15.33　试验数据

序号	名称	频率定值	频率试验值	延时	延时试验值
1	低频Ⅰ段				
2	低频Ⅱ段				
3	低频Ⅲ段				
4	低频Ⅳ段				
5	过频Ⅰ段				
6	过频Ⅱ段				

注意：在投运前，一定要将试验报文清零，防止低频误累计。

2.17　发电机起停机保护试验

2.17.1　发电机起停机保护定值

(1) 保护总控制字"发电机起停机保护投入"置"1"。

(2) 投入发电机起停机保护压板。

(3) 整定频率闭锁定值为_____。

(4) 变压器差流定值(大于 $1.0I_e$) 为_____A，高厂变差流定值为_____A，发电机差流定值为_____A，励磁变差流定值为_____A，跳闸控制字_____。

(5) 定子接地零序电压定值为_____V，延时定值为_____s，跳闸控制字_____。

(6) 按需要选择某一功能投入。

(7) "低频闭锁投入"置"1"，当频率低于定值时，起停机保护自动投入。

2.17.2 起停机保护试验

"低频闭锁功能投入"置"1"，启停机保护还需经断路器位置接点闭锁。在发电机机端电压回路加入频率低于定值的电压或不加任何量，试验不同的功能定值。定子接地电压取发电机中性点开口电压。

频率闭锁试验值为_____，变压器差流试验值为_____s，高厂变差流试验值为_____A，发电机差流试验值为_____A，励磁变差流试验值为_____A，定子接地零序电压试验值为_____V，延时试验值为_____s。

2.18 发电机误上电保护试验

2.18.1 发电机误上电保护定值

(1) 保护总控制字"发电机误上电保护投入"置"1"。

(2) 投入发电机误上电保护压板。

(3) 整定误合闸电流定值为_____A，误合闸频率闭锁定值为_____，断路器跳闸允许电流定值为_____A，误合闸延时定值为_____s，跳闸控制字_____。

(4) "低频闭锁投入"置"1"。当频率低于定值时，保护自动投入。

(5) "断路器位置接点闭锁投入"置"1"。发变组并网前、解列后，保护自动投入。

2.18.2 误上电保护试验

"低频闭锁功能投入"置"1"，模拟发变组并网前、解列后运行状态，首先在发电机机端电压回路加入频率低于定值的电压，然后从变压器高压侧电流回路、机端电流回路、中性点电流回路加入电流,测得保护动作值为_____。

"断路器位置接点闭锁投入"置"1",模拟发变组并网前、解列后的运行状态,从变压器高压侧电流回路、机端电流回路、中性点电流回路加入电流,测得保护动作值为_____。

"断路器跳闸闭锁功能投入"置"1",模拟发变组并网前、解列后的运行状态。从变压器高压侧电流回路、机端电流回路、中性点电流回路加入电流,误上电保护动作、高压侧断路器电流大于闭锁定值时,保护不跳出口断路器,动作于跳闸控制字整定的其他开关;当电流小于闭锁定值时,保护动作于整定的所有开关。

注:当"低频闭锁功能投入"置"1","断路器位置接点闭锁投入"置"1","断路器跳闸闭锁功能投入"置"1",电压频率小于定值,保护动作时高压侧断路器电流大于闭锁定值,因误合闸对发电机冲击大,断路器也会快速跳闸。

误上电Ⅱ段动作,代表未闭锁出口断路器;误上电Ⅰ段动作,代表闭锁出口断路器。

2.19 断路器闪络保护试验

2.19.1 发电机误上电保护定值

(1)保护总控制字"发电机误上电保护投入"置"1"。

(2)投入发电机误上电保护压板。

(3)整定闪络保护主变高压侧开关电流定值为_____A,闪络保护一段延时定值为_____s,跳闸控制字_____;闪络保护二段延时定值为_____s,跳闸控制字_____。

2.19.2 闪络保护试验

发电机机端TV加入大于0.1倍的额定正序电压,发电机机端加入大于0.03倍的额定电流,模拟断路器A断开位置,从变压器高压侧电流回路加入单相电流,测得保护负序电流动作值为_____A。

2.20 发变组差动保护试验

2.20.1 定值整定

(1)保护总控制字"发变组差动保护投入"置"1"。

(2)投入发变组差动保护压板。

(3)比率差动启动定值为_____,起始斜率为_____,最大斜率为

_____,二次谐波制动系数为_____,速断定值为_____。

(4)整定发变组差动跳闸矩阵定值。

(5)按照试验要求整定"发变组差动速断投入""发变组比率差动投入""涌流闭锁功能选择""TA 断线闭锁比率差动"控制字。

2.20.1 比率差动试验

对于 YD-11 的主变接线方式,RCS-985 装置采用主变高压侧电流 A—B、B—C、C—A 的方法进行相位校正,校正至发电机中性点侧,并进行系数补偿。由于发变组差动保护范围包括高厂变低压侧,高厂变低压侧电流根据高厂变接线方式进行相位校正,校正至高厂变高压侧(即发电机中性点侧),同时进行系数补偿。差动保护试验时分别从一侧、二侧加入电流。一侧、二侧加入电流的对应关系为:A——ac,B——ba,C——cb。

其中,一侧电流为主变高压侧;二侧电流为发电机中性点侧或高厂变低压 A/B 侧(高压侧)或励磁变低压(高压)侧。

"发变组比率差动投入"置"1",从两侧加入电流。

进行发变组比率差动试验时,Y 侧电流归算至额定电流时需除以 1.732。

按照表 15.34 的格式分别做出主变高压侧—发电机中性点侧、主变高压侧—高厂变高压侧 A/B/C 相的差动保护特性曲线。其中,一侧电流 I_e = _____ A,二侧电流 I_e = _____ A。

表 15.34 主变高压侧—发电机中性点侧、主变高压侧—高厂变高压侧 A/B/C 相的特性

相别	序号	一侧电流 A	一侧电流 I_e	二侧电流 A	二侧电流 I_e	制动电流 $(I_1+I_2)/2$	差动电流 I_e	计算值 I_e
A/B/C 相	1							
	2							
	3							
	4							
	5							
	6							

2.20.2 二次谐波制动系数试验

涌流闭锁控制字为"0"时投入,从其中一侧电流回路同时加入基波电流分

量(能使差动保护可靠动作)和二次谐波电流分量,减小二次谐波电流分量的百分比,使差动保护动作。定值为_____%,试验值为_____%。

2.20.3　发变组差动速断试验

"发变组差动速断投入"置"1":模拟任一相差动电流,使差动速断动作,定值为_____I_e,试验值为_____。差动保护动作时间实测值为_____s。

2.20.4　TA 断线闭锁试验

(1)"发变组比率差动投入""TA 断线闭锁比率差动"均置"1"。两侧三相均加上额定电流,断开任意一相电流,装置发出"发变组差动 TA 断线"信号并闭锁变压器比率差动,但不闭锁差动速断。(2)"发变组比率差动投入"置"1","TA 断线闭锁比率差动"置"0",两侧三相均加上额定电流,断开任意一相电流,发变组比率差动动作并发出"发变组差动 TA 断线"信号。

2.21　主变差动保护试验

2.21.1　定值整定

(1)保护总控制字"主变差动保护投入"置"1"。

(2)投入主变差动保护压板。

(3)比率差动启动定值为_____,起始斜率为_____,最大斜率为_____,二次谐波制动系数为_____,速断定值为_____。

(4)整定主变差动跳闸矩阵定值。

(5)按照试验要求整定"主变差动速断投入""主变比率差动投入""主变工频变化量比率差动""涌流闭锁功能选择""TA 断线闭锁比率差动"控制字。

2.21.2　比率差动试验

对于 YD-11 的主变接线方式,RCS-985 装置采用主变高压侧电流 A—B、B—C、C—A 的方法进行相位校正,校正至发电机机端侧,并进行系数补偿。差动保护试验时分别从一侧、二侧加入电流。一侧、二侧加入电流的对应关系为:A——ac,B——ba,C——cb。

其中,一侧电流为主变高压侧;二侧电流为发电机机端侧或高厂变高压侧或励磁变高压侧。

"主变比率差动投入"置"1",从两侧加入电流。

进行变比率差动试验时,Y 侧电流归算至额定电流时需除以 1.732。按照表 15.35 中的格式分别做出主变高压侧—发电机机端侧、主变高压侧—高厂变高压侧 A/B/C 相的特性。其中，一侧电流 I_e = _____ A，二侧电流 I_e = _____ A。

表 15.35　主变高压侧—发电机机端侧、主变高压侧—高厂变高压侧 A/B/C 相的特性

相别	序号	一侧电流 A	一侧电流 I_e	二侧电流 A	二侧电流 I_e	制动电流 $(I_1+I_2)/2$	差动电流 I_e	计算值 I_e
A/B/C 相	1							
	2							
	3							
	4							
	5							
	6							

2.21.2　二次谐波制动系数试验

涌流闭锁控制字为"0"时投入，从一侧电流回路同时加入基波电流分量（能使差动保护可靠动作）和二次谐波电流分量，减小二次谐波电流分量的百分比，使差动保护动作。定值为_____%，试验值为_____%。

2.21.3　主变差动速断试验

"主变差动速断投入"置"1"：模拟任一相差动电流，使差动速断动作。定值为_____ I_e，试验值为_____，差动保护动作时间实测值为_____。

2.21.4　TA 断线闭锁试验

(1)"主变比率差动投入""TA 断线闭锁比率差动"均置"1"，两侧三相均加入额定电流，断开任意一相电流，装置发出"主变差动 TA 断线"信号并闭锁主变比率差动，但不闭锁差动速断。

(2)"主变比率差动投入"置"1"，"TA 断线闭锁比率差动"置"0"，两侧三相均加入额定电流，断开任意一相电流，主变比率差动动作并发出"主变差动 TA 断线"信号。

2.22　主变相间后备保护试验

2.22.1　复合电压过流保护定值整定

(1)保护总控制字"主变相间后备保护投入"置"1"。

(2)投入主变相间后备保护投入压板。

(3)负序电压定值为_____V，相间低电压定值为_____V，过流Ⅰ段

定值为＿＿＿＿A,过流Ⅱ段定值为＿＿＿＿A。

(4)整定过流Ⅰ段跳闸控制字、过流Ⅱ段控制字。

(5)根据需要整定"过流Ⅰ段经复合电压闭锁""过流Ⅱ段经复合电压闭锁""经低压侧复合电压闭锁"控制字。注："经低压侧复合电压闭锁"不能单独投入。

(6)"电流记忆功能"控制字置"1"时,复合电压过流保护动作后,电流元件记忆保持10 s。只有在复合电压判据不满足或电流小于0.1倍的额定电流时,记忆元件才会返回。

(7)"TV断线保护投退原则"控制字置"0"时,TV断线时不闭锁复合电压过流保护;置"1"时,TV断线时闭锁复合电压过流保护。如复合电压取自多侧TV,控制字置"0",某侧TV断线时,复合电压判据自动满足;控制字置"1",某侧TV断线时,该侧TV的复合电压判据退出。

(8)整定控制字"过负荷投入""启动风冷投入",相应的过负荷和启动风冷判据投入。

复合电压过流保护试验内容如下:保护取主变高压侧最大相电流。过流Ⅰ段试验值为＿＿＿＿A,过流Ⅰ段延时＿＿＿＿s;过流Ⅱ段试验值为＿＿＿＿A,过流Ⅱ段延时＿＿＿＿s,负序电压定值为＿＿＿＿V,低电压定值为＿＿＿＿V。

电流记忆功能＿＿＿＿,TV断线保护投退原则＿＿＿＿。

2.22.2 阻抗保护试验

定值整定:

(1)保护总控制字"主变相间后备保护投入"置"1"。

(2)投入主变相间后备保护投入压板。

(3)阻抗Ⅰ段正向定值为＿＿＿＿Ω,阻抗Ⅰ段反向定值为＿＿＿＿Ω,阻抗Ⅰ段延时＿＿＿＿s,阻抗Ⅱ段正向定值为＿＿＿＿Ω,阻抗Ⅱ段反向定值为＿＿＿＿Ω,阻抗Ⅱ段延时＿＿＿＿s。

(4)整定阻抗Ⅰ段跳闸控制字、阻抗Ⅱ段控制字。

试验内容:

主变相间阻抗保护取主变高压侧相间电压、相间电流,(电压、电流加入端子同"复合电压过流保护")电流方向流入主变为正方向,阻抗方向指向主变,灵敏角固定为78°。阻抗元件经突变量和负序电流启动。

阻抗Ⅰ段试验值为_____Ω，阻抗Ⅱ段试验值为_____Ω。

主变高压侧 TV 断线时闭锁阻抗保护。

2.22.4 过负荷、启动风冷试验

定值整定：

(1)保护总控制字"过负荷保护投入"置"1"，"启动风冷投入"置"1"。

(2)过负荷定值为_____A，延时_____s。

启动风冷定值为_____A，延时_____s。

试验内容：

A 柜：主变高压侧电流，柜后端子(1ID1、1ID2、1ID3、1ID4)。

B 柜：主变高压侧电流，柜后端子(2ID1、2ID2、2ID3、2ID4)。

过负荷试验值为_____A，延时_____s。

启动风冷试验值为_____A，延时_____s。

2.23 主变接地后备保护试验

2.23.1 零序过流保护定值整定

(1)保护总控制字"主变接地后备保护投入"置"1"。

(2)投入主变接地后备保护投入压板。

(3)零序电压闭锁定值为_____V；

零序过流Ⅰ段定值为_____A，零序过流Ⅰ段延时_____s；

零序过流Ⅱ段定值为_____A，零序过流Ⅱ段延时_____s；

零序过流Ⅲ段定值为_____A，零序过流Ⅲ段延时_____s。

(4)整定零序过流Ⅰ段第一时限跳闸控制字、第二时限跳闸控制字，整定零序过流Ⅱ段第一时限跳闸控制字、第二时限跳闸控制字，整定零序过流Ⅲ段第一时限跳闸控制字、第二时限跳闸控制字。

(5)间隙零序电压定值为_____V，间隙零序电压延时_____s；间隙零序过流定值为_____A，间隙零序过流延时_____s。

(6)主变低压侧零序电压定值为_____V，零序电压报警延时定值为_____s。

(7)根据需要整定"零序过流Ⅰ段经零序电压闭锁""零序过流Ⅰ段经谐波闭锁""零序过流Ⅱ段经零序电压闭锁""零序过流Ⅱ段经谐波闭锁""主变低压

侧零序电压报警投入""经零序无流闭锁"控制字。注:"TV 断线投退原则"未定义。

2.23.2 零序过流保护试验

保护取主变中性点零序 TA 电流,零序电压取主变高压侧开口三角零序电压。

零序电压闭锁试验值为_____ V。

零序过流Ⅰ段试验值为_____ A,延时 1 _____ s,延时 2 _____ s;

零序过流Ⅱ段试验值为_____ A,延时 1 _____ s,延时 2 _____ s;

零序过流Ⅲ段试验值为_____ A,延时 1 _____ s,延时 2 _____ s。

零序过流Ⅲ段不经零序电压闭锁。

2.23.3 间隙零序保护试验

保护取主变零序电压、间隙零序 TA 电流。"经零序无流闭锁"投入时,零序电压保护需经零序无流闭锁,"间隙零序经外部投入"投入时,只有外部零序保护投入接点开入,间隙零序保护才开放。

间隙零序过电压试验值为_____ A,延时 1 _____ s,延时 2 _____ s。

间隙零序过流试验值为_____ A,延时 1 _____ s,延时 2 _____ s。

2.24 主变过励磁保护试验

2.24.1 定时限过励磁定值

(1)保护总控制字"过励磁保护投入"置"1"。

(2)投入过励磁保护压板。

(3)过励磁Ⅰ段定值为_____,过励磁Ⅰ段延时_____ s,过励磁Ⅰ段跳闸控制字_____。

过励磁Ⅱ段定值为_____,过励磁Ⅱ段延时_____ s,过励磁Ⅱ段跳闸控制字_____。

过励磁信号段定值为_____,过励磁信号段延时_____ s。

2.24.2 定时限过励磁试验

主变过励磁保护取主变高压侧电压及其频率计算。TV 断线自动闭锁过励磁保护。为防止主变高压侧 TV 在暂态过程中受电压量影响,主变过励磁经主变高压侧或低压侧(中性点)无流闭锁。(U/f 采用标幺值计算,电压标幺值的基准值取计算值中的主变高压侧二次额定电压)。

过励磁Ⅰ段试验值为_____,过励磁Ⅰ段延时_____s;

过励磁Ⅱ段试验值为_____,过励磁Ⅱ段延时_____s;

过励磁信号段试验值为_____,过励磁信号延时_____s。

2.24.3 反时限过励磁定值

(1)保护总控制字"过励磁保护投入"置"1"。

(2)投入过励磁保护压板。

(3)整定反时限过励磁保护定值。

(4)整定反时限过励磁跳闸控制字。

反时限过励磁试验内容见表15.36。

表15.36 反时限过励磁试验内容

序号	名称	U/F 定值	输入电压	频率	U/F 实测值	延时 定值	延时 实测
1	反时限上限						
2	反时限定值1						
3	反时限定值2						
4	反时限定值3						
5	反时限定值4						
6	反时限定值5						
7	反时限定值6						
8	反时限下限						

2.25 励磁变差动保护试验

定值整定:

(1)保护总控制字"励磁变差动保护投入"置"1"。

(2)投入励磁差动保护压板。

(3)比率差动启动定值为_____,起始斜率为_____,最大斜率为_____,速断定值为_____。

(4)整定励磁差动跳闸矩阵定值。

(5)按照试验要求整定"励磁变差动速断投入""励磁变比率差动投入"

"TA 断线闭锁比率差动"控制字。

(6)用作励磁机差动时,励磁机频率可以为 50 Hz、100 Hz。

2.25.1 比率差动试验

差动保护试验时分别从一侧、二侧加入电流。一侧、二两侧电流按照变压器的接线方式对应加入。高压侧 I_e = _____ A,低压侧 I_e = _____ A。

比率差动试验内容见表 15.37。

表 15.37 比率差动试验内容

相别	序号	一侧电流 A	一侧电流 I_e	二侧电流 A	二侧电流 I_e	制动电流 I_e	差动电流 I_e	计算值 I_e
A/B/C 相	1							
	2							
	3							
	4							

2.25.2 二次谐波制动系数试验

涌流闭锁控制字为"0"时投入,从一侧电流回路同时加入基波电流分量(能使差动保护可靠动作)和二次谐波电流分量,减小二次谐波电流分量的百分比,使差动保护动作。定值为_____%,试验值为_____%。

2.25.3 励磁变差动速断试验

"励磁变差动速断投入"置"1",模拟任一相差动电流,使差动速断动作。

定值为_____ I_e,试验值为_____,差动保护动作时间实测值为_____ s。

2.25.4 TA 断线闭锁试验

(1)"励磁变比率差动投入""TA 断线闭锁比率差动"均置"1",两侧三相均加上额定电流,断开任意一相电流,装置发出"励磁差动 TA 断线"信号并闭锁励磁比率差动,但不闭锁差动速断。

(2)"励磁变比率差动投入"置"1","TA 断线闭锁比率差动"置"0",两侧三相均加上额定电流,断开任意一相电流,励磁比率差动动作并发出"励磁差动 TA 断线"信号。

2.26 励磁变后备保护试验

2.26.1 复合电压过流保护定值整定

(1)保护总控制字"励磁后备保护投入"置"1"。

(2)投入励磁交流保护压板。

(3)负序电压定值为_____V,低电压定值为_____V,过流Ⅰ段定值为_____A,过流Ⅱ段定值为_____A。

(4)整定过流Ⅰ段跳闸控制字、过流Ⅱ段控制字。

(5)根据需要整定"过流Ⅰ段经复合电压闭锁""过流Ⅱ段经复合电压闭锁"。

(6)根据现场接线整定励磁变过流("Ⅰ侧交流输入"或"Ⅱ侧交流输入")。

(7)"TV断线保护投退原则"置"0",TV断线时,复合电压判据自动满足;控制字置"1",TV断线时,该侧TV的复合电压判据退出。

(8)"电流记忆功能投入"控制字置"1"时,过流保护必须经过复合电压闭锁,复合电压过流保护启动后,电流带记忆功能。

2.26.2 励磁过流保护试验

根据"Ⅰ侧交流输入"或"Ⅱ侧交流输入"控制字,从励磁一侧电流回路或二侧电流回路加入电流进行试验。是否经过复压闭锁,按定值单执行。

过流Ⅰ段试验值为_____A,过流Ⅰ段延时_____s。

过流Ⅱ段试验值为_____A,过流Ⅱ段延时_____s。

2.27 励磁过负荷保护试验

2.27.1 定时限过负荷定值

(1)保护总控制字"励磁过负荷保护投入"置"1"。

(2)投入励磁过负荷保护压板。

(3)定时限励磁过负荷电流定值为_____A,定时限励磁过负荷延时_____s。

(4)整定定时限励磁过负荷跳闸控制字。

(5)励磁过负荷报警电流定值为_____A,励磁过负荷信号延时_____s。

定时限过负荷试验内容如下:

根据"Ⅰ侧交流输入"或"Ⅱ侧交流输入"控制字,保护取励磁变高压侧或低压侧最大相电流。

定时限励磁过负荷试验值为_____,延时_____s。

励磁过负荷信号试验值为_____,延时_____s。

2.27.2 反时限过负荷定值

(1)保护总控制字"励磁过负荷保护投入"置"1"。

(2)投入励磁过负荷保护跳闸压板。

(3)反时限启动电流定值为_____A,反时限上限时间定值为_____s。

(4)励磁绕组热容量为_____。

(5)励磁过负荷基准电流为_____。

(6)整定反时限过负荷跳闸控制字。

反时限过负荷试验内容如下:根据"Ⅰ侧交流输入"或"Ⅱ侧交流输入"控制字,保护取励磁变高压侧或低压侧最大相电流。表15.38所示为试验数据记录表。

表 15.38 试验数据记录表(I_e = _____ A)

序号	输入电流	动作时间	计算时间	备注
1				
2				
3				
4				
5				

2.28 高厂变差动保护试验

定值整定:

(1)保护总控制字"高厂变差动保护投入"置"1"。

(2)投入高厂变差动保护压板。

(3)比率差动启动定值为_____,起始斜率为_____,最大斜率为_____,速断定值为_____。

(4)整定高厂变差动跳闸矩阵定值。

(5)按照试验要求整定"高厂变差动速断投入""高厂变比率差动投入""TA断线闭锁比率差动""高压侧TA2电流速断投入"控制字。

(6)对于YD-11的接线方式,RCS-985A装置采用Y侧电流A—B、B—C、C—A的方法进行相位校正,并进行系数补偿。

差动保护试验分别从两侧加入电流。两侧电流按照变压器接线方式对应加入。

2.28.1 比率差动试验

"高厂变比率差动投入"置"1",从两侧加入电流试验。其中,一侧电流为高厂变高压侧;二侧电流为高厂变 A/B 分支低压侧。"主变比率差动投入"置"1",从两侧加入电流进行试验。进行高厂变比率差动试验时,Y 侧电流归算至额定电流时需除以 1.732。按照表 15.39 中的格式分别做出高厂变高压侧—高厂变 A 分支低压侧、高厂变高压侧—高厂变 B 分支低压侧 A/B/C 相的特性。其中,一侧电流 I_e = _____ A,二侧电流 I_e = _____ A。

表 15.39 高厂变高压侧—高厂变 A 分支低压侧、高厂变高压侧—高厂变 B 分支低压侧 A/B/C 相的特性

相别	序号	一侧电流 A	一侧电流 I_e	二侧电流 A	二侧电流 I_e	制动电流 $(I_1+I_2)/2$	差动电流 I_e	计算值 I_e
A/B/C 相	1							
	2							
	3							
	4							
	5							
	6							

2.28.2 二次谐波制动系数试验

涌流闭锁控制字为"0"时投入,从一侧电流回路同时加入基波电流分量(能使差动保护可靠动作)和二次谐波电流分量,减小二次谐波电流分量的百分比,使差动保护动作。定值为_____%,试验值为_____%。

2.28.3 高厂变差动速断试验

"高厂变差动速断投入"置"1",模拟任一相差动电流,使差动速断动作。

定值为 _____ I_e,试验值为_____,差动保护动作时间实测值为_____。

2.28.4 TA 断线闭锁试验

(1)"高厂变比率差动投入""TA 断线闭锁比率差动"均置"1",两侧三相均加入额定电流,断开任意一相电流,装置发出"高厂变差动 TA 断线"信号并闭

锁高厂变比率差动，但不闭锁差动速断。

(2)"高厂变比率差动投入"置"1"，"TA断线闭锁比率差动"置"0"，两侧三相均加入额定电流，断开任意一相电流，高厂变比率差动动作并发出"高厂变差动 TA 断线"信号。

2.29 高厂变高压侧后备保护试验

2.29.1 复合电压过流保护定值整定

(1)保护总控制字"高厂变高压侧后备保护投入"置"1"。

(2)投入高厂变高压侧后备保护投入压板。

(3)负序电压定值为_____V，相间低电压定值为_____V；

过流Ⅰ段定值为_____A，过流Ⅰ段延时定值为_____s，过流Ⅰ段跳闸控制字_____；

过流Ⅱ段定值为_____A，过流Ⅱ段延时定值为_____s，过流Ⅱ段跳闸控制字_____。

(4)根据需要整定"过流Ⅰ段经复合电压闭锁""过流Ⅱ段经复合电压闭锁"控制字。

(5)"电流记忆功能"控制字置"1"时，复合电压过流保护动作后，电流元件记忆保持 10 s。只有在复合电压判据不满足或电流小于 0.1 倍的额定电流时，记忆元件才会返回。

(6)"TV 断线保护投退原则"控制字置"0"时，TV 断线时不闭锁复合电压过流保护；置"1"时，TV 断线时闭锁复合电压过流保护。如复合电压取自多侧 TV，控制字置"0"，某侧 TV 断线时，复合电压判据自动满足；控制字置"1"，某侧 TV 断线时，该侧 TV 的复合电压判据退出。

(7)"分支保护闭锁过流Ⅰ段"控制字置"1"时，当厂用分支保护不动作，输出常闭接点到6B22，开放复合电压过流保护Ⅰ段；当厂用分支保护动作，输出常闭接点到6B22，闭锁复合电压过流保护Ⅰ段。

2.29.2 复合电压过流保护试验

保护取高厂变 TA1 最大相电流，是否经过复压闭锁，按定值单执行。

过流Ⅰ段试验值为_____，过流Ⅰ段延时_____s。

过流Ⅱ段试验值为_____，过流Ⅱ段延时_____s。

负序电压定值为_____V，低电压定值为_____V。

电流记忆功能_____,TV 断线保护投退原则_____。

2.30 高厂变 A(B)分支后备保护试验

2.30.1 高厂变 A(B)分支后备保护定值整定

(1)保护总控制字"高厂变 A(B)分支后备保护投入"置"1"。

(2)投入高厂变 A(B)分支后备保护投入压板。

(3)低电压定值为_____V。

过流Ⅰ段定值为_____A,过流Ⅰ段延时定值为_____s,过流Ⅰ段跳闸控制字_____。

过流Ⅱ段定值为_____A,过流Ⅱ段延时定值为_____s,过流Ⅱ段跳闸控制字_____。

(4)"TV 断线保护投退原则"控制字置"0",TV 断线时不闭锁复合电压过流保护;置"1"时,TV 断线时闭锁复合电压过流保护。

(5)零序过流Ⅰ段定值为_____A,Ⅰ段延时定值为_____s,零序过流Ⅰ段跳闸控制字_____。

零序过流Ⅱ段定值为_____A,Ⅱ段延时定值为_____s,零序过流Ⅱ段跳闸控制字_____。

过负荷定值为_____A,过负荷延时定值为_____s,"过负荷报警投入"控制字_____。

2.30.2 高厂变 A(B)分支后备保护试验

保护取高厂变 A(B)分支电流,是否经过复压闭锁,按定值单执行。

低电压定值为_____V;过流Ⅰ段试验值为_____A,过流Ⅰ段延时_____s;过流Ⅱ段试验值为_____A,过流Ⅱ段延时_____s;零序过流Ⅰ段试验值为_____A,零序过流Ⅰ段延时_____s;零序过流Ⅱ段试验值为_____A,零序过流Ⅱ段延时_____s;过负荷定值为_____A,过负荷延时_____s。

2.31 非电量保护试验

2.31.1 非电量保护定值整定

(1)保护总控制字"非电量保护保护投入"置"1"。

(2)投入相应非电量保护跳闸压板。

(3)整定非电量跳闸延时,延时范围为 0~100 min,整定跳闸控制字。

2.32 TA 断线报警试验

2.32.1 各侧电流回路 TA 断线报警

动作判据：$3I_2 > 0.04I_n + 0.25I_{max}$。

式中：I_n 为 TA 二次额定电流，值为 1 A 或 5 A；$3I_2$ 为负序电流；I_{max} 为最大相电流。

满足条件，延时 10 s 后发相应 TA 异常报警信号。异常消失，延时 10 s 后，相应 TA 异常报警信号自动返回。

2.32.2 差动保护差流报警

投入相应差动保护控制字，差流报警功能自动投入，满足判据，延时 10 s 报相应差动保护差流报警(不闭锁差动保护)信号，差流消失。延时 10 s 后，相应差动保护差流报警(不闭锁差动保护)信号返回。

动作判据：$d_I > izd\_bj$ 及 $d_I > kbj \times I_{res}$。

式中：d_I 为差动电流，izd_bj 为差流报警门槛，kbj 为差流报警系数，I_{res} 为制动电流。

相关数值如表 15.40 所示。

表 15.40　相关数值

名称	差流报警门槛	差流报警系数	备注
发电机差动	$0.05I_e$	0.10	
发变组差动	$0.05I_e$	0.2	
主变压器差动	$0.05I_e$	0.2	
高厂变差动	$0.1I_e$	0.2	
励磁变差动	$0.1I_e$	0.2	

2.32.3 差动保护 TA 断线报警或闭锁

投入相应差动保护控制字及压板，在两侧同时加入三相电流，在额定电流附近调整幅值、相角，使差动电流为"0"。断开一相电流，装置发出差动保护 TA 断线信号。如此时"TA 断线闭锁比率差动投入"置"1"，则闭锁差动保护；如控制字置"0"，差动保护动作于出口。

在发出差动保护 TA 断线信号后，消除 TA 断线情况，复归装置才能消除信号。

在发电机变压器系统并网前，TA 断线报警或闭锁功能自动退出。

2.33 TV 断线报警试验

2.33.1 各侧电压回路 TV 断线报警

动作判据见表 15.41。

表 15.41 动作判据

	判据 1	判据 2	
	负序电压 $3U_2$(8 V)	正序电压(18 V)	电流($0.04I_n$)
主变高压侧 TV			
高厂变 A 分支 TV			
高厂变 B 分支 TV			

满足以上任一条件,延时 10 s 后发 TV 断线报警信号。

延时 10 s 后,信号自动返回。

2.33.2 发电机机端电压切换

控制字"电压平衡功能投入"置"1",从机端两组 TV 加入相等的电压,断开任一组 TV 的一相、两相或三相,均延时 0.5 s 后发相应 TV 断线信号并启动切换。

2.33.3 发电机定子接地相关 TV 断线判别

a. 发电机中性点、机端开口三角 TV 断线报警

投入定子接地保护,从机端 TV1 电压回路加入正序电压。当正序电压大于 $0.85U_n$ 时,TV1 开口三角零序电压或中性点零序电压二次谐波分量小于 0.10 V,延时 10 s 后发出 TV1 开口三角零序 TV 断线报警信号或中性点零序 TV 断线报警信号。

b. TV1 一次断线闭锁判据

TV2 负序电压 $3U_2' < 3$ V;

TV1 负序电压 $3U_2 > 8$ V;

TV1 自产零序电压 $3U_0 > 8$ V;

TV1 开口三角零序电压 $U_0 > 8$ V。

投入定子接地保护,延时 100 ms 后发 TV1 一次断线报警信号,并闭锁三次谐波电压差动定子接地保护。断线信号消失,延时 10 s 后,信号返回。

2.33.4 发电机匝间保护相关 TV 断线判别

a. 匝间保护专用 TV 开口三角 TV 断线报警

投入纵向零序电压匝间保护,从机端 TV2 电压回路(匝间保护专用)加入正序电压。当正序电压大于 $0.85U_n$ 时,开口三角零序电压三次谐波分量小于 0.10 V,延时 10 s 后发开口三角 TV 断线报警信号。

b. TV2 一次断线闭锁判据

判据 1:TV1 负序电压 $3U_2 < U_{2\_set1}$ 或 TV2 负序电压 $3U_2' < U_{2\_set2}$,且 TV2 开口三角零序电压 $3U_0' > U_{z0zd}$(动作定值)。

判据 2:$U_{AB} - U_{ab} > 5$ V,$U_{BC} - U_{bc} > 5$V,$U_{CA} - U_{ca} > 5$ V,且 TV2 开口三角零序电压 $3U_0' > U_{z0zd}$(动作定值)。其中:U_{AB},U_{BC},U_{CA} 为 TV1 相间电压;U_{ab},U_{bc},U_{ca} 为 TV2 相间电压。

投入纵向零序电压匝间保护,满足判据 1 或判据 2,延时 40 ms 后发出 TV2 一次断线报警信号,并闭锁纵向零序电压匝间保护。

在做完试验后,按屏上的"复归"按钮,能复归"跳闸"灯,液晶显示屏循环显示各种内容,连接好打印机,按屏上的"打印"按钮,打印机将打印当前的装置定值、事故报告、异常报告。

第三节 发变组非电量 RCS-974FG 保护校验

1. 拉、合直流电源时的自启动性能检验:直流电源调至 80% 的额定电压值,断开、合上开关电源开关,此时保护装置上的运行指示灯应亮(绿色)。

2. 直流电源上电试验。

对照装置或屏柜直流电压极性、等级,装置或屏柜的接地端子可靠接地。

直流电源缓慢上升时的自启动性能检验。合上保护装置,检验直流电源开关,直流电源由零缓慢上升至 80% 的额定电压值。此时,工作电源插件正常工作,延时几秒钟后,装置"运行"灯亮,"报警"灯灭,"跳闸"灯灭(如亮可复归),液晶显示屏幕显示主接线状态。

3. 记录软件版本和程序检验码,核对时钟。

RCS-974FG 开入量接点检查 4。依次投入短接屏上相应的压板以及相应的开入接点,查看液晶显示屏上的"保护状态"子菜单中的"开入量状态"是否正确。表 15.42 所示为试验记录表。

表 15.42 记录表

序号	名称	端子号	序号	名称	端子号
1	主变冷却器故障	8ZD1-8ZD11	18	B厂变重瓦斯	8QD2-8ZD31
2	主气门关闭跳闸	8ZD1-8ZD12	19	B厂变压力释放	8ZD1-8ZD32
3	主变重瓦斯跳闸	8ZD1-8ZD15	20	B厂变绕组超温跳闸	8ZD1-8ZD33
4	主变压力突变跳闸	8ZD1-8ZD16	21	B厂变油温超温跳闸	8ZD1-8ZD34
5	主变压力释放跳闸	8ZD1-8ZD17	22	B厂变冷却器故障	8ZD1-8ZD35
6	主变绕组过温跳闸	8ZD1-8ZD18	23	主变油温高信号	8ZD1-8ZD40
7	主变油温超高跳闸	8ZD1-8ZD19	24	主变轻瓦斯	8ZD1-8ZD41
8	主变备用跳闸	8ZD1-8ZD20	25	主变油位异常	8ZD1-8ZD42
9	母差跳闸	8ZD1-8ZD21	26	主变绕组高信号	8ZD1-8ZD43
10	稳控切机	8ZD1-8ZD22	27	A厂变轻瓦斯信号	8ZD1-8ZD49
11	A厂变重瓦斯	8ZD1-8ZD23	28	A厂变油温高信号	8ZD1-8ZD50
12	A厂变压力释放	8ZD1-8ZD24	29	A厂变绕组温高信号	8ZD1-8ZD51
13	A厂变绕组超温跳闸	8ZD1-8ZD25	30	A厂变油位异常信号	8ZD1-8ZD52
14	A厂变油温超温跳闸	8ZD1-8ZD26	31	B厂变轻瓦斯	8ZD1-8ZD57
15	A厂变冷却器故障	8ZD1-8ZD27	32	B厂变油温高信号	8ZD1-8ZD58
16	励磁系统故障	8ZD1-8ZD28	33	B厂变绕组温高信号	8ZD1-8ZD59
17	励磁变温度过高跳闸	8ZD1-8ZD29	34	B厂变油位异常信号	8ZD1-8ZD60

5. RCS-974FG 开出接点检查(与保护功能试验一起进行)

在进行输出接点和信号检查时首先应检查保护屏端子排上的输出情况,然后再检查各输出接点到各回路的实际输出情况。跳闸输出接点的检查(表15.43),可以在整组校验时进行。

表 15.43 跳闸输出接点的检查

跳闸输出接点		
序号	信号名称	压板号
1	非电量跳发变组主开关 I	8TLP1
2	非电量跳发变组主开关 II	8TLP2
3	非电量保护停炉	8TLP5
4	非电量保护关主气门	8TLP7

续表 15.43

跳闸输出接点		
序号	信号名称	压板号
5	非电量跳灭磁开关 I	8TLP9
6	非电量跳灭磁开关 II	8TLP10
7	非电量跳高厂变开关	8TLP11
8	非电量跳高厂变开关	8TLP15
9	非全相保护跳发变组主开关 I	8FLP1
10	非全相保护跳发变组主开关 II	8FLP2
11	非全相启动 A 套母差	8FLP3（检验时不允许投）
12	开关失灵启动 A 套母差	8FLP4（检验时不允许投）
13	非全相启动 B 套母差	8FLP5（检验时不允许投）
14	开关失灵启动 B 套母差	8FLP6（检验时不允许投）

6. 信号接点检查

（1）对于中央信号接点，应检查中央信号系统相应的光字牌是否正确，检查监控系统相应的信号是否正确。

（2）对于事件记录接点，可在录波器屏端子上进行监视，或通过录波报告来检查其正确性。

（3）对于远方接点，可只检查接点到遥信屏的正确性。

表 15.44 所示为信号接点检查事项。

表 15.44　信号接点的检查

信号接点的检查			
序号	信号名称	屏柜端子号	
^	^	中央信号接点	远方信号接点	事件记录接点
1	非电量延时跳闸	8XD1－8XD5	8YD1－8YD5	8SD1－8SD5
2	装置闭锁	8XD1－8XD7	8YD1－8YD7	8SD1－8SD7
3	装置报警	8XD1－8XD8	8YD1－8YD8	8SD1－8SD8
4	主变冷却器故障	8XD1－8XD9	8YD1－8YD9	8SD1－8SD9
5	主气门关闭跳闸	8XD1－8XD10	8YD1－8YD10	8SD1－8SD10
6	主变重瓦斯跳闸	8XD1－8XD13	8YD1－8YD13	8SD1－8SD13

续表 15.44

序号	信号名称	信号接点的检查		
		屏柜端子号		
		中央信号接点	远方信号接点	事件记录接点
7	主变压力突变跳闸	8XD1 – 8XD14	8YD1 – 8YD14	8SD1 – 8SD14
8	主变压力释放跳闸	8XD1 – 8XD15	8YD1 – 8YD15	8SD1 – 8SD15
9	主变绕组过温跳闸	8XD1 – 8XD16	8YD1 – 8YD16	8SD1 – 8SD16
10	主变油温超高跳闸	8XD1 – 8XD17	8YD1 – 8YD17	8SD1 – 8SD17
11	主变备用跳闸	8XD1 – 8XD18	8YD1 – 8YD18	8SD1 – 8SD18
12	母差跳闸	8XD1 – 8XD19	8YD1 – 8YD19	8SD1 – 8SD19
13	稳控切机	8XD1 – 8XD20	8YD1 – 8YD20	8SD1 – 8SD20
14	A厂变重瓦斯	8XD1 – 8XD21	8YD1 – 8YD21	8SD1 – 8SD21
15	A厂变压力释放	8XD1 – 8XD22	8YD1 – 8YD22	8SD1 – 8SD22
16	A厂变绕组超温跳闸	8XD1 – 8XD23	8YD1 – 8YD23	8SD1 – 8SD23
17	A厂变油温超温跳闸	8XD1 – 8XD24	8YD1 – 8YD24	8SD1 – 8SD24
18	A厂变冷却器故障	8XD1 – 8XD25	8YD1 – 8YD25	8SD1 – 8SD25
19	励磁系统故障	8XD1 – 8XD26	8YD1 – 8YD26	8SD1 – 8SD26
20	励磁变温度过高跳闸	8XD1 – 8XD27	8YD1 – 8YD27	8SD1 – 8SD27
21	B厂变重瓦斯	8XD1 – 8XD29	8YD1 – 8YD29	8SD1 – 8SD29
22	D厂变压力释放	8XD1 – 8XD30	8YD1 – 8YD30	8SD1 – 8SD30
23	B厂变绕组超温跳闸	8XD1 – 8XD31	8YD1 – 8YD31	8SD1 – 8SD31
24	B厂变油温超温跳闸	8XD1 – 8XD32	8YD1 – 8YD32	8SD1 – 8SD32
25	B厂变冷却器故障	8XD1 – 8XD33	8YD1 – 8YD33	8SD1 – 8SD33
26	主变油温高信号	8XD1 – 8XD38	8YD1 – 8YD38	8SD1 – 8SD38
27	主变轻瓦斯	8XD1 – 8XD39	8YD1 – 8YD39	8SD1 – 8SD39
28	主变油位异常	8XD1 – 8XD40	8YD1 – 8YD40	8SD1 – 8SD40
29	主变绕组高信号	8XD1 – 8XD41	8YD1 – 8YD41	8SD1 – 8SD41
30	A厂变轻瓦斯信号	8XD1 – 8XD47	8YD1 – 8YD47	8SD1 – 8SD47
31	A厂变油温高信号	8XD1 – 8XD48	8YD1 – 8YD48	8SD1 – 8SD48
32	A厂变绕组温高信号	8XD1 – 8XD49	8YD1 – 8YD49	8SD1 – 8SD49

续表 15.44

信号接点的检查			
序号	信号名称	屏柜端子号		
^	^	中央信号接点	远方信号接点	事件记录接点
33	A厂变油位异常信号	8XD1－8XD50	8YD1－8YD50	8SD1－8SD50
34	B厂变轻瓦斯信号	8XD1－8XD55	8YD1－8YD55	8SD1－8SD55
35	B厂变油温高信号	8XD1－8XD56	8YD1－8YD56	8SD1－8SD56
36	B厂变绕组温高信号	8XD1－8XD57	8YD1－8YD57	8SD1－8SD57
37	B厂变油位异常信号	8XD1－8XD58	8YD1－8YD58	8SD1－8SD58

7. 失灵及非全相保护检验

(1) 失灵保护逻辑

失灵电流起动为一个过流判别元件，可以是相电流、零序电流或负序电流，可以整定经发电机保护动作接点和发电机开关位置接点闭锁。

试验内容：根据定值以及所选择的相关逻辑，短接变压器保护动作接点开入及开关合位，然后加入相应的电流进行测试（未经不一致闭锁）。试验数据（表 15.45）应做好记录。

电流端子为柜后端子（8ID1、8ID2、8ID3、8ID5/6/7）。

表 15.45　试验数据

名称		定值	动作值
失灵保护	相电流 I		
^	零序电流 I_0		
^	负序电流 I_2		
^	第一时限		
^	第二时限		

经逻辑校验，机端开关失灵经发电机保护动作接点及机端开关合位闭锁，失灵第一时限以及第二时限出口接点测量正确。

(2) 非全相保护逻辑

非全相起动为一个过流判别元件，可以是零序电流、负序电流，经主变非全相位置接点闭锁。其中，非全相保护第二时限可以整定经发变组保护动作接点闭锁和经相电流闭锁。

试验内容:根据定值以及所选择的相关逻辑,短接非全相动作接点开入,然后加入相应的电流进行测试。试验数据(表 15.46)应做好记录。

电流端子为柜后端子(8ID1、8ID2、8ID3、8ID5/6/7)。

表 15.46 试验数据

名称		定值	动作值
非全相保护	零序电流 I_0		
	负序电流 I_2		
	第一时限		
	第二时限		

经逻辑校验,非全相保护逻辑正确,第一时限及第二时限出口接点测量正确。

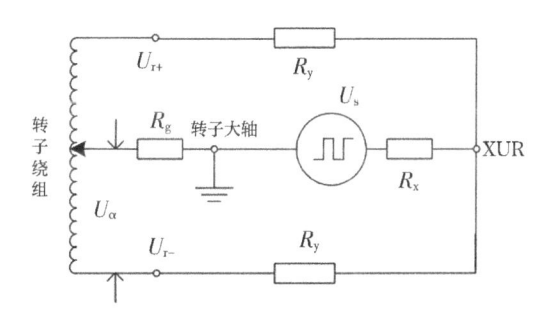

第四节 发电机转子接地保护 RCS-985RE 校验

一、原理

保护装置采用具有专利技术的注入式转子接地保护原理,在转子绕组的正、负端(或其中一端,通常选择负端)与大轴之间注入 48 V 的电压,通过装置内部电子开关定时切换,实时求解转子对地绝缘电阻值,注入电压由保护装置自产。发电机转子一点接地保护是发电机转子对大轴绝缘电阻的下降保护(图 15.2)。

该原理具有以下特点:转子接地电阻的计算与接地位置无关,保护没有死区;转子接地电阻的计算与转子电压的大小无关;不受转子绕组对地电容的影响;在未加转子电压的情况下,也能监控转子的绝缘情况。

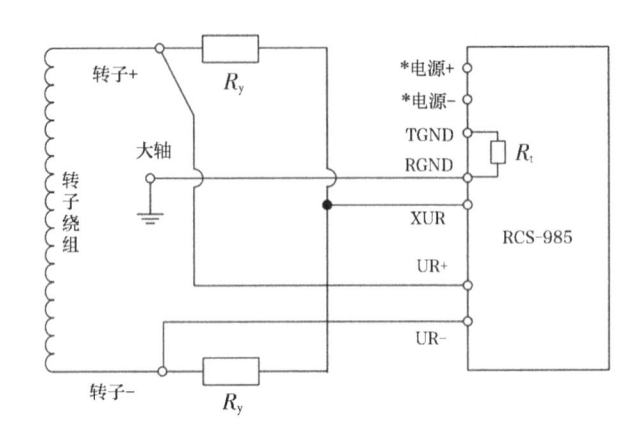

图 15.2　发电机转子接地保护

图中，R_x 为测量回路电阻，R_y 为注入大功率电阻，U_s 为注入电源模块，R_g 为转子绕组对大轴的绝缘电阻。

一点接地设有两段动作值，灵敏段动作于报警，普通段可动作于信号，也可动作于跳闸。若转子一点接地保护动作于报警，当转子接地电阻 R_g 小于普通段整定值，转子一点接地保护动作后，经延时自动投入转子两点接地保护。当接地位置 α 改变达一定值时判为转子两点接地，动作于跳闸。

《汽轮发电机通用技术条件》规定：空冷及氢冷汽轮发电机，励磁绕组的冷态绝缘电阻不小于 1 MΩ。故转子一点接地保护灵敏段一般整定为 10 kΩ～80 kΩ 动作于信号。转子两点接地位移定值固定为 3%。转子两点接地保护按建议采取手动投入方式，在一点接地稳定后手动经压板投入。

二、检验

1. 调试仪器，准备小阻值的滑线变阻器 1 个，万用表 1 只，测量电阻若干个。

2. 注意事项：试验前应检查装置是否有明显的损伤或松动；试验中，一般不要插拔装置插件，不要触摸插件电路。需插拔装置插件时，必须关闭电源。使用的试验仪器必须与屏柜可靠接地。

3. 检查开入接点。依次投入和退出屏上相应的压板以及相应的开入接点，查看"状态显示"菜单中"开关量状态"是否正确。

4. 转子一点接地保护。从相应端子外加直流电压，再将试验端子（20 kΩ）分别与电压正端、负端短接，测得试验值为＿＿＿＿ kΩ。

（1）在静止状态下，将电压正端和电压负端通过一定阻值的滑线变阻器连接，将试验端子（20 kΩ）与电压正端短接，测得试验值为_____ kΩ；将试验端子与电压负端短接，保护测量值为_____ kΩ；将试验端子（20 kΩ）与滑线变阻器任一点短接，测得试验值为_____ kΩ。

5. 转子两点接地保护。从屏柜端子外加直流电压220 V，将试验端子与转子电压正端短接，测得试验值为_____ kΩ。

（1）转子一点接地保护发出报警信号，延时15 s左右后，装置发出"转子两点接地保护投入"信号，将大轴输入端与转子电压负端短接，保护延时动作于出口。

（2）转子两点接地保护在一点接地稳定后手动经压板投入。

6. 其他功能试验。按屏上的"复归"按钮，能复归"跳闸"灯，液晶显示屏循环显示各种内容。试验完成后，严格核对定值单是否准确，相应的状态控制字是否设置正确，试验中的连线是否解除，解开的连线是否恢复。检查保护装置是否处于正常运行状态，压板投入是否正确。

7. 并网运行。并网后检查并网时装置有无异常；带上负荷时，检查转子对地绝缘电阻是否正常；正常运行时，可以监视转子电压、外加电源电压、接地电阻和接地位置。

三、装置异常及处理

1. 当检测到装置本身的硬件故障时，发出装置闭锁及失电信号（BSJ继电器返回），闭锁整套保护。

2. 硬件故障包括随机存储器（RAM）故障、可擦写可编程只读存储器（EPROM）故障、出口回路故障、复杂可编程逻辑器件（CPLD）故障、定值出错和电源故障。当发生以上情况时，应解开保护屏上的出口跳闸压板，更换相应的器件（插件）。在排除故障后，重新启动保护装置，按面板上的"复位"键，待装置恢复正常后，再投上保护屏上的出口跳闸压板。

3. 当保护装置"报警"灯亮，"运行"灯亮时，保护装置液晶屏上将显示异常报文，发出报警信号。我们可根据信号类型，检查相关量，并检查事件报文。

4. 若是保护装置本身发出的信号，检查装置的交流输入量及开入量，分析原因，解决问题。

5. 当保护装置动作跳闸后，"跳闸"指示灯亮，并磁保持。正常运行时，当转子绕组对地绝缘异常,一点接地保护发出报警信号。如异常消失,保护延时返回,保护装置记录保护报警时间、返回时间。

6. 注意事项:转子一点接地保护投入运行后,会影响转子回路对地绝缘阻值,所以当有两套转子一点接地保护装置(双重化配置)时,只能其中一套投入运行,另一套作为冷备用。保护投入时,大轴接地应可靠,保证电刷与滑环接触良好。

第五节　瓦斯继电器检验

一、原理

瓦斯保护是变压器油箱内绕组短路故障及异常的主要保护。其作用原理如下:变压器内部故障时,故障点往往会产生伴随有电弧的短路电流,造成油箱内局部过热并使变压器油分解,产生大量的可燃性气体,这种可燃性气体统称为瓦斯气体。瓦斯保护就是利用变压器油受热分解所产生的热气流和热油流来动作的保护。

瓦斯继电器装在变压器的储油柜和油箱之间的管道内。瓦斯继电器分为轻瓦斯继电器和重瓦斯继电器。轻瓦斯继电器用于以下情况:在运行或者轻微故障时由油分解的气体上升,进入瓦斯继电器,气压使油面下降,轻瓦斯继电器的开口杯随油面落下,轻瓦斯继电器的干簧触点接通,发出信号。重瓦斯继电器用于以下情况:变压器发生严重内部故障(特别是匝间短路等其他变压器保护不能快速动作的故障)时所产生的强烈气体推动油流冲击挡板,挡板上的磁铁吸引重瓦斯继电器的干簧触点,使触点接通而跳闸变压器。

二、结构

瓦斯继电器(图 15.3)有浮筒式、挡板式、开口杯式等不同类型,一般分为有载瓦斯继电器(油管半径一般为 50 mm 或者 80 mm)和本体瓦斯继电器(油管半径一般为 80 mm)。

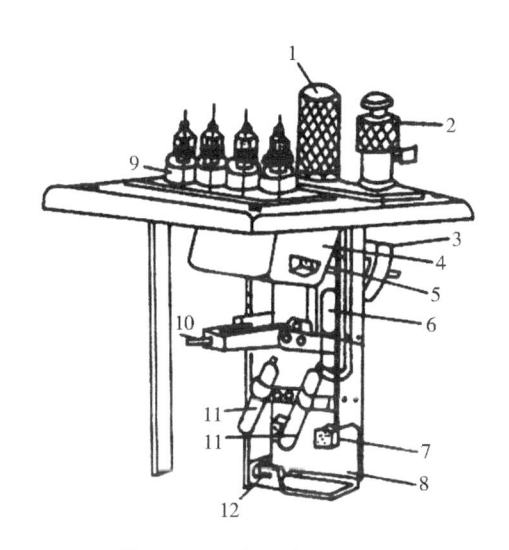

图 15.3　瓦斯继电器结构图

注:1——探针;2——放气阀;3——重锤;4——开口杯;5——磁铁;6——干簧触点(发信号用);7——磁铁;8——挡板;9——接线端子;10——调节杆;11——干簧触点(跳闸用);12——终止挡。

继电器动作整定值:以连接管内的流速为准,流速整定值的上限和下限可根据变压器的容量、系统短路容量、变压器绝缘及质量等具体情况决定(表15.47)。

表 15.47　继电器动作整定值

变压器容量/kV·A	连接管内径/mm	冷却方式	动作流速整定值/m·s^{-1}
1000 及以下	50	自然或风冷	0.7~0.8
1000~7500	50	自然或风冷	0.8~1.0
7500~10000	80	自然或风冷	0.7~0.8
10000 以上	80	自然或风冷	0.8~1.0
200000 以下	80	强迫油循环	1.0~1.2
200000 及以上	80	强迫油循环	1.2~1.3
500 kV 变压器	80	强迫油循环	1.3~1.4
有载调压(分接开关用)	25	—	1.0

三、检验周期及检验项目

检验周期:继电器安装前,检验周期一般不超过 5 年;在变压器大修时进行继电器检验;继电器误动、拒动、检修后等必要时进行检验。表 15.48 所示为检验项目。

表 15.48　检验项目

检验项目	型式检验	安装前检验	例行检验
外观检查	√	√	√
绝缘电阻试验	√	√	√
耐压试验	√	√	√
密封性	√	√	√
流速整定值	√	√	√
气体容积整定值	√	√	√
干簧接点导通试验	√	√	√
防水性能试验	√		
抗震性能试验	√		
反向涌流试验	√		

日常巡视项目包括：

1. 检查气体继电器内有无气体,瓦斯继电器连接管上的阀门应在打开位置。油枕的油位应在合适的位置,继电器内充满油。

2. 变压器的呼吸器应在正常工作状态。

3. 瓦斯保护应正确投入。

四、运行规定

1. 瓦斯继电器装在变压器本体上,为露天放置,受外界环境影响大。运行实践表明,下雨及漏水会造成瓦斯继电器频繁误动。为提高瓦斯继电器的正确动作率,瓦斯继电器密封性能要好,做到防止进水和漏气,还应加装防雨盖。

2. 变压器运行中滤油、补油、换潜油泵时,应将其重瓦斯改接信号,此时其他保护装置仍应投跳闸。

3. 当油位计异常升高或呼吸系统有异常现象,需打开放气阀门或放油阀门时,应先将重瓦斯改投报警信号。

4. 瓦斯继电器保护信号动作时,应立即检查变压器,查明动作的原因,是否由空气积聚、油位降低、二次回路故障或变压器内部故障造成。如瓦斯继电器内有气体,则应记录气量,观察气体的颜色,试验其是否可燃,并取气样及油样做色谱分析,可根据有关规程和导则判断变压器的故障性质。若瓦斯继电器内的气体无色、不臭且不可燃,色谱分析判断为空气,则变压器可继续运行,并及时消除进气缺陷。若气体是可燃的或油中溶解的气体分析结果异常,应综合判断确定变压器是否停运。

5. 瓦斯继电器保护动作跳闸时,在查明原因消除故障前不得将变压器投入运行。为查明原因,应重点考虑以下因素,做出综合判断:

(1)变压器外观有无明显反映故障性质的异常现象;是否呼吸不畅,气是否排尽;瓦斯继电器中聚集气体,其是否可燃;瓦斯继电器中的气体和油中溶解的气体的色谱分析结果是否正常。

(2)进行必要的电气试验,观察试验结果。

(3)保护及直流等二次回路是否正常,检查变压器其他继电保护装置的动作情况。

五、流速试验规定

瓦斯继电器流速整定值试验是在专用流速校验设备上进行的,以相同的连接管内的稳态动作流速为准,重复试验三次,每次试验值与整定值之差不应大于 0.05 m/s。也可用间接测量流速的专用仪器测试流速。调节瓦斯继电器弹簧的长度,可改变动作流速整定值。

瓦斯继电器流速测量应使用经过国家计量监督机构考核合格的标准计量器具。流速计量器具,包括间接测量的校验装置,均应定期检验。

第六节 发变组保护异常及处理

案例一:某火力发电厂#1 机组负荷 280 MW,光字牌闪现"发变组开关事故跳闸"发电机出口断路器跳闸,厂用电切换正常;汽机跳闸,锅炉 MFT,发变组保护显示"发电机差动保护动作"。

案例分析:发电机机端侧 A 相 CT 绕组二次出线电缆较短(基建安装时遗留的隐患),在穿孔处紧贴孔壁。受周围环境和振动影响,电缆长时间与金属孔不断摩擦,致绝缘层受损,电缆线芯触碰金属外壳接地。此处接地与发电机差动电流回路原保护接地构成两点接地,导致发电机机端侧 A 相电流一部分流入差动回路,一部分经两个接地点形成闭环。被分流的机端侧 A 相电流与发电机中性点侧 A 相电流幅值不等,形成差流,造成发电机差动保护动作跳闸。

案例二:某火力发电厂#1 机组 310 MW 运行,DCS 首出"发变组跳闸",发电机跳闸,汽机跳闸,锅炉 MFT 动作灭火。

检查情况:#1 发变组 A、B 保护柜发"发电机 3U$_0$ 定子接地"信号,#1 发变组故障录波器动作记录:发电机机端电压突变量动作启动,发电机机端电压 U_C 下降,U_A、U_B 上升,发电机机端电压 3U_{ot} 和发电机中性点电压 3U_{on} 突增,延时 979 ms 后发电机出口断路器断开,机组跳闸,初步判断发变组保护正确动作。检查发电机出口 PT、励磁变压器、中性点变压器、主变低压侧、厂高变高压侧,均无异常。断开发电机出线检查设备绝缘,测试含主变、厂高变、励磁变、封闭母线、共箱母线绝缘电阻,为 5.5 GΩ。测试发电机三相绝缘(波动较大),对发电机定子冷却水系统放水、吹水后,复测 A、B、C 三相绝缘,均接近 200 MΩ,基本排除发电机内部故障可能。检查发现发电机 C 相引出线软连接处有放电痕迹,发电机出口 CT 二次电缆从上部固定位置脱落,在二次电缆外皮上发现有破损、放电痕迹。分析判断因 CT 二次电缆固定不牢固,电缆脱落搭在 C 相出线软连接处,发电机出口电压 20 kV 击穿电缆外部绝缘皮,对金属屏蔽层放电,最终造成发电机 C 相出线接地,"发电机定子接地 3U$_0$"保护正确动作。

案例三:2020 年,某火力发电厂#1 发变组保护 B 柜发出"厂变 A 分支零序过流"信号,T1、T2 时限动作,发电机跳闸,#1 机组停运,厂用电源切换正常。

案例分析:经检查发现,厂变 A 分支零序 CT 二次回路接入发变组保护 B 柜,在保护 B 柜电流端子处有短联片连接接地,就地端子箱内又有一个接地点(4071 端子接线)。在高厂变 A 分支零序 CT 二次回路两点接地的情况下,测到的零序电流为 0.016 A。拆除#1 发变组保护柜后的接地点,零序电流降至 0.002 A,采集的电流与发变组保护 A 柜相同。#1 发变组保护 A 柜厂变 A 分支零序 CT 二次回路为一点接地。测量零序电流信号电缆绝缘,绝缘合格。从发变组故障录波器保护动作图可以看出,发电机跳闸瞬间 6 kV 段母线三相电压平衡,A 分支三相电流平衡,厂变 A 分支零序电流为零。故障录波器零序电流采样时没有大的电流,与发变组保护 A 柜"厂变 A 分支零序保护"未启动这一情况吻合。发变组保护 B 柜"厂变 A 分支零序保护"采集到厂用 A 分支零序电流,跳机后仍存在故障零序电流,判断为干扰电流。故此次保护误动的直接原因是保护二次回路两点接地,抗干扰能力差,在外界干扰下产生的零序电流,达到"厂变 A 分支零序 T1"动作值,跳开分支开关。由于干扰电流未消失,T2 延时时间一到,"厂变 A 分支零序 T2"保护动作,机组跳闸。

案例四:2020 年,某火力发电厂#1 机组负荷 150 MW,发变组保护柜发出"发电机转子一点接地保护动作"信号,联跳汽轮机,锅炉 MFT 保护动作,锅炉灭火,机组跳闸。

案例分析:转子一点接地保护采用注入直流电源原理,保护装置显示"转子一点接地保护动作,t_2 出口跳闸,接地电阻 $R_{g2}=9.5$ kΩ"(转子一点接地保护定值为 10 kΩ,动作时间 t_2 为 4 s)。通过试验排查后确定,发电机转轴接地铜辫运行中可能虚接,在发电机转轴灰尘的干扰下,发电机转子一点接地保护误发信号,导致发电机转子接地保护动作跳机。

处理措施及防范措施:机组运行时应注意观察发电机转轴与铜辫是否稳定,是否接触良好,需保证发电机转轴可靠有效接地。如条件允许,需改用压紧力较大的铜辫来提高可靠性,以免发电机转轴接地不可靠引发保护误动。依据《防止电力生产事故的二十五项重点要求》,当发电机转子回路发生接地故障时,应立即查明故障点与性质,如系稳定性的金属接地且无法排除故障,应立即停机处理。

案例五:2019 年,某火力发电厂#1 机组负荷 360 MW,发变组保护 C 柜发出"厂变重瓦斯动作"信号,机组跳闸。现场正在执行高厂变油枕放油工作,因现场高厂变油枕结构为金属波纹管式结构,放油前需将氮充入波纹管,使油枕内的油通过排油管排出。电气作业人员在高厂变放油时未采取退出重瓦斯保护的安全措施,现场操作时误将运行中的变压器瓦斯继电器与油枕之间的阀门关闭。在变压器排油结束后,打开油枕到本体的阀门时,油流涌动,触动瓦斯继电器,高厂变重瓦斯保护跳闸,导致发变组保护动作,机组跳闸。

按照《电力变压器运行规程》的规定,变压器在运行中滤油、补油、换潜油泵时,应将其重瓦斯改投信号,此时其他保护装置仍应投跳闸。当油位计的油位异常升高或呼吸系统有异常现象,需打开放气阀门或放油阀门时,应先将重瓦斯改投报警信号。

第十六章 励磁系统

同步发电机是电力系统无功功率的主要来源之一,通过调节励磁电流可以改变发电机的无功功率,维持发电机端电压。不论在系统正常运行时还是在故障情况下,同步发电机的直流励磁电流都需要控制。因此,励磁系统是同步发电机的重要组成部分。励磁系统的安全运行,不仅与发电机及电力系统的运行经济指标密切相关,而且与发电机及电力系统运行的稳定性密切相关。

同步发电机运行时,必须在励磁绕组中通入直流电流,以便建立磁场,此电流称为励磁电流,而供给电流的整个系统称为励磁系统。励磁系统包括所有调节与控制元件、磁场放电或灭磁装置及保护装置,具体由自动电压调节器(AVR)、励磁电源(励磁机、励磁变压器)、整流器、灭磁与转子过电压保护组成。

按励磁电源划分,励磁系统一般分为直流励磁机方式、交流励磁机方式和静止励磁方式。静止励磁方式是指采用半导体整流的励磁方式,大型同步发电机常用的就是自并励静止励磁系统。

第一节 励磁系统功能说明

一、常用术语

自动电压调节器(Automatic Voltage Regulator,AVR):实现按发电机电压调节及其相关附加功能的环节之总和,也称自动通道。

自动电压调节(Automatic Voltage Controller,AVC):依靠自动控制装置调节电压。

电力系统稳定器(Power System Stabilizer,PSS):励磁调节器的一种附加功能,能够有效地增强系统阻尼,抑制系统低频振荡,提高电力系统的稳定性。

强励电压倍数:励磁系统顶值电压与额定励磁电压之比。

强励电流倍数:励磁系统顶值电流与额定励磁电流之比。

均流系数:并联运行各支路电流平均值与支路最大电流之比。

PID 调节:具有比例、积分和微分作用的一种线性调节规律。

二、静态励磁调节功能

静态自并励励磁系统,采用厂用电源整流起励方式,励磁变压器接在发电机机端,经可控硅整流柜供给发电机励磁电流。整个励磁系统由励磁变压器、调节器控制柜、功率整流柜、起励柜和灭磁柜组成。正常情况下,AVR 双通道运行,其中一个是工作通道,另一个是备用通道,备用通道自动跟踪工作通道。当工作通道故障时,备用通道自动切换为工作通道。每个控制通道有自动和手动方式。手动方式可用于测试功能,并作为自动方式的备选项。在双通道的发电机电压 PT 断线时,自动方式将切换为手动方式。

1. 励磁调节器的通道配置

双机主从运行是励磁控制系统的标准配置。为了保证主从切换时发电机不发生扰动,备用通道需要跟踪主通道数据,保证主从安全切换。

2. 励磁调节器的调节规律:PID 控制方式 + PSS

电力系统稳定器(PSS)附加控制是励磁调节装置中重要的稳定控制功能,随着自并励静止励磁系统的广泛应用,PSS 附加控制成为励磁系统不可或缺的功能之一。良好的 PSS 控制能增加阻尼,克服原励磁调节器产生的负阻尼转矩,能够有效抑制电力系统低频振荡,从而提高发电机组(线路)的最大输出能力。PSS 设置了投入和切除开关,用于 PSS 的投入和退出。

3. 运行控制方式

(1)机端电压闭环调节方式是最基本的励磁控制方式,也是励磁运行的主要运行方式。机端电压闭环调节方式以发电机端电压作为调节变量,调节的目的是维持发电机端电压与电压参考值一致,而电压参考值主要由增磁命令(远方或就地)和减磁命令(远方或就地)来增加和减小。发电机空载时,电压参考值发生变化,使机端电压随之变化;发电机负载时,电压参考值发生变化,使发电机电压也随之变化,同时引起发电机无功功率在更大范围内变化。

(2)励磁电流闭环调节方式是常规励磁控制方式,主要在励磁试验时或电压环故障(PT 断线或机端电压异常)时使用。励磁电流闭环调节方式以发电机励磁电流作为调节变量,调节的目的是使发电机励磁电流与电流参考值保持一致,而励磁电流参考值主要由增磁命令(远方或就地)和减磁命令(远方或就地)来增加和减小。

4. 开机升压方式

自动升压:采取常规设定方式,调节器控制"励磁投入"后,发电机电压直接上升至设定点(100%的额定电压)。

人工升压:就地操作合灭磁开关,就地手动"投励",调节器会将电压参考值调整至升压电压初值;就地人工操作增磁命令,逐步升高发电机电压至所需要的值。

5. 限制和保护功能

调节装置提供完善的限制和保护功能,保证机组与系统运行稳定,具体见表16.1。

表16.1 限制和保护功能

功能名称		功能说明
低励限制及保护	无功功率低励限制	限制动作时,控制量调节至设定的限制值。保护动作时,则调节器执行主从通道切换,闭锁故障调节装置通道输出
	最小励磁电流限制	
	进相定子过电流限制	
过励限制及保护	最大励磁电流限制	
	励磁过电流反时限制	
	无功功率过励限制(报警)	
	滞相定子过电流限制	
V/Hz 限制及保护	发电机负载时主要为过压限制,发电机空载时主要为过激磁限制	V/F 限制动作后,发出过励限制信号。保护动作时,若发电机处于并网运行状态,则调节器执行主从通道切换,闭锁故障调节装置通道输出。若发电机处于空载运行状态,则故障调节装置自动闭锁脉冲输出
PT 断线	双 PT 比较法、负序比较法和冗余判别法	主从切换和控制方式切换

6. 可控硅整流柜

每柜单桥布置,单桥额定输出 3000 A。采用并联支路数,N-1 个并联支路退出运行仍能满足发电机强励和 1.1 倍额定励磁电流运行的国标要求。

每柜设置切脉冲把手。通过操作切脉冲把手,可切除本柜脉冲电源,使得脉冲消失,输出电流到零,本柜退出运行。

每柜配置交流侧和直流侧隔离开关。当本柜退出运行后,本柜输出电流为零,可切除交流侧和直流侧隔离开关,使本柜与系统解除联系,保证系统和设备的安全。

每台功率整流柜都配置双风机。正常情况下,一台风机运行,另一台风机备用。当运行风机故障时,备用风机自动投入运行。风机电源设置两路电源供电。

7. 灭磁开关柜和灭磁电阻柜

灭磁开关采用性能可靠的 Gerapid-6007(6000 A/2000 V)灭磁开关,灭磁电阻选用氧化锌非线性电阻,过电压保护电阻选用氧化锌非线性电阻。

初励部分配置一套交流整流起励回路,采用交流整流起励方式。初励回路的操作主要由励磁调节器控制,同时设置发电机升压后自动分闸和起励失败后保护分闸的功能。

第二节　励磁系统检验规程

一、试验项目

励磁系统试验项目如表 16.2 所示。

表 16.2　试验项目

编号	试验项目	型式试验	出厂试验	交接试验	大修试验
1	励磁系统各部件绝缘试验	√	√	√	√
2	环境试验	√			
3	交流励磁机带整流装置时空负荷试验和负荷试验	√		√	
4	交流励磁机励磁绕组时间常数测定	√			
5	副励磁机负荷特性试验	√	√		√
6	自动及手动调节范围测定	√		√	
7	励磁系统模型参数确认试验	√		√△	

续表 16.2

编号	试验项目	型式试验	出厂试验	交接试验	大修试验
8	电压静差率及调差率测定	√		√	
9	自动电压调节通道切换及自动/手动控制方式切换	√	√	√	√
10	发电机电压/频率特性	√			
11	自动电压调节器零起升压试验	√		√	√
12	自动电压调节器各单元特性试验	√	√		
13	操作、保护、限制及信号回路动作试验	√	√	√	
14	发电机空负荷阶跃响应试验	√		√	√
15	发电机负荷阶跃响应试验	√		√	√
16	电力系统稳定器试验	√		√△	
17	甩无功负荷试验	√			
18	灭磁试验	√		√	√
19	各种工况(包括进相)下发电机带负荷调节试验	√		√	
20	额定工况下功率整流装置均流试验	√		√	√
21	励磁系统各部件温升试验	√			
22	励磁装置老化试验	√			
23	功率整流装置噪声试验	√			
24	励磁装置抗扰度试验	√			
25	励磁系统涉网性能仿真试验	√			
26	励磁系统顶值电压和顶值电流测定、励磁系统电压响应时间和标称响应测定	√△			
27	发电机轴电压测量			√	√
28	转子过电压保护试验	√	√		

说明：△为涉网试验项目，不包括在一般型式试验和交接试验项目内，有需要时协商进行

二、检验内容

具体检修项目的内容、方法及要求如表 16.3 所示。

表 16.3 检修项目情况

序号	检修项目	具体内容	方法及要求
1	日常维护	定期巡检	记录和比对励磁系统的重要运行参数:功率柜输出电流、励磁电流、机组功率、晶闸管的控制角度、均流、运行温度等
		专项巡检	异常巡检,温度巡检,励磁设备运行环境(灰尘、滤网、空调)巡检
2	静态试验	绝缘测试	励磁系统各部件绝缘电阻测试
		调节器校验	装置电源检查,交流采样精度检查,开入、开出检查,操作、保护、限制及信号回路动作检查
		风机静态试验	检查风机的电源切换功能、风机进风量、两组风机是否合格,风门是否可以正常开闭
		灭磁开关及操作回路试验	就地/远方分、合灭磁开关,灭磁开关应正确动作;发变组保护启动,灭磁开关跳闸,正确动作。灭磁开关至发变组保护、DCS、故障录波等设备的位置辅助接点正确,检查灭磁开关特性
		小电流试验	在整流柜的阳极输入侧外加 380 V 的交流厂用电,直流输出接电阻负载,调整控制角,通过观察负载电压波形的变化,综合检查励磁控制器的测量、脉冲等回路,包括检查整流柜元件的参数特性
3	动态试验	励磁空载试验	1. 励磁起励逆变试验:起励升压、通道切换、阶跃试验,逆变和跳闸灭磁。试验时应始终设专人监视机端电压和转子电流的变化。 2. PT 断线、双通道切换试验:记录调节器切换的过程。 3. 过励磁电流限制试验:观察限制效果。 4. 伏赫限制试验。 5. 机组建压稳定后,应检查并记录励磁电压、励磁电流、机端电压、同步电压、功率柜电流及均流等重要参数
		励磁负载试验	通道切换、负荷阶跃响应、PSS 试验等

第三节　NES-5100 励磁调节装置检验

一、静态试验

1. 装置通电前的检查

(1)装置内部检查。检查调节器内部端子配线是否有松动或脱落的现象。检查柜内所有元器件有无明显的损坏。检查所有螺丝并紧固。检查 EX03 CPU 板,4 个拨码开关均应在下方。检查 EX04 模拟量板,1 个拨码开关应在下方。检查 EX08 脉冲放大板,1 个拨码开关应在上方。用万用表测量保险是否完好。

(2)装置外围回路检查:确认开关量输出节点正确,外部信号电源无串电。

2. 装置通电及通电后的检查

(1)送电后,观察所有板件的指示灯,指示灯应正常。测量各路交流、直流电源的电压并做好记录。

(2)合上电源开关,确认 D-Link 交换机在工作状态。打开工控机,点击桌面上的"opc",启动 OPC 服务器。再点击桌面上的"client",启动主界面。点击"系统拓扑—AVR—检测报警—板件检测",观察 ±12 V、5 V、3.3 V、1.8 V 电源的测量值,并做好记录。

(3)测量电源的电压,并做好记录。测量脉冲电源电压,并做好记录(表16.4)。

表16.4　装置通电及通电后的检查

序号	电源回路	测量	备注
1	A 套装置交流电源		
2	A 套装置直流电源		
3	B 套装置交流电源		
4	B 套装置直流电源		
5	24 V 电源		
6	风机电源 1		
7	风机电源 2		
8	起励电源		在定检时需断电,以免误动
9	灭磁开关控制电源 1		
10	灭磁开关控制电源 1		

3. 版本号检查

界面软件版本号为_____，程序版本号为_____。

4. 小电流试验（通常采用阳极同步接线方式）

（1）接线

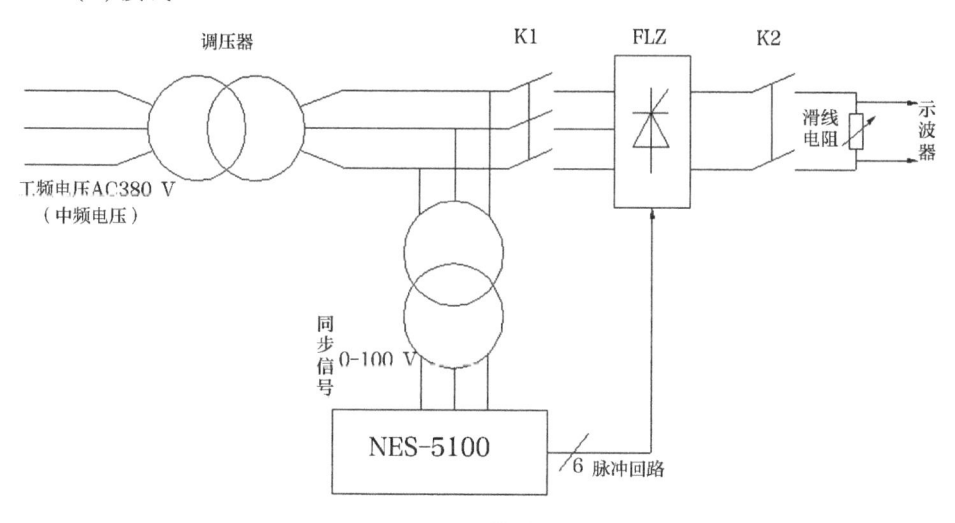

图 16.1　接线图

根据机组同步频率的不同选取调压器电源（图 16.1）。调压器输出经同步变压器降压后，同步信号应保持在 AC100 V 左右。如果现场不具备调压器，直接接入阳极电源，并确保加入的阳极电压不大于整流桥阳极额定电压。经过整流后输出的直流侧接滑线变阻器，电阻阻值要合适（在触发角度为 0°时的输出电压下，能够承受 2 A 的电流；在小于 90°的控制角时要保证可控硅能够导通）。示波器 AC220 V 电源经隔离变压器隔离后，将示波器接在电阻两端，X 轴挡位为 2 ms/格（工频）或 0.2 ms/格（中频），Y 轴挡位适量。图 16.1 中的交流、直流开关 K1、K2 根据情况而定，可以不接。

注意：对于整流柜阳极，要断开阳极到励磁变压器的接线，或阳极到永磁机的接线，或阳极到励磁机定子的接线。通常，同步变压器的原边接线直接接在阳极刀闸（开关）进线端，在无法断开上述接线的情况下，可以将阳极电压加在阳极刀闸（开关）出线端，同步变压器的原边接线也需要暂时改接在阳极刀闸（开关）出线端。要将两套调节器的同步变压器的原边接线都改接在阳极刀闸（开关）出线端。对于整流后的直流输出，要断开到励磁机转子的接线或到发电机转子的接线。示波器要用直流挡。

(2)调节器设置

确认调节器电源在开启状态,在主界面左侧"调试"栏中点击"模式切换",双击"定角度"单选框,输入用户名和密码(均为"1");再次双击"定角度"单选框,弹出"确定把本套调节器置为定角度模式吗?"对话框,单击"确定",将调节器置于"定角度"控制方式。

观察主界面,机组状态为"等待",无故障、告警和限制信号,"控制方式"显示为"定角度"。

将灭磁开关停机的常闭节点打开,将保护停机令或中控停机令解开。采用硬件封脉冲的,需要确认脉冲端子的脉冲电源导通。(可以合灭磁开关的,合灭磁开关;不能合灭磁开关的,临时短接这两个端子)。合上整流柜的脉冲投切开关。特殊起励条件下应根据具体要求设置好。

在功率柜阳极加入电压,改变触发角,测直流输出电压。

注意:示波器采用"直流(DC)"挡。在调节器具备"就地/远方切换"功能时,需要置"就地控制"位。按"就地建压"按钮,观察调节器处于"空载"时的状态。定角度初值通常为110°。按"增磁"按钮将角度增加到60°,观察输出波形是否正确。一个周期内的波形应如图16.2所示。

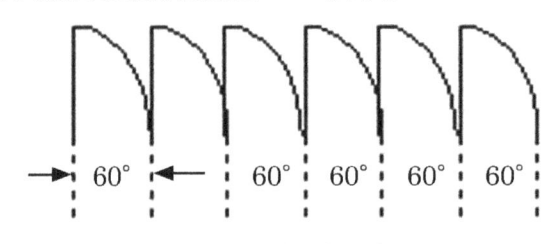

图16.2 60°的参考波形

测量交流电压 U_{ac}、直流电压 U_d。在"监控"—"参数设置"—"系统参数"栏,双击"补偿角度",输入用户名和密码(均为1),调整补偿角度,使得 U_2、U_d 和触发角度 α 满足关系式:$U_d = 1.35 \times U_{ac} \times \cos \alpha$,并确认波形正确。通常情况下,若是工频系统,补偿角应在 -10°和10°之间;若是中频系统,补偿角应在0和20°之间。

分别以 A、B、C 套为主套,对每个整流柜做小电流试验,并记录相关数据。在60°时两套调节器相互切换,记录切换时直流输出电压的波动情况。如果有偏差,修改补偿角,使得偏差在允许的范围内(阳极电压为100 V时,允许偏差为0.5 V)。修改参数,将"空/负载最大角度、最大角度、定角度初值"设为

170°,将"空/负载最小角度、最小角度、定角度最小角度"设为5°,重新生成参数文件并下发。

分别以 A、B、C 套为主套,在5°和170°之间增减磁,观察输出波形和直流输出电压,应正确无误,并做好记录。如果角度在5°和170°之间,波形和电压均正常,则最终角度应在10°和150°之间。如果角度在5°之前波形已经翻转,出现异常波头,则最小角度应比翻转角度大5°;如果角度在170°之前波形已经翻转,出现异常波头,则最大角度应比翻转角度小20°。确定最大角度、最小角度后,修改参数,将"空/负载最大角度、最大角度"设为最大角度,将"空/负载最小角度、最小角度、定角度最小角度"设为最小角度,定角度初值设为110°(表16.5),重新生成"0x10280000.dat""0x10290000.dat"两个参数文件,并下发。

表16.5 调节器设置

	调节器控制角				补偿角
	30°	60°	90°	120°	
#1 功率柜直流输出电压/V	调节器 A 套				
	调节器 B 套				
#2 功率柜直流输出电压/V	调节器 A 套				
	调节器 B 套				
#3 功率柜直流输出电压/V	调节器 A 套				
	调节器 B 套				
#4 功率柜直流输出电压/V	调节器 A 套				
	调节器 B 套				

5. 模拟量校验

安全措施:加入电压、电流时,应将端子上的短接片打开,严禁将电压、电流加到外回路上;加入电压、电流时,电压最大值不能超过150 V,电流最大值不能超过5 A。

将 NES-5100 的电压端子和电流端子的联片打开,用三相保护校验仪送入电压、电流,模拟发电机励磁 PT1、PT2、系统 PT、发电机定子 CT、发电机转子 CT 二次侧输出。

发电机定子 PT 二次侧输出额定值为:

UFN/发电机定子 PT 变比 = 20000/(20000/100) = 100(V)。

可控硅交流三相 CT 二次侧输出额定值为：

I_{FN}/发电机定子 CT 变比 $=4534\times0.816/(6000/5)=3.083(A)$。

发电机定子 CT 二次侧输出额定值为：

I_{LN}/交流三相 CT 变比 $=21170/(25000/5)=4.234(A)$。

当加入的定子电压、定子电流为二次额定值，电压、电流相位角为 0°时，励磁调节器检测机端电压(U_{F1}、U_{F2})为 100%，定子电流为 100%，有功为额定视在值，无功为 0。当加入的发电机转子电流为二次额定值(模拟可控硅交流三相副边 CT 二次侧输出)，励磁调节器检测转子电流为 100%。

通过工控机监控界面观测定子三相电压测量值、定子三相电流测量值及发电机转子测量值，均显示正确。

某测量值偏差过大时，可通过"监控"—"参数设置"—"采样系数"栏调整。PT2 电压和转子电流可通过修改模拟量板电位器进行调整。用电位器调整不能满足要求时，可以通过采样系数进行修改。注意：正序系数和负序系数必须相等。对被调节量修改采样系数时用码值调整，精度较高。调整后，测量值与实际加入的模拟量的偏差应小于 0.5%。记录上述测量值和修改系数的结果。注意：尽可能让两套的采样系数一致，发电机端电压除外。

6. 开关量校验

(1)开入量校验。通过远方发信号(不具备条件时可以通过端子短接)，模拟现场数字量输入，观察相应的隔离继电器动作是否正确，开关量板上相应位置的指示灯是否亮，点击"AVR"控件—"开入开出"—"硬件 DI"栏，相应的开入量显示是否为"1"。"就地增磁""就地减磁""就地建压""就地逆变"需通过本柜按钮实现。注意"就地/远方控制"的切换。同时要做好记录(表 16.6、表 16.7)。

表 16.6　开入量校验一

信号名称	开入继电器	A 套开入	B 套开入
270 开关常开节点	－KI_01		
远方增磁令	－KI_02		
远方减磁令	－KI_03		
远方建压令	－KI_04		
远方逆变令	－KI_05		
灭磁开关常闭节点			

续表 16.6

信号名称	开入继电器	A 套开入	B 套开入
PSS 投入	－KI_06		
电流闭环运行	－KI_07		
无功闭环运行	－KI_08		
功率因数闭环运行	－KI_09		

表 16.7　开入量校验二

信号名称	A 套开入	B 套开入
#1 整流柜故障		
#2 整流柜故障		
#3 整流柜故障		
#4 整流柜故障		
就地增磁令		
就地减磁令		
就地建压令		
就地逆变令		
A 套/B 套置主令		

（2）开出量校验。点击"开始"—"所有程序"—"南瑞励磁智能监控系统"—"OPC Navigator"，打开 OPC Navigator 软件。点击"NARI.OpcServer.1"—"a 套"—"试验设置"—"开出传动试验使能"，单击右键并选择"Async"—"write"，输入"1"，点击"OK"。

点击"硬件 DO"，选择要开出的数字量，并右键选择"Async"—"write"，输入"1"，点击"OK"，即可强制开出。

观察开关量板上相应位置的指示灯是否亮，相应的隔离继电器动作是否正确，在 1103 端子测量输出节点是否正确，远方收到的信号是否正确。

试验完成后，选择"试验设置"—"开出传动试验使能"栏，单击右键并选择"Async"—"write"，输入"0"，点击"OK"，所有开出信号均复归。

注意：如果远方开出节点已送电，要用万用表"电压挡"测量输出节点。当点"初励控制"时,灭磁柜上的初励控制回路应不带电,以防长期通电或初励回路有电送出。通常情况下,A套故障信号、B套故障信号由隔离继电器常闭节点报出,因此相应的硬件开出灯在调节器正常时是亮的,在调节器故障时是灭的。

7. 功能模拟试验

确保同步信号正确,脉冲回路接通。以下试验均在空载或负载状态下进行,确认调节器A、B套电源在开启状态,并在加入模拟量前按"就地建压"按钮,使调节器进入空载发脉冲状态。

点击"监控"—"参数设置"—"开机保护"栏,临时将开机保护电压上限和电流上限修改为200%。

(1)"电压闭环"功能

确保NES-5100的控制方式为"电压闭环"。通过端子模拟加入发电机PT二次侧额定电压,通过端子模拟加入发电机转子CT二次侧空载额定电流,通过主界面观察机端电压测量值。在机端电压小于电压给定值时,通过减磁令使机端电压大于电压给定值,此时应该观察到触发角度从空载最小角逐渐变为空载最大角。在机端电压大于电压给定值时,通过增磁令使机端电压小于电压给定值,此时应该观察到触发角度从空载最大角逐渐变为空载最小角。

(2)"电流闭环"功能

确保NES-5100的控制方式为"电流闭环"。通过端子模拟加入发电机PT二次侧额定电压,通过端子模拟加入发电机转子CT二次侧空载额定电流,通过主界面观察转子电流测量值。在转子电流小于电流给定值时,通过减磁令使转子电流大于电流给定值,此时应该观察到触发角度从空载最小角逐渐变为空载最大角。在转子电流大于电流给定值时,通过增磁令使转子电流小于电流给定值,此时应该观察到触发角度从空载最大角逐渐变为空载最小角。

(3)切换

分别对A、B套进行"电压闭环""电流闭环"切换,触发角度和直流输出电压应无明显波动。

(4)PT断线

通过端子模拟加入发电机PT二次侧额定电压。通过端子模拟加入发电机转子CT二次侧空载额定电流。通过断开PT1电压输入接线,可以模拟PT断线故障。

通常情况下,对 A 套而言,PT1 为励磁 PT,PT2 为仪表 PT;对 B 套而言,PT1 为仪表 PT,PT2 为励磁 PT。如果以 A 套为主,当断开 A 套调节器的 PT1 时,A 套调节器应报 PT 断线故障,切为电流闭环,切为从套,B 套调节器应为主套。在 A 套已报 PT 断线的情况下,再断开 B 套调节器的 PT1 时,B 套调节器应报 PT 断线故障,切为电流闭环,B 套仍然为主套。此时,将 A 套调节器 PT1 恢复,A 套调节器 PT 断线故障应消失,恢复为电压闭环,A 套调节器应切为主套。此时,再将 B 套调节器 PT1 恢复,B 套调节器 PT 断线故障应消失,恢复为电压闭环,A 套仍然为主套。

(5)起励异常封脉冲

点击"监控"—"参数设置"—"开机保护"栏,临时将开机保护电压上限修改为 20%,将电流上限修改为 20%。通过端子模拟加入发电机 PT 二次侧额定电压,不加转子电流,此时调节器应停止发脉冲。将 PT 电压撤掉,调节器应回到等待状态。通过端子模拟加入发电机转子 CT 二次侧空载额定电流,不加定子电压,此时调节器应停止发脉冲,并且回到等待状态。试验完成后,临时将开机保护电压上限修改为 110%,将电流上限修改为 200%。

模拟试验:按下调节装置面板上的"就地建压"按钮,加入异常的定子电压、转子电流和定子电流值,调节器软件自动封脉冲,可控硅自然关断。

(6)逆变停机

只加额定 PT 电压和空载额定转子电流,不加定子电流,按 NES-5100"就地逆变"按钮,此时触发角度应为空载最大角,可控硅直流输出波形为逆变波形,动作正确。将 PT 电压和转子电流撤掉,调节器应回到等待状态。

(7)过励、欠励限制

点击"调试"—"过欠励",通过"五点拟合"可以设置过励定值(表 16.8)。通过端子模拟加入发电机 PT 二次侧电压,通过端子模拟加入发电机转子 CT 二次侧电流和定子 CT 二次侧电流。"增磁"使得电压给定值比机端电压值高。调整定子电流、定子电压的夹角,调整定子电流值,在"调试"—"过欠励"中,观察到"当前主套运行点"移动到过励限制曲线右侧,等待 5 s,过励限制应动作,"增磁"电压给定值应不变。在报出过励限制的情况下进行调整,使"当前主套运行点"移动到过励限制曲线左侧,等待 3 s,过励限制应返回。

表 16.8 过励、欠励限制

过励限制五点	无功/Mvar	有功/MV·A
第一点	320	0
第二点	320	350
第三点	320	530
第四点	320	660
第五点	0	733
欠励限制五点	无功/Mvar	有功/MV·A
第一点	-100	0
第二点	-100	350
第三点	-60	530
第四点	-35	660
第五点	0	733

(8) 强励限制(强励反时限限制)

通过端子模拟加入发电机 PT 二次侧电压、发电机转子 CT 二次侧电流和定子 CT 二次侧电流。"增磁"使电压给定值比机端电压值高。改变发电机转子电流输入值,使转子电流值为 200%,等待 10 s,强励限制应动作,"增磁"电压给定值应不变。在报出强励限制的情况下,将转子电流值改为 100%,"减磁"使电压给定值比机端电压值低,强励限制应立即返回。

(9) 伏赫限制

通过端子模拟加入发电机 PT 二次侧额定电压、发电机转子 CT 二次侧空载额定电流。机端电压频率保持在 50 Hz,将机端电压值调整为 106%;或者将机端电压值调为 100%,将机端电压频率调整为 47.1 Hz,伏赫限制应动作。也可依次点击"监控"—"参数设置"—"VHz 限制器",修改 VHz 限制恒比例给定值,模拟伏赫限制。此时,"增磁"电压给定值应不变。在报出伏赫限制的情况下,将机端电压频率和机端电压值恢复为额定值,伏赫限制应返回。

伏赫限制动作值为_____,伏赫限制动作时间为_____s。

(10) 伏赫限制时逆变灭磁

通过端子模拟加入发电机 PT 二次侧额定电压、发电机转子 CT 二次侧空载额定电流。机端电压值保持 100%,将机端电压频率调整为 45 Hz,点击"AVR"

控件—"数据显示"—"状态标志",伏赫限制时逆变灭磁应为"1",角度应变为空载最大角。将机端电压撤掉,调节器应回到等待状态。也可点击"监控"—"参数设置"—"VHz 限制器",修改 VHz 限制频率最小值,模拟伏赫限制时逆变灭磁。

(11)硅柜限制

通过端子模拟加入发电机 PT 二次侧额定电压、发电机转子 CT 二次侧空载额定电流。模拟 1 台功率柜故障,点击"AVR"控件—"开入开出"—"开关量",硅柜 N－1 故障开入应为"1";点击"AVR"控件—"检测报警"—"限制量",硅柜限制应为"1"。此时,"增磁"电压给定值可以变化。

模拟 2 台及以上功率柜故障,点击"AVR"控件—"开入开出"—"开关量",硅柜 N－2 故障开入应为"1";点击"AVR"控件—"检测报警"—"限制量",硅柜限制应为 1。将转子电流值增至 110%以上,点击"AVR"控件—"数据显示"—"给定与输出",调节结果值应等于硅柜限流输出值。此时,"增磁"电压给定值应不变。将功率柜故障信号全部撤掉,硅柜限制应返回。

(12)空/负载电压、电流、角度上下限检查

加入 PT 电压、转子电流,模拟发电机空载状态,分别在电压闭环和电流闭环方式下,观察空载状态下电压给定、电流给定、角度的上下限值,并做好记录。

加入 PT 电压、转子电流和定子电流,模拟发电机负载状态,分别在电压闭环和电流闭环方式下,观察负载状态下电压给定、电流给定、角度的上下限值,并做好记录。

(13)最大励磁电流限制

通过端子模拟加入发电机 PT 二次侧额定电压、发电机转子 CT 二次侧空载额定电流,将转子电流值增至 210%以上,点击"AVR"控件—"数据显示"—"状态标志",最大励磁电流一段限制标志应为"1",角度应变为空载最大角。此时增磁,电压给定值应不变。将转子电流值减至 210%以下,限制标志应为"0"。

(14)负载最小励磁电流限制

通过端子模拟加入发电机 PT 二次侧额定电压、发电机转子 CT 二次侧电流和定子 CT 二次侧额定电流。调整电压、电流相位角,使有功在额定值,将转子电流值减至 50%以下,点击"AVR"控件—"数据显示"—"状态标志",负载最小励磁电流限制标志应为"1"。此时减磁,电压给定值应不变。将转子电流值增

至50%以上,点击"AVR"控件—"数据显示"—"状态标志",负载最小励磁电流限制标志应为"0"。

(15)跳灭磁开关封脉冲

通过端子模拟加入发电机PT二次侧额定电压、发电机转子CT二次侧空载额定电流。跳开灭磁开关,此时调节器应发出脉冲计数故障和脉冲错误等信号。

二、空载试验

开机前,核对程序和参数是否正确,特别是补偿角度、采样系数等。检查端子的联片是否恢复投入,特别是PT、CT和同步端子。检查并再次确认主回路接线正确。

(一)短路升流试验

(1)试验前的设置和检查

将励磁变压器原边接线与发电机机端解开,将厂用6.3 kV电源接入励磁变压器或者将励磁变压器到可控硅整流柜的输出解开,厂用AC380 V电源直接接入可控硅整流桥阳极,作为他励源。

在上述电源送电后,在整流柜阳极可以测量到一定的电压值,记录该电压值。点击"AVR"控件—"AVR采样",检查同步电压采样是否正确。点击"AVR"控件—"数据显示"—"频率",同步频率应为50 Hz,同步相位应为120°,同步相序应为1589。

在"频率"和"相序"都正确的情况下,可以合上整流柜交流侧和直流侧的刀闸(开关)。检查电动开关是在"试验位"还是"运行位"。"试验位"是用来检测电动开关电气分合闸回路的,在该位置时,主触头是分断的。"运行位"才是电动开关正常运行的位置。要确认电动开关此时在"运行位"。

合上脉冲投切开关。分合一次灭磁开关。在灭磁开关分合均正常的情况下,合上灭磁开关。点击"调试"—"模式切换",将调节器的控制方式修改为"定角度"。定角度初值在90°以上,默认是110°。点击"监控"—"参数设置"—"试验设置",将短路试验使能调整为"1"。

(2)试验过程

①注意:请先进入主界面,再关闭另一套调节器电源。

②整个试验过程中应安排人员在灭磁开关前把守。当调节器给出开机令

后,密切观察转子电流值。若转子电流值超过正常值(空载额定电流的50%),直接断开灭磁开关,或直接关闭调节器电源,确保机组和设备的安全。

③在开机条件满足后,给调节器"就地建压"令,此时转子电流应为零。确认正常后,点击"监控"—"参数设置"—"开机保护",将开机保护电流上限值设为100%。

④通过"增磁"减小角度。当角度减小到90°以下时,逐渐有转子电流输出。观察主界面"定子"控件中的定子电流,定子电流随着转子电流的增加而增加。根据现场试验方案的要求,增减定子电流到相应的值,并记录相关数据。

⑤当定子电流达到最大时,根据实际的转子电流值(来自电厂DCS,或者用灭磁柜上的分流计测量计算)校核主界面"转子"控件中指示的转子电流值。当二者有偏差时,可以通过模拟量板第3~5个电位器进行硬件调整。在调整硬件也不满足条件的情况下,可以通过点击"监控"—"参数设置""采样系数",调整"转子A相电流采样系数""转子B相电流采样系数""转子C相电流采样系数"。

⑥转子电流不是在90°输出,表示补偿角度有偏差,可以借此核准补偿角度。注意:某些机组转子电感较大,以至于可控硅续流不好。当角度小于86°仍然没有转子电流输出时,需要立即停止试验,在发电机转子两端并联续流电阻。

在短路升流时,角度减到90°以下(例如87°),而转子电流还没有;角度增大到86°时,转子电流突然增加很多,定子电流也增加较多。最严重的情况是:角度一直减小,而转子电流始终为零。这种情况下,我们需要在转子上并联一个50Ω~200Ω的电阻(通过开关投退),使可控硅在一开始就续流导通。确认出现转子电流后,再将电阻断开,然后继续做升流试验。

⑦试验完成后,点击"监控"—"参数设置"—"试验设置",将短路试验使能置"0"。点击"监控"—"参数设置"—"开机保护",开机保护电流上限值恢复(默认值为80%的空载额定转子电流对应值)。

(二)他励升压试验

主回路的接线方式和做短路升流试验的接线方式相同,试验过程也相同,只是观察的量由定子电流改为定子电压。无须修改短路试验使能和开机保护电流上限值。根据现场试验方案的要求,增减定子电压到相应的值,并记录相关数据。

(三)零起升压试验

1. 试验前的设置和检查

将非三机励磁系统的励磁系统接线由他励恢复为正常运行的励磁系统接线。点击"调试"—"模式切换",将调节器的控制方式调整为"电压闭环"。检查并确保初励继电器在插入位置,初励电源已送,所有主回路的开关已合,脉冲开关已合。检查电压给定值,电压给定值应为 10% ~ 15% U_{FN}。当机组残压过高,或者出现机端电压上升后又回到零(起励失败)的情况,可以根据需要调高电压给定值。

在调节器具备"就地/远方切换"功能时,将调节器置于"就地控制"位。

2. 试验过程

①安排人员把守灭磁开关。当调节器给出开机令后,观察转子电流值。当转子电流值超过正常值时(空载额定电流的50%),直接断开灭磁开关,或者关闭 A 套调节器的电源,确保机组和设备的安全。注意:请先进入主界面,再关闭 B 套调节器的电源。

②在具备开机条件的情况下,点调节器"就地建压"令。当机端电压稳定后,通过调节器"现地增磁"令,升压至 25% U_{FN}。

③打开 B 套调节器的电源,在主界面观察,B 套为从,B 套等待,B 套正常,控制方式为"电压闭环"。调节器无其他异常显示。注意,再次点调节器"就地建压"令,观察并确认"B 套等待"变为"B 套空载"。

④在主界面"定子"控件中,两套调节器测量的三相定子电压应基本相同;在"转子"控件中测量的转子电流应基本相同;在"AVR"控件—"AVR 采样"栏,测量的同步电压应基本相同;在"AVR"控件—"频率"栏,两套调节器的机端频率和同步频率应在 50 Hz ± 0.5 Hz 内,两套调节器的同步相序和机端相序应为 1589。

⑤在确认以上信息正确的情况下,通过调节器"现地增磁"令,使机端电压升高,每上升 10% 记录一次。记录内容为当前的机端电压值、当前的电压给定值、当前的励磁电压、当前的触发角度和当前的励磁电流。

注意:在一般情况下,火电机组机端电压最高不超过 1.05U_{FN}。

(四)阶跃试验

1. 试验原理

机端电压阶跃试验是通过在电压给定上叠加阶跃量来实现的,目的是校验当前电压闭环的 PID 参数是否满足机组动态特性的要求。例如,当前电压给定值为 95%,机端电压为 95%,阶跃量为 5%,阶跃方式为上阶跃。阶跃试验开始后,电压给定值立即设为 100%,此时调节器根据采样的机端电压和电压给定值之差,通过 PID 参数计算出触发角度,调节机端电压,使其达到 100%。录波观察机端电压上升的时间、振荡的次数、达到稳定的时间,可以测评励磁系统的动态响应特性。按规定,发电机空载时阶跃响应,阶跃量为发电机额定电压的 5%,超调量不大于阶跃量的 30%,振荡次数不超过 3 次,上升时间不大于 0.6 s,调节时间不大于 5 s。

2. 机端电压阶跃试验过程

①按下"就地增磁""就地减磁"按钮,使机端电压稳定在 95% U_{FN}。

②点击"调试"—"阶跃试验","当前主套"选"A 套","阶跃试验参数"选"上阶跃","阶跃量"设为 5% 的额定定子电压。

③确认 A 套正在录波。在"曲线选择"中选取"机端电压""电压给定""转子电流""触发角度",点击"开始试验"按钮。

④此时可以通过调节器上方的电压表观察机端电压的变化趋势。

⑤在试验过程中可以手动点"结束试验"按钮结束试验,也可以等待 20 s,程序将自动结束试验。试验结束后,依次点击"结束录波""上传数据""曲线显示"按钮,在波形窗口中即可显示完整的波形图。

⑥点击"Cursor"按钮可以测量波形数值,计算并评价动态响应特性是否满足行标。在动态响应特性不满足行标的情况下,可以修改 PID 参数,重新进行阶跃试验,直至动态响应特性满足行标为止。

⑦点击"保存录波文件",将录波文件保存在相应的目录下。点击"调试"—"录波"—"波形查看"可查看波形。读取相应的波形文件后,点击"Cursor"按钮,输入起始时间和结束时间后,点击"自动分析",即可看到相应波形的上下限值。点击"Zoom Box"按钮,可以放大波形;点击"Resume All(Tracking)"按钮,可以将波形恢复为初始状态。每次阶跃试验的参数都要记录好,并且记录对应录波文件的名称。后续的试验都需要录波,录波文件名称的格式为:电厂名称首字母 + 机组号 + 顺序号。

⑧注意:在录波停止后,需要点击"恢复录波",手动重启录波。

3.转子电流阶跃试验

①从主界面观察到，A 套空载，A 套正常，控制方式为"电流闭环"。A 套电压给定值等于机端电压值，转子电流值基本等于电流给定值。

②点击"调试"—"阶跃试验"，将阶跃量设为 5% 的额定转子电流。做 A 套下阶跃试验，要先下后上。上送录波曲线后，可以观察并评价动态响应特性。动态响应特性应以无超调为标准。

(五)切换试验

1. 电压闭环、电流闭环切换

①在主界面观察到 A 套为主，A 套空载，A 套正常，控制方式为"电压闭环"。A 套机端电压值基本等于电压给定值，电流给定值等于转子电流值。

②点击"调试"—"模式切换"，将两套调节器的控制模式切换为"电流闭环"。观察主界面，A 套控制方式已改为"电流闭环"。

③点击"调试"—"录波"，选择"A 套"，点击"停止录波"按钮，点击"上传数据"按钮，在"波形查看"中选择相应的曲线，点击"曲线显示"，此时在波形窗口中即可显示完整的波形图。点击"Cursor"按钮，输入起始时间和结束时间，点击"自动分析"，即可观察到机端电压的波动值 $\triangle U_f$，请做好记录。

④点击"保存录波文件"，将录波文件保存在相应的目录下。

⑤点击"恢复录波"，手动重启录波。

2. "电流闭环"下 A、B 套切换

①在主界面观察到 A 套为主，B 套为从，A/B 套空载，A/B 套正常，A/B 套控制方式为"电流闭环"。注意：在主界面观察到两套电流给定值相同，触发角度相同，转子电流值差值小于 0.5%，可以进行主从切换。当转子电流值差值大于 0.5% 时，点击"监控"—"参数设置"—"采样系数"，调整转子电流系数。

②记录修改的参数。点击"主从切换"旋钮，在主界面观察到 B 套为主。点击"调试"—"录波"，选择"B 套"。点击"停止录波"按钮，点击"上传数据"按钮，在"波形查看"中选择相应的曲线，点击"曲线显示"，此时在波形窗口中即可显示完整的波形图。点击"Cursor"按钮，输入起始时间和结束时间，点击"自动分析"，即可观察到机端电压的波动值 $\triangle U_f$，请做好记录。

③点击"保存录波文件"，将录波文件保存在相应的目录下。

④点击"恢复录波"，手动重启录波。

3.电流闭环、电压闭环切换

①在主界面观察到 B 套为主,B 套空载,B 套正常,控制方式为电流闭环。B 套电压给定值等于机端电压值,转子电流值基本等于电流给定值。

②在主界面上点击"调试"—"模式切换",将两套控制模式切换为"电压闭环"。观察主界面,B 套控制方式已改为"电压闭环"。

③点击"调试"—"录波",选择"B 套",点击"停止录波"按钮,点击"上传数据"按钮,在"波形查看"中选择相应的曲线,点击"曲线显示",此时在波形窗口中即可显示完整的波形图。点击"Cursor"按钮,输入起始时间和结束时间,点击"自动分析",即可观察到机端电压的波动值 $\triangle U_f$,请做好记录。

④点击"保存录波文件",将录波文件保存在相应的目录下。

⑤点击"恢复录波",手动重启录波。

4."电压闭环"下 A、B 套切换

①在主界面观察到 B 套为主,A 套为从,A/B 套空载,A/B 套正常,A/B 套控制方式为"电压闭环"。注意:在主界面观察到两套电压给定值相同,触发角度相同,机端电压实际值差值小于 0.2%,可以进行主从切换。当机端电压实际值差值大于 0.2%时,点击"调试"—"参数设置"—"采样系数",调整定子电压系数。定子电压对精度要求较高,可通过修改码值进行调整。记录修改的参数。

②操作"主从切换"旋钮。在主界面观察到 A 套为主。点击"调试"—"录波",选择"A 套",点击"停止录波"按钮,点击"上传数据"按钮,在"波形查看"中选择相应的曲线,点击"曲线显示",此时在波形窗口中即可显示完整的波形图。点击"Cursor"按钮,输入起始时间和结束时间,点击"自动分析",即可观察到机端电压的波动值 $\triangle U_f$,请做好记录。

③点击"保存录波文件",将录波文件保存在相应的目录下。点击"恢复录波",手动重启录波。

(六)PT 断线试验

①将机端电压调整为额定值。在主界面观察到 A 套为主,B 套为从,A/B 套空载,A/B 套正常,A/B 套控制方式为电压闭环。

②通过断开 A 套 A 相机端电压在 X101 输入端子的联片,模拟 A 套 PT 断线故障。在主界面观察到"PT"控件和"AVR"控件在闪烁,通信状态为"A 套故

障",A套闭环方式为"电流闭环",A套为从,B套为主。注意:点击"调试"—"录波",手动停止B套录波,上送录波曲线并保存录波文件。

③恢复A套A相机端电压在X101输入端子的联片。1 s后,A套PT断线故障消失。点击"调试"—"录波",手动启动B套录波。

④在确认A、B套都正常的情况下,以B套为主,A套为从。通过断开B套A相机端电压在X101输入端子的联片,模拟B套PT断线故障。注意:点击"调试"—"录波",手动停止A套录波,上送录波曲线并保存录波文件。

⑤恢复B套A相机端电压在X101输入端子的联片。1 s后,B套PT断线故障消失。在"调试"—"录波",手动启动A套录波。

(七)逆变灭磁试验

①确认调节器控制方式为"电压闭环"。

②按调节器的"就地逆变"按钮。在主界面观察到机端电压下降至10% U_{FN} 时,点击"调试"—"录波",选择"A套",点击"停止录波"按钮,点击"上传数据"按钮,在"波形查看"中选择相应的曲线,点击"曲线显示",此时在波形窗口中即可显示完整的波形图。

③点击"调试"—"录波",手动启动A套录波。

(八)自动升压试验

①在主界面观察到A套为主,A套等待,A套正常,控制方式为"电压闭环"。注意:标准的自动升压方式为软起励升压方式。对于非三机系统,可以根据现场要求采用非软起励升压方式。

②点击"监控"—"参数设置"—"软压板"栏,可以设置软起励使能(通常为1)。点击"监控"—"参数设置"—"附加控制"栏,可以设置软起励初始值(通常为25%)、软起励终值(通常为80%~100%,默认为100%,可以根据现场要求设置)、软起励步长(通常为1)。

③当软起励开始后,电压给定值由25%开始增加,每20 ms增加一个步长,直到升至软起励终值(当投入"系统电压跟踪"功能时,升到系统电压值)。在此过程中,机端电压应跟随电压给定值往上升。机端电压上升到最终值时,软起励完成。注意:当软起励过程中进行增磁或减磁操作时,软起励过程将停止。

④当采用非软起励升压方式时,需要将软起励使能设为"0"。点击"监控"—"参数设置"—"附加控制"栏,可以设置起励定子电压给定值(通常为

80%～100%,默认为100%,可以根据现场要求设置)、空载最小角度(10°)。

⑤起励开始后,调节器输出角度为 PID 计算角度。此时,输出角度受到空载最小角度的限制最少。机端电压应以最快速度(3 s～10 s)到达起励电压给定值。至此,自动升压试验完成。

⑥对自动升压过程进行录波并保存。点击"调试"—"录波",手动启动 A 套录波。注意:自动升压试验做完后,逆变停机,在"A 套等待"状态下,点击"监控"—"参数设置",点击"写入 A 套",将 A 套参数写入 FLASH。

(九)V/F 限制试验

①将机端电压调整为额定值。

②降低机组转速,使机组频率逐步降低到 45 Hz。

③在机组频率从 50 Hz 降到 47.16 Hz 的过程中,机端电压和电压给定值保持不变,转子电流逐渐上升;在机组频率降到 47.16 Hz 时,调节器报出 V/F 限制,机端电压下降;在 47.16 Hz 降到 45 Hz 的过程中,机端电压持续下降;在机组频率达到 45 Hz 时,调节器自动逆变停机。

④记录试验过程中的相关数据,录波并保存。

⑤点击"调试"—"录波",手动启动录波。

(十)灭磁试验

由中控或 DCS 发出"灭磁开关分闸"指令,灭磁开关分闸。在机端电压下降至 10% U_{FN} 时,点击"调试"—"录波",手动停止录波,上送录波曲线并保存录波文件。

三、并网试验

进行并网试验前,需要点击"监控"—"参数设置"—"软压板",将"过励限制使能""欠励限制使能""调差使能"设为"0"。

(一)有功功率 P 和无功功率 Q 的测量校验

①并网后,在发电机有功功率 P 和无功功率 Q 上升到一定值后,在主界面观察两套调节器的测量值是否和实际值对应。

②当测量值和实际值对应后,可以点击"监控"—"参数设置"—"软压板",将"过励限制使能""欠励限制使能"和"调差使能"设为"1"。

③"调差系数"根据要求设置。注意:当发电机输出无功功率或吸收无功功率较大(相对于视在功率)时,调差的投退要慢,即将调差系数逐级调整到需要

的设定值,并在调整过程中注意发电机机端电压的变化,根据需要做增磁或减磁操作。

(二)切换试验

①在主界面观察到 A 套为主,B 套为从,A/B 套空载,A/B 套正常,A/B 套控制方式为"电压闭环"。

②注意:在主界面观察到两套电压给定值相同,触发角度相同,机端电压实际值差值小于 0.2% 的情况下,可以进行主从切换。切换后,录波观察无功波动 $\triangle Q$,并做好记录。

③分别以 A、B 套为主套,做"电压闭环"与"电流闭环"切换试验,录波观察无功波动 $\triangle Q$,并做好记录。

④在 A、B 套都为"电流闭环"的情况下,做主从切换,录波观察无功波动 $\triangle Q$,并做好记录。

(三)无功过励试验

进行无功过励试验是为了验证调节器无功过励限制的功能,而不是为了验证发电机无功滞相运行的能力。因此,可以通过修改过励定值的方式来做试验。

①点击"调试"—"过欠励"—"过励曲线",确定并记录"五点拟合"的值。

②修改以上定值,使过励曲线略大于当前的无功值。可以将过励无功的五点设为相同的值,即在不同的有功时无功过励限制值相同,以方便试验。记录修改的参数值。

③点击右下角的"下发 Flash",将过励曲线值下发至调节器。注意:从套调节器才可以"下发 Flash"。"下发 Flash"前,当前修改的曲线值是无效的。

④下发 Flash 后进行主从切换。

⑤在主界面进行观察,有功、无功稳定后,现地增磁,使无功值增加到当前设置的值以上。此时,增磁无效,无功被限制。记录当前的有功值和无功值。等待 5 s 后,两套调节器均报出过励限制。点击"调试"—"录波",手动停止录波,上送录波曲线并保存录波文件。观察波形,应有无功明显被向下压制的波形。

⑥现地减磁,使调节器过励限制复归。

⑦将当前已修改的参数恢复为原定参数。

⑧点击"调试"—"录波",手动启动录波。

(四)欠励试验

欠励试验是为了验证调节器欠励限制的功能,而不是为了验证发电机无功进相运行的能力。因此,可以通过修改欠励定值的方式来做试验。

①点击"调试"—"过欠励"—"欠励曲线",确定并记录"五点拟合"的值。

②修改以上定值,使欠励曲线略大于当前的无功值。可以将欠励无功的五点设置为相同值,即在不同有功时无功欠励限制值相同,以方便试验。记录修改参数值。

③点击右下角的"下发 Flash",将欠励曲线值下发至调节器。注意:从套调节器才可以"下发 Flash"。"下发 Flash"前,当前修改的曲线值是无效的。

④"下发 Flash"后进行主从切换。

⑤在主界面进行观察,有功、无功稳定后,现地减磁,使无功值减至当前设置的值以下。此时,减磁无效,无功被限制。记录当前的有功值和无功值。两套调节器均报出欠励限制。点击"调试"—"录波",手动停止录波,上送录波曲线并保存录波文件。观察波形,应有无功明显下降并被往上抬的波形。

⑥现地增磁,使调节器欠励限制复归。

⑦将当前修改的参数恢复为原定参数。

⑧点击"调试"—"录波",手动启动录波。

(五)均流试验

①在电网允许的情况下,尽量让发电机的励磁电流接近额定励磁电流,记录当前的有功值和无功值。

②记录当前各整流柜的输出电流,计算均流系数。

(六)甩负荷试验

火电厂做甩无功负荷试验,是为了检验励磁调节器的性能,在发电机解列后,励磁调节器是否可以将机端电压维持在额定值。此时机组会带少量有功和适量的无功,跳开并网负荷开关。记录每次甩负荷前的有功值和无功值,上送录波曲线并保存录波文件。

(七)PSS 试验

①请准备一根串口数据线。其中,针头 6(UPSS0 - IN)和 9(UPSS - IN)用来加噪声。

②试噪声。确认 A 套为主,将噪声线插在 B 套(从套)模拟量板的串口上。点击"监控"—"参数设置"—"采样系数",设置噪声通道采样系数,通常为 0.05（实际值）。外部加入白噪声,点击"AVR"控件—"AVR 采样",观察到噪声电压值达到要求。

③扫频。外部加入噪声设为"0",将 B 套切为主套。点击"监控"—"参数设置"—"试验设置",将"电压噪声输入使能"设为"1";点击"监控"—"参数设置"—"试验设置",将"噪声输入点选择"设为"1"。外部噪声由零开始逐渐增加,扫频并根据结果计算参数。

④扫频结束后,将"噪声通道采样系数""电压噪声输入使能""噪声输入点选择"设为"0"。

⑤输入参数。点击"监控"—"参数设置"—"PSS 参数",输入电科院试验确定的参数。

⑥阶跃试验。点击"监控"—"参数设置"—"软压板",将"PSS2A 投入使能"设为"1"。通过外部开关,分别做 A、B 套有/无 PSS 阶跃试验,录波验证 PSS 效果。

⑦反调。发电机组快速增减有功,观察反调效果。

⑧记录相关试验数据和录波。

（八）进相试验

①该项试验一般包括三部分:发电机静态稳定极限的测定及试验对系统电压的影响,进相运行的调压试验,进相运行时端部结构件的发热试验。根据不同的要求完成相应试验。

②励磁调节器的主要作用就是修改欠励限制参数,即点击"调试"—"过欠励"—"欠励曲线"—"五点拟合",设置欠励限制参数。须注意的是:欠励限制与机端电压相关,可根据准备进相的深度放宽欠励限制范围,以免试验过程中欠励限制动作影响试验。如果试验时机端电压的值已经很小,要考虑调低电压给定值的下限。

③当进相运行时,要平稳且缓慢地减少励磁电流。在减磁过程中要密切注视定子电流、无功和功角的变化情况,一旦三者之一开始自发地以较大幅度增大,即发电机失步点,应立即快速增加励磁电流,同时通知运行（调速器）人员快速减小有功负荷,以使发电机拉回同步;如果在采取了上述措施之后发电机仍

然不能拉回同步,则应立即将发电机与系统解列。

一般情况下,可以继续进相的条件为:发电机定子电流≤1.1I_n;发电机端电压≥90% U_{Fn};母线电压位于网调规定的范围之内;发电机端部铁芯≤130 ℃,压指≤130 ℃,压圈≤200 ℃(具体温度指标和发电机型号参数有关);厂用电 6 kV 和 400 V 母线电压分别大于 5.4 kV 和 360 V。

④试验结束后,将确定的进相参数写入 Flash。

第四节　灭磁与转子过电压保护

一、原理说明

当发电机组内部或发电机出口端发生故障以及正常停机时,都要快速切断励磁电源。由于发电机转子绕组是个储能的大电感,励磁电流突变势必在转子绕组两端产生相当大的暂态过电压,造成转子绕组被击穿,因此必须尽快将转子电感中的磁能快速消耗掉,也就是通常所说的灭磁——将储藏在励磁绕组中的磁场能量快速消耗在灭磁回路中。对发电机组灭磁系统的主要要求是可靠而迅速地消耗储存在发电机中的磁场能量,以保障发电机组在故障及事故状态下的安全。

励磁系统配备了快速直流磁场断路器和非线性电阻来实现转子绕组的快速灭磁。其中:磁场断路器的作用是快速分断磁场电流,并在断口快速建立弧电压;非线性电阻的作用是在灭磁开关建压过程中使非线性电阻导通消耗磁场能量,同时使磁场开关断口熄弧。

图 16.3 中,FMK 为灭磁开关;R1、R2、R3 为灭磁及过电压保护用非线性电阻,R 为串联线性电阻。

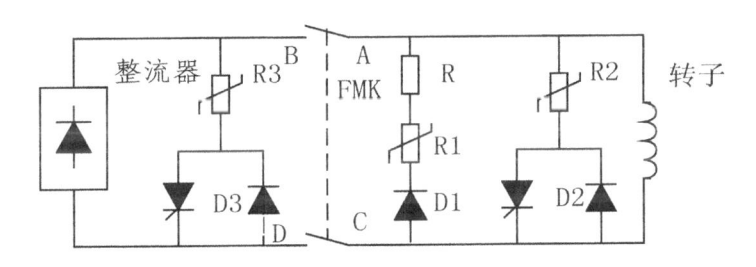

图 16.3　磁场断路器和非线性电阻

二、灭磁开关介绍

Gerapid 直流断路器是 GE 公司生产的。这种单极直流断路器，其工作电流可达 8000 A，工作电压可达 3600 V。Gerapid 直流断路器有很高的分断能力和限流特性(图 16.4)。

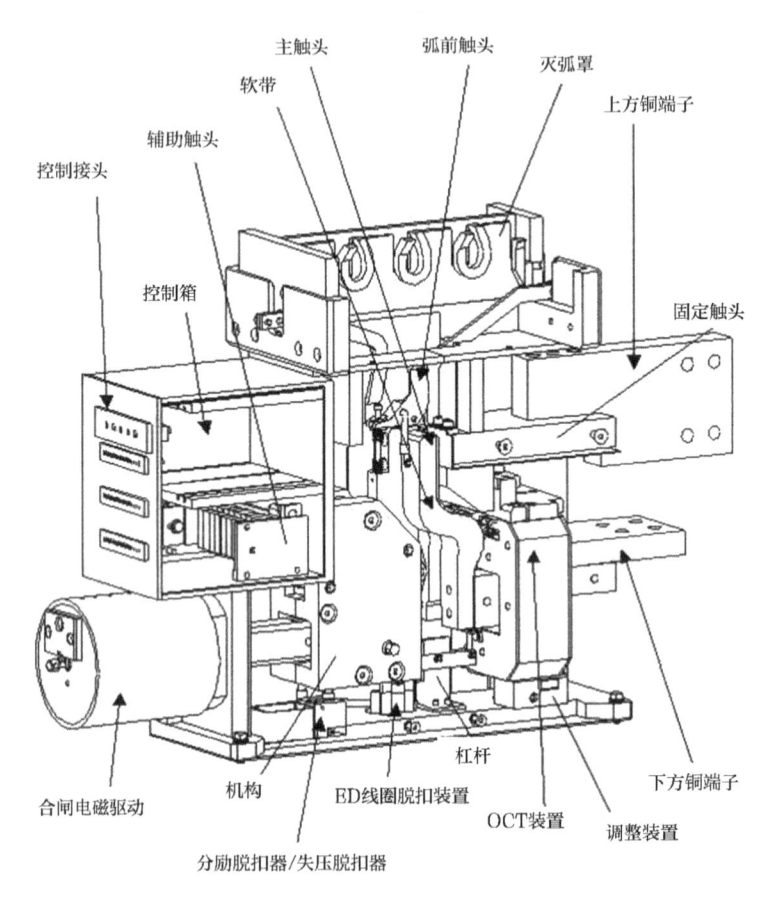

图 16.4 直流断路器

三、非线性电阻

加于非线性电阻两端的电压与通过的电流呈非线性关系，其电阻值随电流值的增大而减小。

非线性电阻的材料一般是碳化硅和氧化锌。氧化锌电阻不易并联，但非线性特性优于碳化硅电阻；碳化硅电阻易于并联，但非线性特性比氧化锌电阻略差。

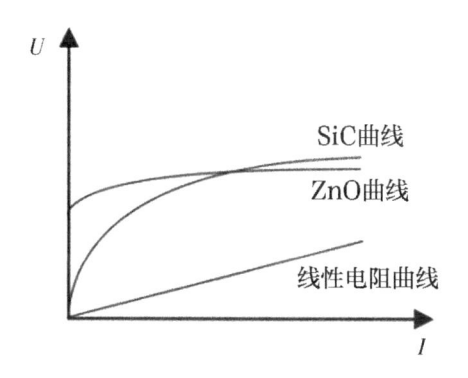

图 16.5　碳化硅电阻的伏安曲线和氧化锌电阻的伏安曲线

如图 16.5 所示，上面的曲线为碳化硅电阻的伏安曲线，中间的曲线为氧化锌电阻的伏安曲线，下面的直线为线性电阻曲线。

高能碳化硅电阻同时具备氧化锌电阻和线性电阻的优点；在投入灭磁的过程中，各碳化硅支路可以实现自然均流，提高灭磁的可靠性和安全性，因此广泛应用于大中型发电机转子灭磁。

四、灭磁系统性能检验

随着发电机组单机容量不断增大，发电机组的灭磁及能容问题已成为影响发电机组安全运行的主要问题。为保障发电机组的安全可靠运行，必须定期或不定期地对发电机组灭磁系统进行性能试验，以保证灭磁系统性能参数满足安全运行的需要。

第五节　励磁系统异常及处理

一、励磁调节器装置异常

案例一： 某电厂#1 机组负荷 580 MW，机组首出"发变组保护动作跳闸"，锅炉 MFT，机组跳闸。电气光字牌报警，发出"AVR 故障或励磁系统故障""励磁系统通道 1 失效""励磁系统通道 2 失效""发电机励磁装置总报警"信号。

案例分析： 因现场的励磁系统投入运行超过 12 年，控制系统卡件等设备老化严重，运行风险增大。本次跳机前刚刚完成机组励磁系统改造，初次启机运行仅几天。现场工作人员会同励磁调节器装置厂家的技术人员进行检查，确认装置元器件(通道 2 CCM 板卡)存在严重的质量问题,接收发变组保护跳闸信号的数字量开入接点误动作,导致励磁系统故障、机组跳闸。

处理措施及防范措施:更换通道采样板,进行模拟量、数字量开入开出信号检测,确认信号正常后,机组启机并网并带满负荷,运行正常。

案例二:2020 年,#8 号机组发出"励磁调节器 A 套故障""发变组保护 A/B 柜装置报警"信号,间歇性发出"转子接地"报警信号,机组励磁调节 A 柜发同步相序报警信号。稍后机组 500 kV 主变高压侧 5921、5922 断路器跳闸,主气门关闭,机组解列。跳闸首出电气保护动作,发变组保护 A、B 柜发出"励磁过流 I 段"保护动作信号。

案例分析:机组励磁调节系统 1 号整流功率柜内的同步变压器烧毁,旁边的直流母排上部的可控硅等元器件有烧损痕迹,励磁调节器 A 柜内的同步电路板烧损。同步变压器与励磁变低压侧采用硬接线方式,同步变压器发生故障后无法及时切除,是导致此次故障扩大、机组跳闸的直接原因。

处理措施及防范措施:

(1)将整流柜内的同步变压器后面的直流母排采用绝缘热缩套包裹或绝缘板隔开,减小整流柜内的同步变压器与直流母排距离太近以及特殊情况下闪烙放电所带来的影响。

(2)排查可能存在元器件老化问题的装置部件,制定合理的定期更换、更新计划,确保存在隐患的元器件及装置按期更换。

(3)定期清洁励磁系统功率柜通风滤网,增加外部冷却装置,提升发电机励磁系统功率柜的降温效果,避免设备元件过热、老化。

案例三:某电厂#2 发电机失磁保护动作,机组跳机。现场检查发现励磁调节器 A、B 套"欠励限制",两套调节器均显示为从套。

案例分析:现场发现调节器板件下端由卡扣固定,但上端没有卡扣,下端受力可能导致上端端子插不紧。由于 A 套调节器的主机板发出的主从控制信号传到脉冲放大板,在脉冲放大板形成从套状态信号,再通过背板传到 B 套的脉冲放大板。事故发生时 A 套由主套切为从套,而 B 套由于板件接触不良,信号传输失效,仍然是从套。这样就导致 A、B 双套调节器均为从套,发电机励磁系统闭锁脉冲输出,造成失磁跳机。

处理措施及防范措施:设备厂家进行改进,通过通信方式监视双套间的主从状态,且从套的任何操作不会影响到主套,确保双套间主从切换的可靠性。

二、功率柜异常

案例四:某电厂 1 号机组运行,有功功率 300 MW,整流 A 柜电流 700 A,B 柜 350 A,C 柜 500 A,均流系数约为 0.74。用热成像仪对励磁交流刀闸测温,结果如下:最高温度 41.3 ℃,平均温度 26 ℃。对比 2021 年的测温结果,发现无明显差异,无异常高温现象。

案例分析:可控硅整流柜运行年限较长,可控硅整流柜电子元器件存在不同程度的老化,导致可控硅整流 A、B、C 柜电流不均衡。可控硅整流柜的交流刀闸由于设计缺陷或质量缺陷,接触面易磨损。可控硅整流 A、B、C 柜的交流刀闸接触电阻不均衡,导致均流系数低。

处理措施及防范措施:机组停运后,紧固并擦拭可控硅整流 A、B、C 柜交流刀闸的动、静接头,同时涂抹导电膏。配合励磁厂家协同处理可能产生均流问题的元件。再次启机后,功率柜的均流系数高达 0.98,缺陷处理完成。

案例五:某电厂#6 机组运行,有功功率为 320 MW,巡检发现#3 整流柜无电流指示,励磁系统无任何异常报警。

案例分析:现场退投#3 整流柜,检查脉冲端子接线等,发现整流柜仍无电流。因机组励磁调节器满足"N + 1"模式下保证发电机所有工况运行(包括强励)的设计规范,为确保机组正常运行,采取暂时退出#3 功率柜的措施。

处理措施及防范措施:低谷时段解列#6 机组,配合励磁厂家现场更换新脉冲插件,升级脉冲板程序,并做小电流试验。试验合格后再次起励,检查并确保功率柜均流正常。

案例六:某电厂运行中#2 功率柜的 + A 相、#3 功率柜的 + A 和 + C 相、#4 功率柜的 + A 相快熔先后熔断。

案例分析:停机后发现柜顶的滤网已基本堵死。由于 + A、+ C 相的可控硅位于整流柜上方的两侧,而风机在整流柜下方。因此,这两个可控硅的温度最高,现场也发现这两处的可控硅恰好损坏,因此怀疑可控硅因过热而被击穿。

处理措施及防范措施:运行期间加强巡视,关注功率柜内部温度及环境温度;现场检修采取勤换滤网、定期清灰等预防措施。

第十七章　发电机同期并网

发电机在并网的时候需要考虑三个条件:待并机组与系统电压相等;待并机组与系统频率相等;待并机组与系统相角差相同。以上三点可以有少许偏差,但偏差越小越好。如果没有满足其中一项或多项就叫非同期并网。非同期并网会产生很大的冲击电流,使发电机和发电机回路中的断路器、主变等设备损坏,严重时还会影响电网系统,使电网崩溃。

同期装置是在电力系统运行过程中执行并网时使用的指示、监视、控制装置。它可以检测并网点两侧的电网频率、电压幅值、电压相位是否达到条件,以辅助手动并网或实现自动并网。

第一节　同期并网

一、同期并网方式

在电力系统中,发电机并列的方法可分为准同期并列和自同期并列两种。

准同期并列,就是发电机励磁后,当发电机和系统电压、频率、相角大小分别接近相等时,将发电机并入系统运行。准同期并列又分为手动准同期并列和自动准同期并列两种。

大型同步发电机组通常采用自动准同期并列方式。

准同期并列应具备的条件如下:发电机电压等于系统电压(允许电压偏差不大于5%);发电机频率等于系统频率(允许频率偏差不大于0.1 Hz);发电机电压相位与系统电压相位相同;发电机电压相序与系统电压相序一致。

二、准同期并列操作应遵循的原则

1.同期检查闭锁继电器必须处于投入状态。

2.同步最长操作时间不得超过15 min 或符合产品说明书的规定。

3.完成同期并列操作后,应立即将同期装置复位。

4.进行同期并列操作时,禁止检修人员在同期回路工作。

5.发生下列情况之一时,禁止进行并列操作:

①同步表旋转过快、跳跃,(需要进行待并侧调整的并列操作时)同步表停在零位不动。

②待并发电机的原动机转速不稳定。

③同期点断路器异常。

④同步表与自动准同期装置动作不一致。

⑤未通过定相法或假同期法确认同期回路接线的正确性。

⑥同期点任何一侧三相电压严重不平衡。

⑦同期装置异常或进行整定值更改,未通过试验方法确认整定值的正确性。

⑧同期装置电源所在的直流系统发生接地故障时,禁止使用该装置进行并列操作,防止直流两点接地,造成非同期并网事故。

三、发电机假同期试验

发电机假同期试验是采用同源识别同期、模拟并列操作的试验。

当系统侧PT和发电机待并侧PT由同一个电源供电时(通常采用发电机带空母线零起升压或系统倒送电),给同期装置上电,查看两个PT的相角差。相角差为0°,则说明相位极性准确;相角差为180°,则意味着其中一个PT极性接反,需查明原因后修改接线。

试验时将发电机并网断路器的隔离开关断开,将其辅助触点短接,此时系统二次电压就通过这对辅助触点进入同期回路。另外,待并发电机的电压也进入同期回路。这两个电压经过同期并列条件比较,若满足条件,则自动准同期装置发出合闸脉冲,将出口断路器合上;若同期回路的接线有误,其表计指示异常,无论怎样都无法捕捉到同期点,则不能将待并发电机的并网断路器合上。

第二节　同期装置检验

一、准备工作

工作人员明确工作目标，了解工作内容、工作地点，包括一、二次设备的运行状态，检验工作与运行设备有无直接的联系，是否需要与其他班组相互配合工作。

工作人员准备所需图纸，包括上次检验的记录、最新的整定通知单、检验规程；准备所需的仪器仪表，包括继电保护检验仪、万用表、摇表、测试连接线等；工作人员需要熟悉图纸，熟悉校验现场有关工作。

二、办理工作票和继电保护安全技术措施票

检验工作负责人填写工作票和安全技术措施票。安全技术措施票应注明保证安全的各项安全技术措施；工作人员检查并确认工作票中的安全技术措施的执行情况；检验工作负责人应对运行人员所做的安全技术措施进行检查，检查工作票所载安全技术措施是否正确、完善，是否符合现场实际工作条件，按照规程要求办理工作票。

二次回路安全技术措施包括将电压回路连接片甩开，防止电压回路短路；将同期出口回路、调压回路甩开。

1. 外观及回路检查

（1）外观、机械检查：屏柜及装置的接地情况，屏柜及装置接地正确、牢固、可靠，端子排、继电器接线合格、牢固，保护压板操作灵活、可靠，柜内的二次接线符合图纸的要求。

（2）回路绝缘电阻检查：使用 500 V 的摇表检测交流电压回路对地绝缘电阻，绝缘电阻值为 120 MΩ。

（3）控制、信号二次回路绝缘电阻检查：检查柜内直流回路（仅外回路，并拆除对侧 DCS、故障录波器等设备上的端子）对地绝缘电阻。

2. 辅助继电器检查

检查现场所用继电器（增速继电器、减速继电器、升压继电器、降压继电器、扩展继电器等），继电器外观和机械部分均应良好；继电器本身和相关回路的绝缘良好，用 500 V 的摇表检查，绝缘电阻均应大于 10 MΩ。

标称参数 $U_H=110$ V，启动电压不大于 $70\%U_H$，返回电压不小于 $20\%U_H$。

3. 装置上电试验

(1) 微机准同期装置上电正常，装置显示功能正常。检查前设置的参数值与定值通知单上的一致。装置显示、人机对话功能正常。

(2) 通过按键可以查看装置中已设置的各同期对象参数。

(3) 在同期过程中，显示屏上应能自动显示同期时的各个重要数据。

(4) 同期成功时，显示屏上应能自动显示同期信息；如无法同期，显示屏上也能自动显示无法同期的原因；无同期操作时，也可以通过按键查看同期数据和同期信息。

4. 同步表校验

在同步表相应端子处通入电压，模拟母线电压 U_x 和发电机电压 U_f。

(1) 调压部分调试(压差定值设为_____ V)

当母线电压和发电机电压的压差在定值范围内，△V 灯应点亮；当母线电压和发电机电压的压差超出定值范围，△V 灯应熄灭。以母线电压为基准，改变发电机电压：

保持 $U_x=100$ V 不变，调节 U_f，当 U_f 从 100 V 变为_____V 时压差绿灯不亮；当 U_f 大于_____V 时压差绿灯亮。

保持 $U_x=100$ V 不变，调节 U_f，当 U_f 从 100 V 变为_____V 时压差红灯不亮；当 U_f 小于_____V 时压差红灯亮。

(2) 调频部分调试(频差定值设为_____ Hz)

当母线电压频率 F_x 和发电机电压频率 F_f 的频差在定值范围内，△F 灯应点亮；当母线电压频率和发电机电压频率的频差超出定值范围，△F 灯应熄灭。以母线电压频率为基准，改变发电机电压频率：

保持 $F_x=50$ Hz，调节 F_f，当 F_f 从 50 Hz 变为_____Hz 时频差绿灯不亮；当 F_f 大于_____Hz 时频差绿灯亮。

保持 $F_x=50$ Hz，调节 F_f，当 F_f 从 50 Hz 变为_____Hz 时频差红灯不亮；当 F_f 小于_____Hz 时频差红灯亮。

5. 自动准同期装置检验

在同期装置相应端子处通入电压，模拟母线电压 U_x 和发电机电压 U_f。

(1) 自动调压调试(压差定值设为_____V)

当母线电压和发电机电压的压差在定值范围内，△V 灯应点亮；当母线电压和发电机电压的压差超出定值范围，△V 灯应熄灭。以母线电压为基准，改变发电机电压：

保持 U_x = 100 V 不变，调节 U_f，当 U_f 从 100 V 变为_____V 时降压继电器不动作，压差绿灯不亮；当 U_f 大于_____V 时降压继电器动作，压差绿灯亮。

保持 U_x = 100 V 不变，调节 U_f，当 U_f 从 100 V 变为_____V 时升压继电器不动作，压差红灯不亮；当 U_f 小于_____V 时升压继电器动作，压差红灯亮。

（2）电压差闭锁功能调试（低压闭锁值为_____%，过压报警值为_____%）

保持 U_x = 100 V 不变，调节 U_f，当 U_f <_____V 时报警，发电机低压闭锁动作；当 U_f >_____V 时发电机侧过电压报警。

（3）调频范围调试（频差定值设为_____Hz）

当母线电压频率 F_x 和发电机电压频率 F_f 的频差在定值范围内，△F 灯应点亮；当母线电压频率和发电机电压频率的频差超出定值范围，△F 灯应熄灭。以母线电压频率为基准，改变发电机电压频率：

保持 F_x = 50 Hz，调节 F_f，当 F_f 从 50 Hz 变为_____Hz 时减速继电器不动作，频差绿灯不亮；当 F_f 大于_____Hz 时减速继电器动作，频差绿灯亮。

保持 F_x = 50 Hz，调节 F_f，当 F_f 从 50 Hz 变为_____Hz 时增速继电器不动作，频差红灯不亮；当 F_f 小于_____Hz 时增速继电器动作，频差红灯亮。

（4）频差闭锁功能调试（频差闭锁值为 ±1Hz）

保持 F_x = 50 Hz，调节 F_f，当 F_f >_____Hz 时报警，频差闭锁动作；当 F_f <_____Hz 时报警，频差闭锁动作。

6. 修后工作

现场工作结束前，检验工作负责人会同工作人员检查试验记录，看有无漏试项目，整定值是否与定值通知单上的相符，试验结论、数据是否完整。经检查无误后才能拆除试验接线。检验工作负责人进行复查，临时接线应全部拆除，拆下的线头应恢复接线。检验工作负责人需按图纸复查接线是否正确，检查被试装置有无问题，按照保护安全技术措施票恢复所有措施。

第三节　同期异常及处理

一、非同期并网的原因

1. 运行人员操作不当。运行人员未严格执行操作票制度，或者设备异动后未认真审核，同期操作错误，造成非同期并网。

2. 交流电压回路、同期回路有问题（包括电压互感器的一、二次接线错误）。准同期并网必须依靠同期检查装置来判断是否满足同期条件，而同期检查装置测量的是电压互感器的二次电压，如果电压互感器的接线错误、交流电压回路和同期回路有问题，同期检查装置就会做出错误的判断，造成非同期并网。

3. 直流系统接地或者开关控制回路故障。同期开关控制回路发生两点接地及其他故障，会使合闸回路误动，造成非同期并网。

4. 同期检查继电器故障，自动准同期装置故障，无法判断它们的真实性和准确性。这时进行并网，也会发生非同期并网。

5. 同期开关机械故障或者合闸速度慢。当同期装置确认同期，发出合闸命令，而主开关合闸速度慢就会错过同期的时间，造成非同期并网。

二、同期装置异常告警信号及处理

1. 电压高：指待并侧的电压高于系统侧的电压，且压差超过允许压差。电压低：指待并侧的电压低于系统侧的电压，且压差超过允许压差。当出现以上两种提示时，是否进行调压取决于通道参数中的"自动调压"的设置。当"自动调压"设为"NO"时，压差超过允许压差时不进行调压。调压的力度取决于均压控制系数。

2. 频率高：指待并侧的频率高于系统侧的频率，且频差超过允许频差。频率低：指待并侧的频率低于系统侧的频率，且频差超过允许频差。当出现以上两种提示时，是否进行调频控制取决于通道参数中的"自动调频"的设置。当"自动调频"设为"YES"时，频差超过允许频差时自动调频，调频的力度取决于均频控制系数。如果发电机频率小于 49 Hz 或大于 51 Hz，显示屏会显示频率低或频率高，但不进行调频控制。

3. 同频：指差频并网时待并侧的频率与系统侧的频率一致或极相近。在这种情况下，控制器自动将待并侧的频率调高，破坏这一僵持状态。调频的力度取决于"同频调频脉宽"这一参数,同频调频脉宽越大,调频正脉宽越大。

4. 待并侧低压闭锁:待并侧的电压低于闭锁电压时会引起控制器闭锁。

5. 系统侧低压闭锁:系统侧的电压低于闭锁电压时会引起控制器闭锁。

6. 发电机过电压:发电机电压超过过电压保护值时,控制器持续进行降压控制。

7. 功角大:同频并网时,功角超过允许功角,不满足并网条件。

8. 压差大:同频并网时,压差超过允许压差,不满足并网条件。

9. 并网后,控制器检测断路器辅助接点是否变位,如果变位,则显示断路器合闸回路总体时间,否则显示"断路器未合上"。在假同期时由断路器辅助接点变位可测得合闸回路动作时间,在真同期时同样能测得。

10. 开关量输入错误:如有对应开入量无法正确反映状态,请检查外部接线是否存在问题。确定外部接线无问题,并且开入信号已送到开入插件板,仍无法解决此问题,请更换工作正常的开入板。如还无法解决问题,可能需要更换主 CPU 板。

11. 装置报告信息菜单包含故障报告,如果故障报告提示开出回路存在问题,请根据故障提示检查对应开出板的开出回路。

12. 模拟量输入检查:在运行监视页面下检查一次、二次测量数据是否正确;初次校核时注意检查交流参数是否设置正确。

13. 装置的硬件如发生故障,装置的液晶显示屏可以显示故障信息,发出告警信号,并闭锁开出回路。装置若失电,将发出失电告警信号。

三、防止非同期的控制措施

发电机非同期并网过程类似于电网系统中的短路故障,后果非常严重。发电机非同期并网产生的强大冲击电流不仅危及电网的安全稳定,而且对并网发电机组、主变压器将产生巨大的破坏作用。

《防止电力生产事故的二十五项重点要求》特别规定:防止发生非同期并网。

1. 微机自动准同期装置应安装独立的同期检定闭锁继电器,同期闭锁继电器应同时具备压差、频差、角差检查闭锁功能。对于新建或改造的同期装置,宜选择双通道相互闭锁的同期装置。

2. 新投产、大修机组及同期回路(包括交流电压回路、直流控制回路、整步

表、自动准同期装置及同期把手等)发生改动或设备更换的机组,在第一次并网前应进行以下工作:

(1)对装置及同期回路进行全面的校核、传动;

(2)利用发变组利用发变组升压或发变组带空载母线升压试验,校核同期电压检测二次回路的正确性,并对整步表及同期检定继电器进行实际校核,对于不具备升压条件的,可利用系统倒送电进行;

(3)进行机组假同期试验,试验应包括自动准同期合闸试验、同期(继电器)闭锁等内容。

3. 自动准同期装置不正常时不应强行手动准同期并网,自动准同期合闸脉冲宜与同期闭锁继电器接点串联后出口。

4. 为防止发生非同期并网,应保证机组并网点断路器机械特性满足规程要求。

为防止并列时发生误操作,现场还应加强以下措施:

(1)同期系统的操作应编入运行规程,明确操作任务、操作要求、操作程序和注意事项,规程每年复核一次,每逢设备改造,及时修订。

(2)手动准同期的运行操作,必须由经手动准同期操作培训合格的人员负责,严禁培训不合格的人员以手动准同期方式进行实际操作。

(3)同期并列正常宜采用自动准同期并列方式,同期点的并列操作应由有经验的主值班员及以上岗位的人员担任监护人,经培训合格的运行人员担任操作员。

(4)在监控系统工作站或就地测控单元进行断路器合闸操作时,应区分检同期和检无压合闸两种模式,禁止检同期和检无压合闸模式自动切换。

四、非同期并网事故案例

案例一:某电厂进行发电机并网操作,投入励磁,发电机端电压升至额定值,发变组各运行参数正常,投入同期装置进行自动准同期并网。发变组出口开关合闸后随即跳闸(系统侧为 500 kV Ⅳ 母线),灭磁开关跳闸,CRT 上的"发变组断路器事故跳闸""主变压力释放"光字牌闪亮。发变组保护 A、B 柜"主变差动速断""发变组差动速断""主变比率差动""发变组比率差动"以及发变组保护 C 柜"主变重瓦斯""主变轻瓦斯""主变压力释放"动作信号灯亮。就地检查发现主变本体喷油烧损。

案例分析：事后确认导致非同期并网、主变烧损的直接原因有两个。一是同期电压回路端子外部的电缆接线不准确。现场检查发现发变组保护 C 柜端子排接线错误，由 500 kV Ⅳ 母线 PT 引至该柜二次电压回路 L640 和 Sa640 端子接线顺序不对，极性接反。发电机与 500 kV Ⅳ 母线并网，导致进入同期装置的系统侧电压相位转了 180 度。虽然同期合闸回路串联了同步检查继电器 TJJ，但 TJJ 和准同期装置接入的同样是从源头上就极性接反的系统侧电压，故无法真正控制非同期并网。二是设备异动后做核相时未能发现同期问题：前期机组同期装置改造，系统侧电压采样信号分别取自 500 kV Ⅲ 段母线 PT 和 500 kV Ⅳ 段母线 PT，待并侧电压采样信号取自发电机出口 PT。事故发生前发电机与 500 kV Ⅲ 段母线并网数次，均安全无误。事故当天发电机首次与 500 kV Ⅳ 段母线并列，并网之前发电机与 500 kV Ⅳ 段母线没有做核相，从而导致非同期并网、主变损坏事故的发生。

案例二：某电厂 300 MW 发电机组、发变组单元接入 220 kV 升压站双母线。某日机组起励升压正常后，运行人员按照操作票操作，将"自动准同期投入"切换开关切至"投入"位置，尚未操作"自动准同期"并网命令，主变高压侧的断路器随即合闸。并网瞬间，发变组误上电保护动作，出口断路器立即跳闸，发电机解列。事故发生时，现场听到此机组发出短暂的异响，同时挂在 220 kV 系统双母线上的其他发电机组均出现轻微的功率突变现象。

现场调取保护及故障录波器的数据，确定主变高压侧断路器合闸瞬间，发电机电流峰值接近发电机额定电流的 2 倍，符合误上电保护动作原理，即发电机起励升压正常，在开关合闸后保护开放 200 ms 内，如果电流超过定值（一般设定为 85% 的额定电流），保护将判定发生非同期合闸。延时 100 ms 后，保护动作，跳开主变高压侧断路器，保护属正确动作，故确认发生非同期并网。

现场检查发现发电机及主变一次设备未出现异常，同期装置及同期回路无任何异常。在检查 DCS 操作状态的 SOE 记录时，发现此次并网操作与往常并网操作的状态量变位记录不一致：本次并网前"手动"开入量一直在异常的投入状态；此次并网时"手动退出"—"OFF"—"自动投入"操作流程缺失了中间的"OFF"确认环节，故初步判断是操作异常导致的。随后机组重新转入热备用状态，按照操作规程进行操作，发电机并网成功。

第十八章 厂用电快切

厂用电快速切换是发电厂厂用电气系统的一项重要工作,与发变组保护、励磁调节器、同期一样,是发电厂电气系统安全保障的重要设备,对发电厂乃至整个电力系统的安全稳定运行有着重大影响。厂用电切换的基本要求是安全可靠,切换过程中不能造成设备损坏或人身伤害,保障切换成功,避免保护跳闸、重要辅机跳闸等造成机炉事故。

第一节 快切的功能及原理

大型发电厂常规高压厂用电系统的工作电源由发电机机端经高厂变引接,备用电源由来自系统的启备变引接。目前,电厂均采用微机型厂用电快速切换装置。在正常情况下,备用电源与工作电源之间双向切换;在事故发生时或异常情况下,工作电源向备用电源单向切换。

一、切换功能

厂用电源切换的方式可以按开关动作顺序分类,也可以按启动原因分类,还可以按切换速度分类。在绝大多数情况下,采用相同的切换方式,如正常切换采用并联方式,事故切换采用串联方式。

1. 按开关动作顺序分类(动作顺序以工作电源切向备用电源为例)

(1)并联切换。先合上备用电源,再跳开工作电源。这种方式多用于正常切换,如起机、停机。并联方式又分为并联自动和并联半自动两种,并联自动指由快切装置先合上备用开关,经短时并联后,再跳开工作电源。并联切换时母线不断电。

(2)串联切换。先跳开工作电源,在确认工作开关跳开后,再合上备用电源。母线断电时间约等于备用开关合闸时间。这种方式多用于事故切换。

(3)同时切换。这种方式介于并联切换和串联切换之间。先发跳工作命令,经短延时后再发合备用命令,短延时的目的是保证工作电源先断开,备用电源后合上。母线断电时间大于"0",小于备用开关合闸时间。这种方式既可用于正常切换,也可用于事故切换。

2. 按启动原因分类

(1) 手动切换。由运行人员手动操作启动,快切装置按事先设定的手动切换方式(并联切换、同时切换、串联切换)进行分合闸操作。

(2) 事故切换。由保护出口启动,快切装置按事先设定的自动切换方式(串联切换或同时切换)进行分合闸操作。

(3) 不正常情况自动切换。不正常情况有两种。一是母线失压。母线电压低于整定电压且进线无流达整定延时后,装置自行启动,并按自动方式进行切换。二是工作电源开关误跳,由工作开关辅助接点启动切换,在合闸条件满足时合上备用电源。

3. 按切换速度或合闸条件分类

按切换速度或合闸条件可分为快速切换、同期捕捉切换、残压切换、长延时切换。

二、MFC2000-6 型微机厂用电快速切换装置的功能、原理图

图 17.1 所示为厂用电快速切换装置的功能、原理图。

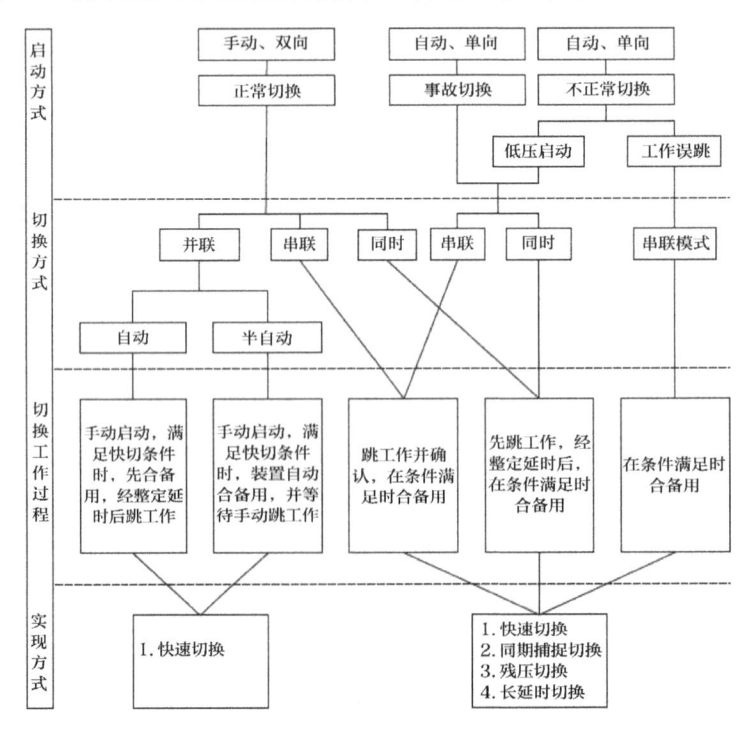

图 17.1 切换装置功能原理图

第二节　快切装置检验

一、准备工作

工器具齐全、完好，符合安全标准，并在校验期限内，包括电笔、万用表、螺丝刀、绝缘带、继电保护综合校验仪、摇表等；必须有与实际相符的图纸、上次检验的记录、最新整定通知单和检验规程。

1. 办理工作票和继电保护安全技术措施票

检验工作负责人填写工作票和安全技术措施票，安全技术措施票应注明保证安全的各项安全技术措施。工作人员检查并确认工作票中的安全技术措施执行情况。检验工作负责人应对运行人员所做安全技术措施进行检查，检查工作票所载安全技术措施是否正确、完备，是否符合现场实际工作条件，按照规程的要求办理工作票。

2. 工作前的检查

工作人员在工作前要认清设备名称和位置，严防走错位置。工作人员要检查并确认工作票中的安全技术措施执行情况，试验前应检查校验箱、万用表、毫安表等的容量、挡位和接线。二次回路安全技术措施如下：断开电压回路的外部接线，将保护装置电流回路进端短接，使保护与外部电流互感器二次回路隔离。

3. 现场检验工作安全措施

(1) 现场检验工作应按照与现场实际相对应的图纸进行。

(2) 按照图纸检查并确保回路接线正确，端子排接线可靠，无松动现象，电流回路接线可靠。

(3) 当交流二次电压回路通电时，必须可靠断开电压回路，防止引起 PT 二次侧短路及对 PT 反充电。

(4) 在电流互感器二次回路进行短路接线时，应用短路片或导线压接短路，防止开路。当电流互感器二次回路通电时，应检查 CT 端子联片确已断开，并验证回路接线正确。

(5) 只有断开直流电源，才允许插拔插件。拔芯片应用专用起拔器，插入芯片应注意芯片插入方向，插入芯片后应经第二人检验，检验无误后方可通电检验和使用。

（6）通电过程中发现异常或定值超差，应把电流、电压降至零位，断开电源，认真检查装置是否完好以及试验方法是否正确。

（7）测量绝缘电阻时，应拔出装有集成电路芯片的插件（光耦及电源插件除外）。

（8）进行静态试验时，不能用将继电器接点短接的方法。传动或整组试验后，不得再在二次回路上进行任何工作。

二、快切装置检验

1. 装置外观检查

（1）装置外壳应清洁、无尘。

（2）外壳及底座完好，且结合紧密、牢固。

（3）端子排接线牢固、可靠，接线正确，与图纸相符。

（4）各部件安装完好，焊接牢固、可靠，螺丝紧固，插头引线牢固。

（5）通过面板按键，分别对操作显示屏上的每个菜单进行操作，检查按键和菜单的功能。

2. 模拟量采样回路检查

调整各路电压输入，观察显示的电压幅值是否正常。如需调整幅值，先关电源，拉出插件板，插入转接板，再插好插件板，调整相关的电位器。观察频率、频差、相差显示值是否正常，并将相关数据填入表17.1至表17.3。

表17.1　电压值

施加电压	11.55 V	57.74 V	69.29 V
允许范围	19.5%～20.5%	99.5%～100.5%	119.5%～120.5%
母线 AB 线电压			
母线 BC 线电压			
母线 CA 线电压			
工作进线电压 U_{gz}			
备用电压 U_{by}			

表17.2 电压频率

施加电压频率	41 Hz	50 Hz	55 Hz
允许范围	40.97 Hz～41.03 Hz	49.97 Hz～50.03 Hz	54.97 Hz～55.03 Hz
AB线电压频率			
BC线电压频率			
CA线电压频率			
工作进线电压频率			
备用电压频率			

表17.3 相位差

	基准值/°	0	120	-120
母线与工作进线电压相位差	允许范围/°	±0.3	120±0.3	-120±0.3
	检验结果			
母线与备用电压相位差	基准值/°	0	120	-120
	允许范围/°	±0.3	120±0.3	-120±0.3
	检验结果			

3. 开关量输入检查

根据图纸检查开入量时,短接相应端子(表17.4)。

表17.4 开入量检查

开入	保护起动	保护闭锁	工作辅接点	备用辅接点	PT隔离开关	手动切换	切换方式选择
检查结果							
开入	切换退出	预留开入1	复归	预留开入2	预留开入3	预留开入4	预留开入5
检查结果							

此外,还要根据图纸检查开出量(表17.5、17.6)。

表17.5 开出量检查

开出	合工作1CLP1	分工作1CLP2	合备用1CLP3	分备用1CLP4
检查结果				
开出	1-1ZJ	1-2ZJ	1-3ZJ	1-4ZJ
检查结果				

表 17.6　遥信开出检查

遥信开出检查结果	远方就地	并联同时	切换完成	切换异常	切换闭锁	切换退出
遥信开出检查结果	装置失电	开位异常	后备失电闭锁	PT 断线	装置异常	后加速投入

4. 装置功能试验

(1) 正常手动切换——远方串联切换(表 17.7)

表 17.7　远方串联切换

测试项目		远方串联切换:备用到工作					
整定值		快速切换 Δf 快(F) = 0.5 Hz, $\Delta\theta$ 快(F) = 30°				残压 $\Delta U = 30\%$	
试验条件	Δf	0.4	0.6	0	0	ΔU	
试验条件	$\Delta\theta$	−30°~30°	−30°~30°	29°	31°	29%	31%
动作情况		动作	不动作	动作	不动作	动作	不动作

(2) 自动切换——事故并联切换(表 17.8)

表 17.8　事故并联切换

测试项目		事故并联切换					
整定值		快速切换 Δf 快(F) = 0.5 Hz, $\Delta\theta$ 快(F) = 30°				残压 $\Delta U = 30\%$	
试验条件	Δf	0.4	0.6	0	0	ΔU	
试验条件	$\Delta\theta$	−30°~30°	−30°~30°	29°	31°	29%	31%
动作情况		动作	不动作	动作	不动作	动作	不动作

(3) 自动切换——母线失压启动(表 17.9)

表 17.9　母线失压启动

测试项目	母线失压并联方式
整定值	快速切换 Δf 快(F) = 0.5 Hz, $\Delta\theta$ 快(F) = 30°　　残压 $\Delta U = 30\%$

续表 17.9

测试项目		母线失压并联方式					
试验条件	Δf	0.4	0.6	0	0	ΔU	
	$\Delta\theta$	$-30°\sim30°$	$-30°\sim30°$	29°	31°	29%	31%
动作情况		动作	不动作	动作	不动作	动作	不动作

(4)自动切换——误跳启动(表 17.10)

表 17.10　误跳启动

测试项目		误跳启动并联方式					
整定值		快速切换				残压	
		Δf 快(F) = 0.5 Hz, $\Delta\theta$ 快(F) = 30°				$\Delta U = 30\%$	
试验条件	Δf	0.4	0.6	0	0	ΔU	
	$\Delta\theta$	$-30°\sim30°$	$-30°\sim30°$	29°	31°	29%	31%
动作情况		动作	不动作	动作	不动作	动作	不动作

(5)去耦合功能(表 17.11)

表 17.11　去耦合功能

项目	去耦合	切换失败信号
外部并联自动切换,工作到备用,工作开关拒分	√	√
外部串联自动切换,备用到工作,备用开关拒分	√	√
事故同时切换,工作开关拒分	√	√
失压起动同时切换,工作开关拒分	√	√

5. 传动试验

(1)保护启动:根据定值试验—串联(快速、同期、残压),同时(快速、同期、残压)。

(2)手动切换:根据定值检验,工作到备用、备用到工作至少各做一次,同时(快速、同期、残压);并联(自动、半自动)。

(3)开关误跳:根据定值试验—同时(快速、同期、残压),串联(快速、同期、残压)。

(4)失压启动:根据定值试验—同时(快速、同期、残压),串联(快速、同期、残压)。

6. 修后工作

现场工作结束前,检验工作负责人会同工作人员检查试验记录,看有无漏试项目,整定值是否与定值通知单上的数据相符,试验结论、数据是否完整。经检查无误后才能拆除试验接线。检验工作负责人复查并确认临时接线已全部拆除,拆下的线头应恢复连接。检验工作负责人需按图纸复查接线是否正确,检查并确保被试装置没有问题。按照保护安全技术措施票,恢复所有措施。

第三节　快切异常及处理

一、装置异常

快切异常的原因及处理措施见表17.12。

表17.12　快切异常的原因及处理措施

现象	原因及措施
装置"运行"指示灯不亮	装置硬件故障或定值出错,应及时处理故障,修改定值
装置"闭锁"指示灯亮	报警事件触发,需及时核实并处理: (1)开关位置异常:装置自行闭锁并发出告警信号。 (2)后备失电闭锁:后备电源电压低于整定值且后备失电闭锁投入时,装置自行闭锁并发出告警信号。 (3)PT断线:装置检测到厂用母线PT断线,装置自行闭锁并发出告警信号。 (4)装置异常:装置自检时异常自行闭锁并发出告警信号
装置"动作"指示灯亮	发生切换,及时复归

二、案例分析

案例一: 某1000 MW机组启动、并网后,主要运行参数正常:发电机有功150 MW,无功12.1 Mvar,运行人员按照启机流程进行厂用电源切换操作(备用电源切至工作状态,总共有四段母线需要切换操作),先由远方DCS切换至6 kV 11段母线,切换正常;当切换至6 kV 12段时,其工作电源进线断路器未合闸,DCS报切换失败,复归后再次切换,仍失败。检查发现两套发变组保护装置无动作闭锁快切信号,6 kV 12段工作进线断路器综合保护无报警,各指示灯正常,断路器在工作位,装置电源及控制电源空开在合位,6 kV 12段工作进线断路器间隔有焦煳味。将该断路器拉出柜外,进一步检查发现合闸线圈烧损,操动机构及传动部分未见异常,二次回路无异常。此次厂用电切换不成功的直接原因是工作进线断路器未正常合闸,合闸线圈线径小,经运行人员两次操作后,合闸线圈长期通大电流而发热烧损。

处理措施及防范措施:对工作进线断路器传动连杆等机构进行调整后,进行低电压动作试验,测得各段工作电源进线断路器最低可靠合闸电压为 77 V 左右。试验结果显示,断路器均能可靠合闸。

案例二:发电机检修后启动,通过快切手动并联切换方式倒闸,厂用 6 kV 工作电源开关未合上,备用电源开关未跳开,快切装置报"切换失败"。切换时发电机端二次电压为 98.2 V,厂用 6 kV 母线 PT 二次电压为 103.6 V,二者的差值为 5.4 V,并联压差定值为 5.0 V,并联切换条件不满足,故切换失败。

处理措施及防范措施:重新核查装置定值,正确设定定值。

总结:切换不成功的原因可能是工作电源或备用电源跳合闸控制回路或开关机构有问题,自投定值设置不当;或者快切装置本身有逻辑问题。故障如果发生在正常切换厂用电源的过程中,即备用电源切换至正常工作电源失败,现场还可以及时检查和处理。事故切换时如果切换失败造成的后果将不堪设想,因此必须重视快切的可靠性,彻底消除可能存在的隐患。

快切装置使用中的注意事项:

1. 快切装置报警,要及时查明原因、及时处理。切换不成功时要仔细查看装置报文,核对装置开入、开出量,核对定值。

2. 快切装置闭锁灯亮时,不得强投备用电源开关。应检查是否有保护动作、闭锁快切。

3. 每次正常切换后应及时将装置复归,否则装置下一次将不切换。

4. 正确应用快切去耦合功能。在快切装置切换过程中,如果该跳的开关在一定的时间内未跳开或该合的开关在一定的时间内未合上,装置将根据不同的切换方式分别进行处理。例如,为避免两电源并列,同时切换或并联切换的过程中,如果该跳开的开关未跳开,装置应执行耦合功能,跳开刚合上的开关。

第十九章　厂用电保护

火力发电厂 6 kV、10 kV 厂用电保护通常采用微机综保装置，此类装置集保护、测控和通信功能于一体，各项功能相对独立又相互融合。其中，保护功能不受测控和外部通信的影响，能够确保安全性和可靠性。

例如，PCS-9000 系列厂用电综保测控包括 PCS-9624 变压器保护测控装置、PCS-9625 馈线保护测控装置、PCS-9626 电动机保护测控装置、PCS-9627 电动机保护测控装置（含差动保护）、PCS-9628 母线电压保护测控装置等。

第一节　厂用电保护检验规程

一、准备工作

1. 检验工作人员明确工作目标，了解工作内容、工作地点，包括一、二次设备的运行状态，检验工作与运行设备有无直接联系，是否需要与其他班组相互配合工作。

2. 准备所需图纸，包括上次检验的记录，最新的整定通知单和检验规程。准备所需仪器仪表，如继电保护校验仪、万用表、摇表、测试连接线等。熟悉图纸与校验现场有关工作。

3. 办理工作票和继电保护安全技术措施票。检验工作负责人填写工作票和安全技术措施票。安全技术措施票应注明保证安全的各项安全技术措施，检验工作人员检查并确认工作票中的安全技术措施执行情况，对运行人员所做的安全技术措施进行检查，检查工作票所载安全技术措施是否正确、完备，是否符合现场实际工作条件，按照规程的要求办理工作票。

二、检验工艺及质量标准

表 18.1 所示为检验工艺及质量标准。

表18.1 项目内容、工艺要求及质量标准

序号	项目内容	工艺要求（校验方法）	质量标准
1	现场检查	按照工作票安全措施和预防控制措施执行	确认防止触电的措施、防止运行设备误动的措施都已经完成
2	设备清扫	用毛刷、白布将保护装置和盘柜清理干净	保护装置及柜内外清洁、无尘
3	保护装置外观及接线检查	1. 检查端子排接线。 2. 检查接线图纸。 3. 检查保护装置外观	1. 端子排接线紧固。 2. 接线与图纸相符。 3. 保护装置无接点粘连等外观异常现象
4	交流回路检验	1. 测试CT特性。 2. 测量绝缘电阻	1. 直阻偏差不得超差，二次负载满足CT 10%误差特性曲线。 2. 用1000 V的绝缘电阻表测量CT二次对地绝缘，绝缘电阻大于1 MΩ
5	回路绝缘检查	1. 直流回路对地。 2. 交流回路对地。 3. 交流回路对直流回路。 4. 开关量	1. 用1000 V的绝缘电阻表测量柜内绝缘电阻和外部回路绝缘电阻，柜内绝缘电阻大于10 MΩ，外部回路绝缘电阻大于1 MΩ。 2. 用500 V的绝缘电阻表测量开入、开出接点对地绝缘，绝缘电阻大于1 MΩ
6	综保装置检验	1. 保护装置电源特性试验。 2. 数据采集系统检验。 3. 开关量输入输出检验。 4. 定值检验	1. 拉合保护装置电源及电源缓升缓降，保护无误动作。 2. 保护装置示值偏差不超过±5%。 3. 保护装置开关量输入输出均正确无误。 4. 定值偏差满足说明书的要求
7	整组装置试验	模拟保护动作，进行断路器跳闸试验	断路器合、分闸正常，保护可靠出口，外部回路、跳闸回路接线正确
8	现场工作终结	1. 恢复安全措施。 2. 终结检修工作票。 3. 整理报告资料	1. 安全措施恢复，系统无异常，CT回路联片、端子紧固。 2. 清理现场，验收合格，结束现场检修。 3. 填写检修记录、设备台账、检验报告等资料

第二节　PCS-9600 系列综保装置检验

一、PCS-9624 变压器保护测控装置检验

(1) 刻度值检查

刻度值误差不得大于 ±3%。三相电流分别从 PCS-9624 变压器保护测控装置端子加入,高压侧保护 A、B、C 相电流输入端子为 411～416,相测量 A、B、C 相电流输入端子为 419～424(表 18.2)。

表 18.2　电流值检测

相别	I_A		I_B		I_C	
加入电流	1 A	5 A	1 A	5 A	1 A	5 A
保护电流实测值						
遥测电流实测值						

电压分别从 PCS-9624 变压器保护测控装置的 401～404 端子加入(表 18.3)。

表 18.3　电压值检测

相别	U_A		U_B		U_C	
加入电压	30 V	57.74 V	30 V	57.74 V	30 V	57.74 V
电压实测值						

零序电流从 PCS-9624 变压器保护测控装置端子加入,高压侧零序电流输入端子为 417～418,低压侧零序电流输入端子为 409～410(表 18.4)。

表 18.4　高、低压侧电流实测

加入电流	1 A	5 A
高压侧电流实测值		
低压侧电流实测值		

(2) 开入量检查

将 PCS-9624 变压器保护测控装置的各开入量端子与开入公共端 722 短接,在液晶显示屏上显示的开入量状态均应正确显示。其中:端子 713 为遥控投入;端子 714～716 为非电量开入;端子 717 为投 PT 检修开入;端子 718 为跳闸压力低开入;端子 719 为弹簧未储能开入;端子 720 为信号复归开入;端子

721为装置检修开入。

(3)输出接点检查

输出接点检查可以通过点击"调试"—"装置测试"—"出口传动"子菜单来完成,也可在保护动作试验时进行。

(4)保护校验

1)过流保护。三段过流保护中Ⅰ、Ⅱ段经复合电压闭锁,Ⅲ段不经复合电压闭锁,可选择反时限。加入三相不对称的电压或三相对称的较低电压(满足复压条件)和一相电流。在满足复合电压的条件下(三相线电压均小于低压整定值或负序电压大于负序电压整定值),检测保护的过流定值。当故障相电流大于1.05倍的整定值且时间大于保护整定动作时间时,保护应可靠动作,装置面板上的跳闸灯亮,出口闭合,液晶显示屏上显示"过流保护动作"报文,误差应在5%以内。同理,在满足过流定值的条件下,检测保护的复合电压定值(负序电压和低电压定值),误差应在5%以内。各设定值和实测值应做好记录(表18.5)。

表18.5 试验数据记录表

	设定值				实测值			
	I/A	U_1/V	U_2/V	T/s	I/A	U_1/V	U_2/V	T/s
一段								
二段								
三段			/	/			/	/

2)负序过流保护。整定保护定值,控制字中的"负序过流保护投入"置"1",相应的软压板状态置"1"。当加入故障负序电流大于1.05倍的整定值且时间大于保护整定动作时间时,保护应可靠动作,装置面板上的跳闸灯亮,出口闭合,液晶显示屏上显示"负序保护动作"报文。定值误差应在5%以内。各设定值和实测值应做好记录(表18.6)。

表18.6 试验数据记录表

	设定值		实测值	
	I_2/A	T/s	I_2/A	T/s
一段				
二段				

3）高压侧/低压侧零序过流保护。投入零序过流保护软压板，在保护定值单中整定零序过流保护的控制字为"1"，加入零序电流 I_0。当故障零序电流大于 1.05 倍的整定值且时间大于保护整定动作时间时，保护应可靠动作，装置面板上的跳闸灯亮，出口闭合，液晶显示屏上显示零序保护动作报文；定值误差应在 5% 以内。各设定值和实测值应做好记录（表 18.7）。

表 18.7　试验数据记录表

	设定值		实测值	
	I_0/A	T/s	I_0/A	T/s
高压侧零序				
低压侧零序				

4）过负荷报警。加的电流大于过负荷定值，时间大于过负荷时间定值，在装置不启动的条件下，报警灯亮，液晶显示屏显示过负荷报警。各设定值和实测值应做好记录（表 18.8）。

表 18.8　试验数据记录表

	设定值		实测值	
	I/A	T/s	I/A	T/s
过负荷保护值				

二、PCS-9625 馈线保护测控装置校验

（1）刻度值检查

刻度值误差不得大于 ±3%。三相电流分别从 PCS-9625 馈线保护测控装置端子加入，保护 A、B、C 相电流输入端子为 411～416，测量 A、B、C 相电流输入端子为 419～424（表 18.9）。

表 18.9　A、B、C 相电流值检测

相别	I_A		I_B		I_C	
加入电流	1 A	5 A	1 A	5 A	1 A	5 A
保护电流实测值						
遥测电流实测值						

电压分别从 PCS-9624 变压器保护测控装置的 401～404 端子加入（表 18.10）。

表 18.10 电压值检测

相别	U_A		U_B		U_C	
加入电压	30 V	57.74 V	30 V	57.74 V	30 V	57.74 V
电压实测值						

零序电流从 PCS-9625 馈线保护测控装置的 409~410 端子加入(表 18.11)。

表 18.11 电流值检测

加入电流	1 A	5 A
零序电流实测值		

（2）开入量检查

将 PCS-9625 馈线保护测控装置的各开入量端子与开入公共端 722 短接，在液晶显示屏上显示的开入量状态均应正确。其中：端子 0714 为遥控投入开入；端子 0715 为闭锁重合闸开入；端子 0716 为后加速开入；端子 0717 为投 PT 检修开入；端子 0718 为跳闸压力低开入；端子 0719 为弹簧未储能开入；端子 0720 为信号复归开入；端子 0721 为装置检修开入。

（3）输出接点检查

输出接点检查可以通过点击"调试"—"装置测试"—"出口传动"子菜单来完成，也可在保护动作试验时进行。

保护跳闸或者开关偷跳时，事故总信号接点(0821—0822)闭合 3 s。手动分合断路器(或者遥控分合断路器)，KKJ 接点(0813 0814)相应断开和闭合。遥控分闸操作时，遥跳接点(0912—0913)应闭合；遥控合闸操作时，遥合接点(0914—0915)应闭合。

断开保护装置的出口跳闸回路，模拟跳闸，相应跳闸接点(0918—0919、0916—0917、0908—0909、0904—0905)应闭合；断开保护装置的出口合闸回路，模拟重合闸，相应合闸接点(0910—0911、0906—0907)应闭合。

关闭装置电源时，闭锁接点(0901—0902)闭合；装置处于正常运行状态(运行灯亮)时，闭锁接点断开。

发生报警时，报警接点(0901—0903)应闭合；报警事件返回时，该接点断开。

操作回路的控制回路断线时，接点(0811—0812)应闭合。

开关在跳位时，TWJ 接点(0817—0818、0819—0820)应闭合；开关在合位时，HWJ 接点(0815—0816)应闭合。

(4)保护功能校验

1)过流保护。三段过流保护中Ⅰ、Ⅱ段经复合电压闭锁,Ⅲ段不经复合电压闭锁,可选择反时限或定时限。整定定值,保护控制字置"1",经复压闭锁置"1",软压板置"1"。模拟相间故障,使得电压满足复压定值,电流满足电流定值。此时,过流保护经整定延时跳闸。各设定值和实测值应做好记录(表18.12)。

表18.12 试验数据记录表

	设定值				实测值			
	I/A	U_1/V	U_2/V	T/s	I/A	U_1/V	U_2/V	T/s
一段								
二段								
三段								

2)零序过流保护。投入零序过流保护软压板,在保护定值单中整定零序过流保护的控制字为"1",加入零序电流 I_0。当故障零序电流大于1.05倍的整定值且时间大于保护整定动作时间时,保护应可靠动作,装置面板上的跳闸灯亮,出口闭合,液晶显示屏上显示"零序保护动作"报文。定值误差应在5%以内。各设定值和实测值应做好记录(表18.13)。

表18.13 试验数据记录表

	设定值		实测值	
	I_0/A	T/s	I_0/A	T/s
零序Ⅰ段				
零序Ⅱ段				

3)过负荷保护。整定定值控制字,"过负荷保护投入"置"1","过负荷保护软压板"置"1",此时过负荷选择的是跳闸。模拟故障,使得电流满足过负荷定值,此时过负荷保护经整定延时跳闸。各设定值和实测值应做好记录(表18.14)。

表18.14 试验数据记录表

	设定值		实测值	
	I/A	T/s	I/A	T/s
过负荷保护值				

4)过流加速保护。重合闸功能投入,整定定值,控制字中的"过流加速段投入"置"1",软压板中的"过流加速段软压板"置"1"。待重合闸充电后模拟故障跳闸,跳闸后撤去故障电流,重合闸应动作,待重合闸动作后再立即加故障电流,此时过流加速保护应经整定延时动作。装置面板上的跳闸灯亮,出口闭合,液晶显示屏上显示"非电量保护动作"报文。同时应记录下过流加速保护值的设定值和实测值。

三、PCS-9626 电动机保护测控装置校验

(1)刻度值检查(二次回路的额定电流为 5 A)

刻度值误差不得大于 ±3%。三相电流分别从 PCS-9626 电动机保护测控装置端子加入,保护 A、B、C 相电流输入端子为 411~416,测量 A、B、C 相电流输入端子为 419~424(表 18.15)。

表 18.15　三相电流值检测

相别	I_A		I_B		I_C	
加入电流	1 A	5 A	1 A	5 A	1 A	5 A
保护电流实测值						
遥测电流实测值						

电压从 PCS-9626 电动机保护测控装置 401~404 端子加入(表 18.16)。

表 18.16　电压值检测

相别	U_A		U_B		U_C	
加入电压	30 V	57.74 V	30 V	57.74 V	30 V	57.74 V
电压实测值						

零序电流从 PCS-9626 电动机保护测控装置的 409~410 端子加入(表 18.17)。

表 18.17　电流值检测

加入电流	1 A	5 A
零序电流实测值		

(2)开入量检查:将 PCS-9626 电动机保护测控装置的各开入量端子与开入公共端 722 短接,各开入量均应显示正确。其中:端子 0714 为遥控投入开入;端子 0715 为闭锁重合闸开入;端子 0716 为后加速开入;端子 0717 为投 PT 检修

开入;端子0718为跳闸压力低开入;端子0719为弹簧未储能开入;端子0720为信号复归开入;端子0721为装置检修开入。

(3) 输出接点检查

发生保护跳闸或者开关偷跳时,事故总信号接点(821—822)闭合3 s。

手动分合(或者遥控分合)断路器,KKJ接点(813—814)相应地断开和闭合。

进行遥控分闸操作时,遥跳接点(912—913)应闭合;进行遥控合闸操作时,遥合接点(914—915)应闭合。

断开保护装置的出口跳闸回路,模拟跳闸,相应的跳闸接点(916—917、908—909、904—905、906—907)应闭合。

关闭装置电源时,闭锁接点(901—902)闭合;装置处于正常运行状态(运行灯亮)时,闭锁接点断开。

发生报警时,报警接点(901—903)应闭合;报警事件返回时,该接点断开。

操作回路的控制回路断线时,接点(811—812)应闭合。

开关在跳位时,TWJ接点(817—818、819—820)应闭合;开关在合位时,HWJ接点(815—816)应闭合。

过热禁止再启动功能投入时,过热跳闸后,常闭接点(918—919)打开。

(4) 保护校验

1) 过流保护。三段过流保护为电动机短路保护和启动时间过长及堵转保护。整定定值控制字中相应的过流保护段投入置"1",相应的软压板状态置"1",检测保护的过流定值。当加入的故障相电流小于0.95倍的整定值时,相应的过流保护不应动作;当故障相电流大于1.05倍的整定值且时间大于保护整定动作时间时,保护应可靠动作,装置面板上的跳闸灯亮,出口闭合,液晶上显示屏显示"过流保护动作"报文,误差应在5%以内。注意:过流Ⅱ段是在电动机启动完成后才投入的。各设定值和实测值应做好记录(表18.18)。

表18.18　试验数据记录表

	设定值		实测值	
	I/A	T/s	I/A	T/s
Ⅰ段				
Ⅱ段				
Ⅲ段				

2) 零序过流保护。投入零序过流保护软压板,在保护定值单中整定零序过流保护的控制字为"1",加入零序电流 I_0。当故障零序电流大于 1.05 倍的整定值且时间大于保护整定动作时间时,保护应可靠动作,装置面板上的跳闸灯亮,出口闭合,液晶显示屏上显示"零序保护动作"报文。定值误差应在 5% 以内。各设定值和实测值应做好记录(表 18.19)。

表 18.19 试验数据记录表

	设定值		实测值	
	I_0/A	T/s	I_0/A	T/s
零序过流保护值				

3) 过负荷保护。整定保护定值,控制字中的"过负荷保护投入"置"1",软压板中的"过负荷保护软压板"置"1",此时过负荷选择的是跳闸。模拟故障,使得电流满足过负荷定值,此时过负荷保护经整定延时跳闸。各设定值和实测值应做好记录(表 18.20)。

表 18.20 试验数据记录表

	设定值		实测值	
	I/A	T/s	I/A	T/s
过负荷保护值				

4) 负序过流保护。两段负序过流保护用作电动机的断相和反相保护,其中 Ⅱ 段可选择使用反时限特性。整定保护定值,控制字中相应的负序过流保护段投入置"1",相应的软压板状态置"1"。当加入故障负序电流大于 1.05 倍的整定值且时间大于保护整定动作时间时,保护应可靠动作,装置面板上的跳闸灯亮,出口闭合,液晶显示屏上显示"负序保护动作"报文。定值误差应在 5% 以内。各设定值和实测值应做好记录(表 18.21)。

表 18.21 试验数据记录表

	设定值		实测值	
	I/A	T/s	I/A	T/s
负序过流 Ⅰ 保护值				
负序过流 Ⅱ 保护值				

负序过流 Ⅱ 段选择反时限时,加的负序电流大于负序过流 Ⅱ 段定值,延时

大于根据反时限特性计算的时间后,负序过流Ⅱ段反时限动作(表18.22)。

表18.22 数据记录表

	输入的负序电流	动作时间	理论计算时间
1			
2			
3			

5)过热保护。过热保护分为过热报警与过热跳闸,具有热记忆及禁止再启动功能,实时显示电动机的热积累情况。整定保护定值,控制字中的"过热保护投入"和软压板中的"过热保护投跳闸"状态置"1"。当加入的故障等效电流($I_{eq2} = K_1 \times I_{12} + K_2 \times I_{22}$)大于1.05倍的电动机额定电流时,过热保护开始热累计。当热累计大于100%时,过热保护动作,装置面板上的跳闸灯亮,出口闭合,液晶显示屏上显示"过热保护动作"报文。试验数据应做好记录(表18.23)。

表18.23 试验数据

负序电流发热系数	电动机额定电流值/A	发热时间常数/s	等效电流值/A	动作时间/s	理论计算时间/s

6)零序过压保护。整定保护定值,控制字中的"零序过压投入"置"1",软压板中的"零序过压投入"置"1"。当自产零序电压$3U_0$大于零序过压保护整定值时,零序过压保护经整定延时跳闸。试验数据应做好记录(表18.24)。

表18.24 试验数据

	设定值		实测值	
	U_0/A	T/s	U_0/A	T/s
零序过压保护值				

7)低电压保护。投入定值中的"低电压保护"控制字、"低电压保护"软压板以及"低电压保护"硬压板,加入电流以保证装置有电流。当加入的三个相间电压均小于低电压保护定值且时间超过整定时间时,低电压保护动作。装置面板上的跳闸灯亮,出口闭合,液晶显示屏上显示"低电压保护动作"报文。装置在95%的低电压保护动作定值时可靠动作,在105%的动作定值时不动作,定

值误差应在5%以内。试验数据应做好记录(表18.25)。

表18.25 试验数据

	设定值		实测值	
	U/A	T/s	U/A	T/s
低电压保护值				

8)过电压保护。整定保护定值,控制字中的"过电压保护投入"置"1",软压板中的"过电压保护投入"置"1"。当开关位置不在跳位,且三相线电压中的任何一个大于过压整定定值时,过电压保护经整定延时跳闸。试验数据应做好记录(表18.26)。

表18.26 试验数据

	设定值		实测值	
	U/A	T/s	U/A	T/s
过电压保护值				

四、PCS-9627电动机保护测控装置校验

(1)刻度值检查

刻度值误差不得大于±3%。二相电流分别从PCS-9627装置端子加入,保护机端A、B、C相电流输入端子为405~410,保护末端A、B、C相电流输入端子为411~416;测量A、B、C相电流输入端子为419~424(表18.27)。

表18.27 三相电流值检测

相别	I_A		I_B		I_C	
加入电流	1 A	5 A	1 A	5 A	1 A	5 A
机端电流实测值						
末端电流实测值						
遥测电流实测值						

电压从PCS-9627电动机保护测控装置的401~404端子加入(表18.28)。

表18.28 电压值检测

相别	U_A		U_B		U_C	
加入电压	30 V	57.74 V	30 V	57.74 V	30 V	57.74 V
电压实测值						

零序电流从 PCS-9627 电动机保护测控装置的 417～418 端子加入（表 18.29）。

表 18.29　电流值检测

加入电流	1 A	5 A
零序电流实测值		

（2）开入量检查

将 PCS-9627 电动机保护测控装置的各开入量端子与开入公共端 722 短接，各开入量均应正确显示。其中：端子 0714 为遥控投入开入；端子 0715 为闭锁重合闸开入；端子 0716 为后加速开入；端子 0717 为投 PT 检修开入；端子 0718 为跳闸压力低开入；端子 0719 为弹簧未储能开入；端子 0720 为信号复归开入；端子 0721 为装置检修开入。

（3）输出接点检查

发生保护跳闸或者开关偷跳时，事故总信号接点（821—822）闭合 3 s。

手动分合（或者遥控分合）断路器，KKJ 接点（813—814）相应地断开和闭合。

进行遥控分闸操作时，遥跳接点（912—913）应闭合；进行遥控合闸操作时，遥合接点（914—915）应闭合。

断开保护装置的出口跳闸回路，模拟跳闸，相应的跳闸接点（916—917、908—909、904—905、906—907）应闭合。

关闭装置电源时，闭锁接点（901—902）闭合；装置处于正常运行状态（运行灯亮）时，闭锁接点断开。

发生报警时，报警接点（901—903）应闭合；报警事件返回时，该接点断开。

操作回路的控制回路断线时，接点（811—812）应闭合。

开关在跳位时，TWJ 接点（817—818、819—820）应闭合；开关在合位时，HWJ 接点（815—816）应闭合。

过热禁止再启动功能投入，过热跳闸后，常闭接点（918—919）打开。

（4）保护校验

1）差动速断校验。投入"投差动保护"硬压板以及定值中的"差动速断保护"控制字和"差动速断保护"软压板。在某侧（例如机端侧）加入 $0.95I_{sdzd}$ 的单相（例如 A 相）电流，另一侧不加电流，此时差动电流即为加入的电流，差动速断不应动作。当在某侧(例如机端侧)加入 $1.05I_{sdzd}$ 的单相(例如 A 相)电流时,差动速断应可靠动作,此时装置面板上的跳闸灯亮,出口闭合,液晶显示屏上显示"差动速断保护动作"报文。定值误差应在 5% 以内。试验数据应做好记录(表 18.30)。

表 18.30　试验数据

	设定值		实测值	
	I/A	T/s	I/A	T/s
差动速断保护值				

2)比率差动校验。投入"投差动保护"硬压板以及定值中的"投比率差动"控制字和"投比率差动保护"软压板,分别从两侧加入电流。当差动电流为 $0.95I_{cdqd}$ 时,比率差动不应动作;当差动电流为 $1.05I_{cdqd}$ 时,比率差动应可靠动作。此时装置面板上的跳闸灯亮,出口闭合,液晶显示屏上显示"比率差动保护动作"报文。定值误差应在 5% 以内。

比率差动启动定值为_____ A;斜率为_____。

比率差动保护试验数据记录表如表 18.31 所示。

表 18.31　试验数据

	机端电流/A	中性点电流/A	制动电流/A	差动电流/A	差流计算值/A
1					
2					
3					

3)过流保护。三段过流保护用作电动机短路保护和启动时间过长及堵转保护。整定保护定值,控制字中相应的过流保护段投入置"1",相应的软压板状态置"1",检测保护的过流定值。当加入的故障相电流小于 0.95 倍的整定值时,相应的过流保护不应动作;当故障相电流大于 1.05 倍的整定值且时间大于保护整定动作时间时,保护应可靠动作,装置面板上的跳闸灯亮,出口闭合,液晶显示屏上显示"过流保护动作"报文。误差应在 5% 以内。注意:过流 Ⅱ 段是在电动机启动完成以后才投入的。试验数据如表 18.32 所示。

表 18.32　试验数据

	设定值		实测值	
	I/A	T/s	I/A	T/s
Ⅰ段				
Ⅱ段				
Ⅲ段				

4) 零序过流保护。投入零序过流保护软压板,在保护定值单中整定零序过流保护的控制字为"1",加入零序电流 I_0。当故障零序电流大于 1.05 倍的整定值且时间大于保护整定动作时间时,保护应可靠动作,装置面板上的跳闸灯亮,出口闭合,液晶显示屏上显示"零序保护动作"报文。定值误差应在 5% 以内。试验数据如表 18.33 所示。

表 18.33　试验数据

设定值		实测值	
I_0/A	T/s	I_0/A	T/s

5) 过负荷保护。整定控制字,"过负荷保护投入"置"1","过负荷保护软压板"置"1",此时过负荷选择的是跳闸。模拟故障,使得电流满足过负荷定值,此时过负荷保护经整定延时跳闸。试验数据如表 18.33 所示。

表 18.33　试验数据

设定值		实测值	
I/A	T/s	I/A	T/s

6) 负序过流保护。两段负序过流保护用作电动机断相和反相保护,其中Ⅱ段可选择使用反时限特性。整定保护定值,控制字中相应的负序过流保护段投入置"1",相应的软压板状态置"1"。当加入故障负序电流大于 1.05 倍的整定值且时间大于保护整定动作时间时,保护应可靠动作,装置面板上的跳闸灯亮,出口闭合,液晶显示屏上显示"负序保护动作"报文。定值误差应在 5% 以内。试验数据如表 18.34 所示。

表 18.34　试验数据

	设定值		实测值	
	I/A	T/s	I/A	T/s
负序过流 I 保护值				
负序过流 II 保护值				

7) 负序过流 II 段选择反时限,加的负序电流大于负序过流 II 段定值,延时大于根据反时限特性计算的时间时,负序过流 II 段反时限动作。试验数据如表 18.35 所示。

表 18.35　试验数据

	输入的负序电流/A	动作时间/s	理论计算时间/s
1			
2			
3			

8) 过热保护。过热保护分为过热报警与过热跳闸,具有热记忆及禁止再启动功能,实时显示电动机的热积累情况。整定保护定值,控制字中的"过热保护投入"和软压板中的"过热保护投跳闸"状态置"1"。当加入的故障等效电流 ($I_{eq2} = K_1 \times I_{12} + K_2 \times I_{22}$) 大于 1.05 倍的电动机额定电流时,过热保护开始热累计。当热累计大于 100% 时,过热保护动作,装置面板上的跳闸灯亮,出口闭合,液晶显示屏上显示"过热保护动作"报文。检测过热保护的动作时间,可按加入的等效电流,通过过热保护动作方程算出动作时间。试验数据应做好记录(表 18.36)。

表 18.36　试验数据

负序电流发热系数	电动机额定电流值/A	发热时间常数/s	等效电流值/A	动作时间/s	理论计算时间/s

9) 零序过压保护。整定保护定值,控制字中的"零序过压投入"置"1",软压板中的"零序过压投入"置"1"。当自产零序电压 $3U_0$ 大于零序过压保护整定值时,零序过压保护经整定延时跳闸(表 18.37)。

表 18.37　试验数据

设定值		实测值	
U_0/A	T/s	U_0/A	T/s

10) 低电压保护。投入定值中的"低电压保护"控制字、"低电压保护"软压板以及"低电压保护"硬压板,加入电流以保证装置有电流。当加入的三个相间电压均小于低电压保护定值且时间超过整定时间时,低电压保护动作,装置面板上的跳闸灯亮,出口闭合,液晶显示屏上显示"低电压保护动作"报文。装置在 95% 的低电压保护动作定值时能可靠动作,在 105% 的动作定值时不动作,定值误差应在 5% 以内(表 18.38)。

表 18.38　试验数据

设定值		实测值	
U/V	T/s	U/V	T/s

11) 过电压保护。整定控制字,"过电压保护投入"置"1",软压板中的"过电压保护投入"置"1"。当开关位置不在跳位,且三相线电压中的任何一个大于过压整定定值时,过电压保护经整定延时跳闸。试验数据记录在表 18.39 中。

表 18.39　试验数据

设定值		实测值	
U/V	T/s	U/V	T/s

五、PCS-9628 母线保护测控装置校验

(1) 刻度值检查

1) 刻度值误差不得大于 ±3%。电压从 PCS-9628 母线保护测控装置端子加入,端子 401~404 为母线电压 U_a、U_b、U_c 输入,端子 405~406 为线路电压 U_x,端子 407~408 为外接 $3U_0$。试验数据记录在表 18.40 中。

表 18.40　试验数据

相别	U_a		U_b		U_c	
加入电压	30 V	57.74 V	30 V	57.74 V	30 V	57.74 V

续表 18.40

电压实测值				
相别	\multicolumn{2}{c}{$3U_0$}	\multicolumn{2}{c}{U_x}
加入电压	30 V	57.74 V	30 V	57.74 V
电压实测值				

（2）开入量检查

将 PCS-9628 电动机保护测控装置的各开入量端子与开入公共端 722 短接，在液晶显示屏上显示的开入量状态均应正确。其中：端子 0714 为遥控投入开入；端子 0715 为闭锁重合闸开入；端子 0716 为后加速开入；端子 0717 为投 PT 检修开入；端子 0718 为跳闸压力低开入；端子 0719 为弹簧未储能开入；端子 0720 为信号复归开入；端子 0721 为装置检修开入。

（3）输出接点检查

端子 901 为中央信号输出接点的公共端，与端子 902、903 构成中央信号输出接点，依次为装置闭锁、装置告警。

端子 904、905 为中央信号的输出接点：跳闸信号 1（保持）。

端子 906、907 为中央信号的输出接点：跳闸信号 2（保持）。

端子 908、909 为出口 1 的输出接点，保护跳闸用。

端子 910、911 为出口 2 的输出接点，保护跳闸用。

端子 912、913 为出口 3 的输出接点，保护跳闸用。

端子 914、915 为出口 4 的输出接点，保护跳闸用。

端子 916、917 为出口 5 的输出接点，保护跳闸用。

端子 918、919 为出口 6 的输出接点，保护跳闸用。

（4）保护校验

1）低压保护。整定控制字，"母线低压Ⅰ段、Ⅱ段投入"置"1"，软压板中的"母线低压Ⅰ段、Ⅱ段投入"置"1"。先加正常的三相电压，然后降压，使线电压均小于"母线低压Ⅰ段保护定值"。经母线低压时间延时，低压保护动作，跳闸信号灯亮。试验数据如表 18.41。

表 18.41　试验数据

	设定值		实测值	
	U/V	T/s	U/V	T/s
低压Ⅰ段保护值				
低压Ⅱ段保护值				
低压Ⅲ段保护值				

2）母线过电压报警。整定定值,控制字中的"母线过压保护投入"或相应的软压板状态置"0"。若最大的母线线电压大于母线过电压保护定值,持续时间超过整定延时,相应的出口接点闭合,报警接点也闭合,跳闸信号灯不亮,报警灯亮。

3）PT断线报警。当母线正序电压小于30 V,且线路电压大于线路额定电压二次值(57.7 V或100 V)的0.7倍时,立即闭锁低电压保护(PTDX检测投入及PTDX闭锁低压保护投入时),同时报母线PT三相断线,断线信号消失,延时2.5 s后返回。负序电压大于8 V,延时10 s,报母线PT断线,断线信号消失,延时2.5 s后返回。

第二十章　故障录波

故障录波装置是提高电力系统安全运行水平的重要自动装置。当电力系统发生短路故障、系统振荡、频率崩溃、电压崩溃等扰动时，它能自动记录整个故障过程中各种电气量的变化情况。

目前应用的微机型故障录波装置通常集实时监测、测距和电能质量分析于一体，可实现不定长动态录波和故障分析。故障录波装置具有强大的数据采集功能，具有实时监视、计算机组网技术和管理机系统功能，现场维护、调试方便。录波数据具有统一、标准的输出格式，可以接入电网系统中的其他分析系统，如综自系统、监控系统、故障信息联网系统等。

第一节　故障录波的功能和原理

一、功能

故障录波器可在系统发生故障时，自动、准确地记录故障发生前后各种电气量的变化情况，通过分析和比较这些电气量，可以分析和处理事故，判断保护是否正确动作。我们还可以利用故障录波器记录下来的电流、电压量对故障线路进行测距，提高电力系统安全运行的水平。

当继电保护装置误动，造成无故障跳闸，或者系统有故障但保护装置拒动，或者系统有故障但保护动作行为不符合预先的设计时，利用故障录波器记录下来的保护动作事件量和开关接点状态信息等，可以找出保护不正确动作的原因，必要时可以通过计算工具进行模拟计算和分析。

二、启动方式

在系统发生任何类型的故障时，故障录波器都应可靠启动，一般包括模拟量启动和开关量启动。

模拟量启动包括：电压、电流突变启动；电压、电流越限启动；负序电压、电流越限启动;零序电压、电流越限启动;谐波电压启动;频率越限启动;逆功率启动;过励磁启动;等等。

开关量启动包括所有保护的跳闸出口信号、所有开关的辅助接点变位信号。

三、故障记录方式

故障启动后,按图 19.1 所示方式对各种接入量进行记录(其中 A、B、C、D 段的时间长度可设定),记录数据带有绝对时标。

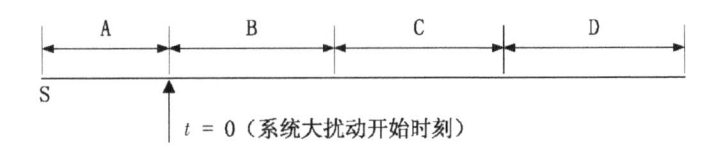

图 19.1　各时段记录数据

A 时段:系统大扰动开始前的状态数据,输出原始记录波形(6~25 周波)。

B 时段:系统大扰动后初期的状态数据,输出原始记录波形(10~150 周波)。

C 时段:系统大扰动后中期的状态数据,输出工频相量值(记录间隔 1~5 周波)(0~1000 周波)。

D 时段:系统动态过程数据,输出工频相量值(记录间隔 2~10 周波)(0~5000 周波)。

第一次启动:符合任一启动条件时,装置即由 S 开始按 A、B、C、D 时段的顺序记录。

重复启动:在已经启动时,如果有新的启动判据,则重新由 S 开始,按 A、B、C、D 时段的顺序接着记录。在 D 时段,如果系统振荡,则一直按 D 时段记录,直到振荡平息。

自动终止条件:当记录时间大于设定时间且所有的启动量全部复归,则自动停止记录。

特殊记录方式:如果出现单纯的长期低电压或长期低频,则一直按 D 时段记录,直到启动量消失。

四、输出方式

输出方式包括:存入硬盘(有 USB 接口的移动硬盘或优盘),操作完毕后可取走;数据远程传输;打印输出。

输出分析报告,具体包括以下内容:记录系统故障及扰动的具体时间(年、月、日、时、分、秒、毫秒);记录系统故障及扰动前后各输入量(电流、电压、高频、开关状态等)的变化过程;电力系统实时监测情况,如电压、电流波形及系统的有功/无功功率、相角;故障分析、测距和电能质量分析情况;功角、相角测量结果;油温、压力等非电气量的变化情况;保护和其他自动装置的动作情况。

五、现场发变组录波装置录波量的配置

发变组模拟量包括发电机定子电压、发电机机端零序电压、发电机中性点接地变压器二次侧电压、发电机定子电流(中性点侧)、发电机励磁电流、发电机励磁电压、主变 220 kV 中性点侧电流、厂用电分支各段工作进线电流、备用进线电流、厂用电母线电压、零序电压以及 110 V、220 V 直流系统各段母线电压等。

发变组开关量包括发变组装置各种保护的动作信号和出口信号,非电量保护的动作信号和出口信号(主要为变压器本体信号),发变组断路器、励磁开关、厂用电各分支进线开关的位置状态,厂用电开关及保护的动作信号等。

第二节　故障录波装置检验规程

一、装置运行检查

装置正常运行时,按"试验启动"键,装置启动,发远方信号。录波器启动时,光字牌应亮。当机组及电网系统出故障时,装置启动录波,前置机前面板上的"录波启动""内存记录"指示灯亮。故障数据传输完毕后,"内存记录"指示灯灭。按"信号复位"键,"录波启动"指示灯灭。若装置有数据远传功能,故障数据、故障分析报告将上传到主站。双击主界面下方的"故障列表",打开故障文件,进行故障分析,检查录波数据是否正确。双击主界面下方的"稳态列表",打开稳态文件,进行稳态分析,检查稳态数据是否正确。

二、装置定期检验工艺及质量标准

1. 准备工作

(1)检验工作人员明确工作目标,了解工作内容、工作地点,包括录波回路运行的状态,熟悉图纸与校验现场有关工作。

(2)准备所需图纸,包括上次检验的记录、最新的整定通知单和检验规程。准备所需仪器仪表,包括继电保护校验仪、万用表、摇表、测试连接线等。

2. 办理工作票和继电保护安全技术措施票

(1)检验工作负责人填写工作票和安全技术措施票,安全技术措施票应注明保证安全的各项安全技术措施。工作人员检查并确认工作票中的安全技术措施执行情况。检验工作负责人应对运行人员所做的安全技术措施进行检查,检查工作票所载安全技术措施是否正确、完善,是否符合现场实际工作条件,按照规程的要求办理工作票。断开电压回路的外部接线,严禁电压回路短路,严禁反充电。

(2)将装置电流回路进端I_a、I_b、I_c、I_n短接,使保护与外部电流互感器二次回路隔离。严禁电流回路开路。

3. 检验项目

各检验项目详见表19.1。

表19.1 检验项目情况

序号	项目内容	工艺要求(校验方法)	质量标准
1	现场检查	按工作票和安全措施票执行	确认防止触电、防止设备误动的措施都已经完成
2	设备清扫	用毛刷、白布将装置和盘柜清理干净	装置及柜内外清洁、无尘
3	装置外观及接线检查	1. 检查端子排接线。 2. 检查接线图纸。 3. 检查保护装置的外观。	1. 端子排接线紧固。 2. 接线与图纸所示相符。 3. 装置外观无异常现象
4	交流回路检验	1. 测试CT特性。 2. 测量绝缘电阻。	1. 直阻偏差不得超差,二次负载满足CT 10%误差特性曲线。 2. 用1000 V的绝缘电阻表对CT二次对地绝缘进行测量,绝缘电阻大于1 MΩ
5	回路绝缘检查	1. 直流回路对地绝缘。 2. 交流回路对地绝缘。 3. 交流回路对直流回路绝缘。 4. 开关量	1. 用1000 V的绝缘电阻表检查回路绝缘,柜内回路绝缘大于10 MΩ,外部回路绝缘大于1 MΩ。 2. 用500 V的绝缘电阻表测量开入、开出接点对地绝缘,绝缘电阻大于1 MΩ

续表 19.1

序号	项目内容	工艺要求(校验方法)	质量标准
6	装置检验	1. 装置电源特性试验。 2. 数据采集系统检验。 3. 开关量输入输出检验。 4. 定值检验	1. 拉合装置电源及电源缓升缓降,装置正常。 2. 装置模拟量采样偏差合格。 3. 装置开关量变位正确。 4. 装置启动值合格
7	现场工作终结	1. 恢复安全措施。 2. 终结检修工作票。 3. 整理报告资料	1. 安全措施恢复,系统无异常,CT 回路联片、端子紧固。 2. 清理现场,验收合格,结束现场检修。 3. 填写检修记录、设备台账、检验报告等资料

4. 装置检验

(1)零漂检查。装置各交流回路不加任何激励量(交流电压回路短路,交流电流回路开路),手动启动录波。要求交流电压回路的零漂值在 0.05 V 以内,交流电流回路的零漂值在 0.05 A 以内。

(2)刻度值校验。将装置各相电压回路端子同极性并联,加入测试电压,要求测量范围和测量误差满足表 19.2 中的规定。

表 19.2 测量范围和测量误差的规定值

输入电压	3.0 V	11.0 V	30.0 V	60.0 V	110.0 V	120.0 V
测量误差	≤10%	≤2.5%	≤1%	≤0.5%	≤1%	≤5%
输入电压	5.0 V	20.0 V	50.0 V	100.0 V	150.0 V	180.0 V
测量误差	≤10%	≤2.5%	≤1%	≤0.5%	≤2.5%	≤5%

将装置各电流回路端子顺极性串联,加入测量电流,要求测量范围和测量误差满足表 19.3 中的规定。

表 19.3 测量范围和测量误差的规定值

输入电流	$0.1I_N$	$0.2I_N$	$0.5I_N$	$1.0I_N$	$5.0I_N$	$10I_N$
测量误差	≤10%	≤2.5%	≤1%	≤0.5%	≤1%	≤2.5%

将装置各电压回路端子同极性并联,各电流回路顺极性串联,加入同相位的额定电压、额定电流(模拟纯电阻性负载),手动启动录波。要求装置记录的各路电压和电流波形、相位一致,相位测量误差不大于 5°。

(3)频率记录性能检查。对装置施加额定电压,要求在输入电压频率分别为 45 Hz、50 Hz、55 Hz 时,装置的频率测量误差不大于 0.05 Hz。

(4)启动性能及启动值的检查。要求对每个启动量的每种启动方式均进行试验,每次均试验合格。具体包括相电压、零序电压突变量、正序、负序、零序电压越限,相电流突变量、相电流、负序电流、零序电流越限,开关量变位启动。采用空触点闭合/断开方式时,触点闭合(断开)时间不超过 3 ms 便可启动录波。

5. 检修后的程序

(1)核查定值与开关量。

(2)恢复接线,打印采样报告,看采样值及相位关系是否正确。

(3)清理现场,办理工作票,终结检修手续。

(4)将缺陷消除情况等有关数据及文件转入设备台账,出具检修报告。

第三节　故障录波异常及处理

一、装置异常及处理

1. 运行灯不亮

检查装置电源,若直流电源模块接触不良,关掉电源后进行紧固;若直流电源模块损坏,则需要更换。

2. 装置未正常录波

(1)检查装置是否运行异常,检查装置电源和异常记录,检查管理板插线是否松动,检查装置信号回路是否有问题,检查手动启动录波是否正常。

(2)查看实时波形,检查自检记录有无异常。调取故障记录文件,检查并分析波形文件。

(3)检查定值设置,检查启动量在参数设置中是否被屏蔽。如重新校对参数,需写入新的定值。

3. 录波器频繁启动或启动指示常亮

查看启动报告,确定"当前启动量",根据启动方式将实际启动量和设置的定值进行比较。如定值偏小,则适当调大定值。

二、录波图分析方法

1. 根据录波图及录波装置分析报告,大致判断系统发生了什么故障以及故障发生的时间。

2. 以某一相电压或电流的过零点为相位基准,检查故障前电流和电压的相位关系是否正确,是否为正相序,负荷角为多少度。

3. 以故障相电压或电流的过零点为相位基准,确定故障状态下各相电流和电压的相位关系。注意:选取相位基准时要避开故障初始部分及故障结束部分,一是因为非周期分量较大,二是因为电压电流夹角由负荷角转换为线路阻抗角,跳跃较大,容易造成分析错误。

4. 绘制向量图并进行分析。

(1)单相接地故障录波图分析要点

对于单相故障,故障相间电压超前故障相间电流约80°。若单相接地故障不属于上述情况,则需要仔细分析,检查二次回路是否存在以下问题:1)某相电流增大,电压降低,出现零序电流、零序电压,则可确定系统发生的故障为单相接地故障。2)电流增大、电压降低为同一相别,则可确定电流、电压相别没有接错。3)零序电流相位与故障相电流同向,零序电压与故障相电压反向。4)故障相电压超前故障相电流约80°(即线路阻抗角)左右,零序电流超前零序电压约110°左右。

(2)两相短路故障录波图分析要点

对于多相故障,故障相间电压超前故障相间电流约80°。若两相短路故障不属于上述情况,则需要仔细分析,检查二次回路是否存在以下问题:1)两相电流增大,两相电压降低,没有零序电流、零序电压。2)电流增大、电压降低为相同的两个相别。3)两个故障相间电流基本反向。4)故障相间电压超前故障相间电流约80°左右。

(3)两相接地短路故障录波图分析要点

两相电流增大,两相电压降低,出现零序电流、零序电压。电流增大、电压降低为相同的两个相别。零序电流相位位于故障两相电流间。故障相间电压超前故障相间电流约80°左右,零序电流超前零序电压约110°左右。

(4)三相短路故障录波图分析要点

三相电流增大,三相电压降低,没有零序电流、零序电压。故障相间电压超前故障相间电流约80°左右。

第二十一章　直流电源系统

目前发电厂的控制回路、继电保护装置及其出口回路、信号回路，皆采用直流电源供电。为确保发电机等主设备的安全，某些动力设备（例如电动油泵等）也由直流电源供电。为上述装置、回路及动力设备现场供电的系统称为直流电源系统。

第一节　直流电源系统的结构和功能

火力发电机组 110 V 直流系统主要作为发电机组控制、操作、信号、继电保护、自动装置等设备的直流电源；220 V 直流系统主要作为机组 UPS 逆变装置、汽机直流油泵等设备的动力电源。

一、直流电源系统的组成

直流电源通常由蓄电池组、交流充电装置、直流馈电屏构成，具有电源监测、绝缘监测、电池监测等功能。

直流电源系统是发电厂和变电站的重要系统。由于发电厂里被操作和被保护的主设备众多，且遍布厂站的各个角落，因此直流系统分布很广。为确保发电厂和变电站的安全、经济运行，配备完善且可靠的直流系统是非常有必要的。直流系统应满足以下要求：

正常运行时，直流母线电压的变化应保持在额定电压的一定范围内。电压过高，容易使长期带电的二次设备（例如继电保护装置及指示灯等）过热而损坏；电压过低，可能使断路器、保护装置等设备不能正常动作。

蓄电池的容量应足够大，以保证在浮充设备因故停运而其单独运行时，能维持继电保护及控制回路正常运行；此外，还应保证事故发生后能可靠切除断路器及维持直流动力设备（例如直流油泵等）正常运行。

充电设备稳定可靠，能满足各种充电方式的要求，并有一定的冗余度。

直流电源系统的接线应简单可靠,便于运行及维护,并能满足给继电保护装置及控制回路可靠供电的要求。

直流电源系统应设置监控装置,应包括测量表计、参数越限和回路异常报警系统等。当直流电源系统发生异常或运行参数越限时,监控装置能发出告警信号;当直流电源系统发生短路故障时,监控装置能快速而有选择性地切除故障馈线,而不影响其他回路的正常运行。

二、直流电源设备

目前使用较广的蓄电池分为酸性蓄电池和碱性蓄电池两大类。酸性蓄电池的电极以铅及其氧化物为材料,故它又称为铅酸蓄电池。铅酸蓄电池按电池封装结构分为半密封式及密封式,半密封式又分为防酸式及消氢式。依据电解液数量还可以将铅酸蓄电池分为贫液式和富液式,密封式电池均为贫液式,半密封式电池均为富液式。阀控式密封铅酸蓄电池(表20.1)因具有最大的性价比,在电力系统中得以广泛应用。

表20.1 阀控式密封蓄电池组的主要技术指标

序号	名称	标准参数值
1	设计寿命	>10 年
2	循环次数	1200 次
3	自放电率	每月 2%~4%
4	浮充电压	—
5	均充电压	—
6	同组电池间压差	<30 mV
7	连接条电压降($3I_{10}$时)	<8 mV
8	单体蓄电池外形尺寸	—
9	单体蓄电池重量	—

目前广泛应用的微机监控高频开关直流电源柜的主要功能是完成对蓄电池组的充电,同时将蓄电池组的电压分配给需要的负载,一般包括充电机(高频开关整流模块给蓄电池组充电,因此被称为充电机)、馈电开关、安装柜体等。成套柜体根据功能划分为充电柜、馈电柜、联络柜及馈电分屏等。整流充电装置的技术指标如表20.2所示。

表20.2 整流充电装置的主要技术指标

序号	项目	指标	备注
1	交流输入电压	标称值为380 V,允许变动范围为±20%	三相四线制
2	电网频率	标称值为50 Hz,允许变动范围为±10%	—
3	功率因数	≥0.92	—
4	输入过压告警	可设置(默认值为255 Vac ± 2 Vac)	相电压
5	输入过压切换点	255 Vac ± 2 Vac	两路交流自动切换
6	输入欠压告警	可设置(默认值为185 Vac ± 2 Vac)	相电压
7	输入欠压切换点	185 Vac ± 2 Vac	两路交流自动切换
8	直流额定电压输出	220 Vdc/110 Vdc	—
9	直流电压输出范围	198 Vdc ~ 286 Vdc 99 Vdc ~ 143 Vdc	—
10	稳压精度	≤ ±0.5%	—
11	稳流精度	≤ ±0.5%	—
12	纹波系数	≤ ±0.05%	—
13	输出限流	(10% ~ 110%)×额定值	—
14	模块均流不平衡度	≤ ±3%	—

第二节 直流系统设备检修及维护

一、直流电源系统设备检修及维护项目

直流电源系统设备检修及维护项目详见表20.3。

表20.3 直流电源系统设备检修及维护项目

设备	项目	周期	要求
阀控蓄电池	日常维护	定期(每周)	1. 蓄电池室通风情况良好,照明充足,清洁、干燥、阴凉。 2. 电池各连接头无松动、短路、接地和腐蚀现象,壳体无渗漏和变形、温度异常现象。当蓄电池壳体温度超过35 ℃时,应重点检查蓄电池室通风情况是否正常,蓄电池是否存在短路或过充电等情况。 3. 根据现场实际情况,定期给蓄电池组清灰

续表 20.3

设备	项目	周期	要求
阀控式蓄电池	单体电池电压及端电压监测	定期（每月）	1. 正常浮充状态下运行 3～6 个月，蓄电池端电压与平均值的偏差应不大于 ±0.05（标称值为 2 V）。 2. 若端电压偏差超过标准值，应重点检查充电电压和电流是否符合要求，蓄电池壳体温度是否符合要求。根据环境温度的变化，调整蓄电池浮充电压
	核对性放电试验	定期	1. 新安装的阀控式密封蓄电池组，应进行核对性放电试验。以后每隔 2 年进行一次核对性放电试验。运行 4 年以上的蓄电池组，每年进行一次核对性放电试验。 2. 蓄电池组按规定的放电电流和放电终止电压规定值进行容量试验。蓄电池组应进行三次充—放电循环，第三次应达到额定容量
	内阻或电导	例行（每年）	1. 现场测试值应与厂家提供的内阻值一致，允许偏差范围为 ±10%。 2. 若内阻较高，则着重检查以下各项： 1）蓄电池的运行方式是否正确。 2）蓄电池电压和温度是否在规定范围内。 3）蓄电池是否长期存在过充电或欠充电现象。 4）运行年限是否超过制造厂家推荐的年限
高频开关电源充电装置	日常维护检查	定期	外观检查应重点检查以下各项： 1. 模块运行正常，均流指示灯和故障灯指示正确，模块的壳体应完好无损。 2. 表计及信号正确，各开关位置正常。盘内无异常声音和异味，无放电现象。设备无异常，紧固件、导线连接良好，无松动脱焊现象。 3. 应根据现场的环境条件定期清洁。清扫灰尘时，要断开电源，采用吸尘法或吹拭法。 4. 长期作为备用设备的充电装置，应三个月通一次电，通电时间应不低于 8 h，通电运行方式采用稳压运行方式
	技术性能参数	交接时、定期	新建或改造的直流电源系统选用的充电、浮充电装置，应满足稳压精度优于 0.5%、稳流精度优于 1%、输出电压纹波系数不大于 0.5% 的技术要求。在用的充电、浮充电装置如不满足上述要求，应更换
	交流输入和直流输出	例行（每年）	若输入或输出不正常，应重点检查以下各项： 1. 检查模块的交流输入电压； 2. 检查输入和输出插头是否紧固； 3. 检查模块内部的熔断器是否熔断； 4. 模块均流不平衡度是否在 5% 以内

续表20.3

设备	项目	周期	要求
监控装置	日常维护检查	定期（每月）	1.检查监控装置的显示值和实测值是否一致。 2.检查监控装置设置的参数。若参数发生变化,应根据实际运行情况修正参数。 3.检查和试验报警功能。若报警功能异常,应重点检查报警定值是否发生变化,报警装置是否正常
	充电程序的功能转换	例行（每年）	1.将监控装置设为恒流状态,均充转浮充的时间设为最小,观察监控装置自动转换程序的功能是否良好。 2.若监控装置不能自动转换,应重点检查以下各项: 1)充电程序转换的参数是否设置正确; 2)实际转换的时间是否正确; 3)最终自动强行转换是否能实现
绝缘在线监测装置	交流串入试验	交接	直流母线正、负极对地交流电压幅值为10 V时,应发出报警信号,启动检测
	欠、过压试验	新建或改造	直流标称220 V,允许波动范围为180 V～286 V;直流标称110 V,允许波动范围为90 V～143 V
	绝缘降低报警试验	例行（每年）	1.接地电阻告警整定值:电压220 V为25 K,电压110 V为15 K。试验前直流母线电压应正常,确保试验时不发生误动。 2.用规定阻值的电阻分别使直流母线正、负极接地,装置应发出声光报警信号。若报警信息不正确,则重点检查和试验以下各项: 1)试验回路是否正确、完好; 2)绝缘在线装置是否完好; 3)传感器是否正常
直流屏内相关设备	自动切换	例行（每年）	检查交流切换装置,若切换不正常,应重点检查以下各项: 1.交流接触器是否完好; 2.切换回路是否完好
	仪表精度测试	例行（每年）	1.直流电源系统的指示仪表应按规定定期检验。 2.仪表应完好,精度应在合格范围内,指示准确,并在检验周期内

二、蓄电池组安装要求

1.运行温度要合适。运行温度对阀控式蓄电池的寿命有很大的影响。由于阀控式蓄电池内的液体有限,运行温度过高会使液体汽化,蓄电池内部压力增大,引起安全阀体频繁动作,排放雾气,损失水分。过高的压力甚至会造成蓄电池壳体变形、开裂,液体外渗,使蓄电池容量减小,甚至报废。因此,现场应装温度计,以便监视蓄电池组的运行温度。

2. 小容量的蓄电池放置在柜体内时,应采用抗震加强型支架安装,须采用良好的通风、散热设计。容量在 300 Ah 及以上的蓄电池应安装在专门的蓄电池室内,运行温度宜保持在 5 ℃ 和 30 ℃ 之间,最高不应超过 35 ℃。阀控式密封铅酸蓄电池的最佳运行环境温度为 25 ℃。蓄电池室不满足此规定时,应安装空调或采取其他采暖、降温措施。

3. 蓄电池摆放应留有适当的间距。按照蓄电池间不小于 15 mm,蓄电池与上层隔板间不小于 150 mm 的间距规定进行摆放,以便于维护和散热,否则阀控式蓄电池的使用寿命将受到影响。

4. 多组蓄电池安装在同一蓄电池室内时,蓄电池室内须设运行和检修通道,其宽度应符合要求,且同一蓄电池室内的两组蓄电池组之间应保持可靠的防火间隔。

5. 阀控式密封铅酸蓄电池在正常工作时,可保持气密和液密状态,基本上没有酸气逸出。为防止气体泄漏,仍需要保证通风良好。

三、蓄电池核对性充放电试验

蓄电池定期充放电也叫作核对性充放电。为了检查蓄电池组的容量是否合格,工作人员会对平时在浮充状态下运行的蓄电池组进行一次较全面的充放电试验。通过蓄电池充放电试验可以发现老化的电池,及时进行维护和处理,以保证蓄电池正常运行,确保变电站交、直流系统安全稳定运行。

1. 蓄电池核对性充放电试验周期:每隔 2~3 年进行一次,运行 4 年以上的蓄电池每年进行一次。

2. 运行中的蓄电池电压偏差值及放电终止电压值应符合表 20.4 中的规定。

表 20.4 蓄电池电压偏差值及放电终止电压值

免维护密封铅酸蓄电池	标称电压		
	2	6	12
运行中的电压偏差值/V	±0.05	±0.15	±0.3
开路电压最大最小电压差值/V	0.03	0.04	0.06
放电终止电压值/V	1.80	5.4(1.80×3)	10.80(1.80×6)

3.蓄电池的温度补偿系数受环境温度影响。基准温度为25 ℃时,每下降1 ℃,单体电瓶浮充电压值应提高3 mV~5 mV。

4.全站只有一组蓄电池组时,不应进行全核对性充放电,只允许用I_{10}电流放出其额定容量的50%,且不应退出运行。在放电过程中,蓄电池组端电压应不低于2 V×N。放电后,应立即用I_{10}电流进行限压充电—恒压充电—浮充电,反复充放2~3次,使蓄电池容量恢复。全站有两组蓄电池组时,试验组蓄电池退出运行,进行核对性充放电,另一组运行。放电用I_{10}恒流,在蓄电池组电压下降至1.8 V×N或单体蓄电池组电压下降到1.8 V时,停止放电。再用I_{10}电流进行恒流限压充电—恒压充电—浮充电,反复充放2~3次,使蓄电池容量恢复。若核对性充放电3次后,蓄电池组的容量均达不到额定容量的80%,则应更换。

第三节　直流系统设备异常及处理

一、蓄电池异常

1.阀控式蓄电池运行状况相差很大。受环境条件、产品质量、使用年限、电池运行数据不准确、充电设备等多种因素的影响,电池容量水平差别很大。

2.使用年限是影响蓄电池运行最主要的因素。蓄电池投运的1到3年内,电池容量变化不大,运行状况良好。但随着使用年限的增加,个别电池开始出现电压异常、漏液爬酸等异常状况,电池容量减小。

3.长期浮充电,导致蓄电池的阳极极板钝化,使蓄电池内阻增大,容量大幅减小,进而造成蓄电池使用寿命缩短。

4.阀控式密封铅酸蓄电池正常运行时,浮充电压过高或过低。浮充电压设置过低,会造成蓄电池充电不足,使电池极板硫化,电池寿命缩短。浮充电压设置过高,电池将长期处于过充电状态。当蓄电池过充时,电池内部生成气体的速度将超过电池吸收气体的速度,电池内的气压将增大。气体从安全阀排出,将造成电解液减少甚至消失,水分的过量损耗,将使蓄电池的使用寿命提前终止。

5.当蓄电池组在运行中发生一只或几只蓄电池损坏的情况时,会出现用不同容量、不同厂家或同一厂家、容量相同但批次不同、内阻不一致的蓄电池替换已损坏的蓄电池的情况,而蓄电池浮充电运行时,其浮充电压完全一致,造成同一组蓄电池中两种性能不同的蓄电池互相影响。这会加速蓄电池的老化,使蓄电池的使用性能变差,给直流系统的可靠运行带来安全隐患。

6. 当蓄电池组中的一只或几只蓄电池损坏时,将损坏的蓄电池拆除(在保证总电压的前提下),系统仍可以正常运行。但必须同时调小蓄电池相应的均、浮充电压设置参数,否则容易造成蓄电池过充。阀控式蓄电池组正常应以浮充电方式运行,浮充电压应为$(2.23 \sim 2.28) V \times N$,一般宜控制在$2.25 V \times N$($25 ℃$时);均衡充电电压宜为$(2.30 \sim 2.35) V \times N$。

7. 阀控式蓄电池的浮充电压应随环境温度变化而调整,其基准温度为$25 ℃$,温度每升高$1 ℃$,单体电压为$2 V$的阀控式蓄电池浮充电压应降低$3 mV$,反之应提高$3 mV$。现在大部分直流监控单元都有"定时均充"功能,运行时可以投入(设定时间一般取3个月即2160 h)。

二、充电模块异常情况及处理

表20.5所示为充电模块的异常情况及处理方法。

表20.5 充电模块异常情况及处理方法

序号	现象描述	原因分析	处理方法
1	模块无输出	1. 电源未输入。 2. 输出熔断器熔断。 3. 输入过、欠压保护。 4. 输出过压保护。 5. 模块插头与屏柜插座接触不良。 6. 风扇插头脱离	1. 检查输入电源。 2. 更换熔断器。 3. 检查输入电源、电压。 4. 检查输出电压。 5. 检查接插件。 6. 检查风扇插头
2	模块有时有输出,有时无输出	1. 过温保护。 2. 屏柜上的导风板故障	1. 减轻负载或降低环境温度。 2. 检查屏柜上的导风板安装是否正确
3	模块内的散热风扇不转	1. 负载轻或空载。 2. 风扇故障	1. 调整负载至正常状态。 2. 更换风扇
4	模块故障灯亮	1. 模块处于过温保护状态。 2. 模块处于输入保护状态。 3. 未开机。 4. 输出故障。 5. 风扇故障	1. 按第2项的方法进行处理(更换风扇)。 2. 交流有过欠压或缺相现象,关机后重启。 3. 开机。 4. 输出过压或短路,更换模块。 5. 按第3项的方法进行处理(更换风扇)

续表 20.5

序号	现象描述	原因分析	处理方法
5	模块通信灯不亮	1. 指示灯连线连接不良。 2. 控制板 CPU 故障。 3. 发光二极管损坏	1. 检查该连线。 2. 更换控制板。 3. 更换发光二极管

三、直流系统接地

发电厂的直流系统分布广,回路繁多,很容易发生故障或异常,其中最常见的是直流系统接地。运行实践表明,直流系统一点接地,容易使断路器偷跳。此外,当直流系统一点接地之后,若另外一处再接地,将可能造成直流系统短路,致使直流电源中断供电,或断路器误跳、拒跳。

运行中出现直流系统对地绝缘降低或直接接地的原因包括二次回路导线外层绝缘破坏、受潮,二次设备受潮等。接地点多出现在室外端子箱、断路器操作箱、保护盘及控制盘处。

在查找接地点及处理接地故障时,应注意以下事项:

(1)需开两种工作票,做好安全措施,严防查找过程中出现断路器跳闸等事故。

(2)应使用带绝缘的工具,以防造成直流短路或出现另一点接地。

(3)需进行测量时,应使用高内阻电压表或数字万用表,表计的内阻应不低于 2000 Ω/V。

直流系统一点接地之后,绝缘监测装置发出报警信号。检修人员应尽快检测出接地点的具体位置,并消除故障。目前现场配置的微机型绝缘监察装置,基本可以确定接地点所在的直流馈线回路。

没有设置能确定接地点所在馈线回路的绝缘检测装置的直流系统,出现一点接地故障之后,首先要缩小可能出现接地点的范围。确定接地点所在直流馈线回路的传统方法是"拉路法":依次短时切断直流系统中各直流馈线来确定接地点所在馈线回路的方法。例如,发现直流系统接地之后,先断开某一直流馈线,观察接地现象是否消失。如果接地现象未消失,立即对该馈线恢复供电,再断开另一条馈线进行检查。重复上述过程,直至确定接地点所在馈线回路。

用上述方法确定接地点所在馈线回路时,应注意以下几点:

(1)应根据运行方式、天气状况及操作情况,判断接地点可能在的范围,以便在尽量少拉路的情况下迅速确定接地点的位置。

(2) 拉路的原则是先拉信号回路及照明回路,最后拉操作回路;先拉室外馈线回路,后拉室内馈线回路。

(3) 断开每一馈线的时间不应超过 3 s,无论接地是否在被拉馈线上,都应尽快恢复供电。

(4) 当被拉回路接了继电保护装置时,在拉路之前应让直流消失后容易误动的保护退出运行。当被拉回路接了有输电线路的纵联保护装置时(例如高频保护等),在拉路之前要通知输电线路对侧的变电站值班员,让他们退出线路两侧的纵联保护。

用拉路法找不出接地点所在馈线回路的原因如下:

(1) 接地位置发生在充电设备回路,或蓄电池组内部,或直流母线上。

(2) 直流系统采用环路供电方式,在拉路之前没断开环路。

(3) 直流系统对地绝缘不良。

(4) 各直流回路互相串电或有寄生回路。

四、交流串入

直流系统和交流系统是两个相互独立的系统。直流系统是不接地系统,而交流系统是接地系统。交流串入直流回路,相当于在直流母线接地的基础上增加了一个交流电源,其危害比直流电源直接接地还要大,将影响继电保护及控制回路的正常运行,相互之间的扰动将致使继电保护误动、断路器偷跳等。

目前现场配置的微机型绝缘监察装置,基本具有交流电压报警功能。检修人员应根据检测位置及时消除交流串入现象。另外,严禁直流回路与交流回路共用一根电缆。交、直流电源开关和接线端子应分开布置。直流电源开关和接线端子应有明显的标示。现场端子箱不应交、直流混装。在现场机构箱内,应避免交、直流接线出现在同一段或同一串端子排上。

五、直流系统案例分析

案例一:某变电站 35 kV 电缆中间头爆炸,随即 110 kV 的#4、#5 主变及 330 kV 的#3 主变相继起火,最终多条 330 kV 的线路相继跳闸。事故中变电站保护及故障录波器等二次设备均未动作,原因是变电站前期曾实施直流系统改造工作,更换后的蓄电池组未正常连接在直流母线上,此重大隐患未能及时发现。

当事故发生时站用变跳闸,充电屏交流电源失电,造成直流母线失压,全站保护及控制回路失去直流电源,最终导致故障越级、事故扩大的严重后果。

案例二:某电厂因电网线路故障,送出通道中断,1、2 号机组跳机,一期全厂失电。机组解列后,柴油发电机联启正常,但柴油发电机出口开关存在机械故障,柴油发电机出口开关自动和手动强合均失败,保安段失电,现场 220 V 的直流电源母线电压已低至 45 V,应该是投运年限久远的蓄电池组已失效,主机直流润滑油泵无法正常启动。在柴油发电机、蓄电池两路备用电源同时失效的情况下,现场对发电机进行紧急排氢,但 1 号机组因保安电源故障断油烧瓦,造成设备损坏、事故扩大的严重后果。

案例三:某电厂现场给 110 V 的直流 I 组蓄电池加装蓄电池在线监测装置,装置装好后,在恢复#1 充电机带 I 组蓄电池及 110 V 的直流 I 段母线运行过程中,#1 充电机输出刀闸机械合闸不到位,造成 110 V 的直流 I 段母线失电。由于热工电源柜双电源接触器切换时间大于小机跳闸电磁阀失电保持时间,小机跳闸电磁阀失电,引起小机跳闸。同时,电泵电源开关失去控制电源(由 110 V 的直流 I 段母线供电),联动失败。锅炉汽包水位低,导致机组 MFT 动作,机组跳闸。

案例四:某电厂维护人员在查找直流接地点的过程中,先后断开#1、#2 引风机冷却风机 110 V 的直流控制电源空开,冷却风机直流控制电源消失,接触器的直流自保持继电器失电,接触器跳闸,#1、#2 引风机冷却风机全部停电,首出为引风机全停,机组 MFT 动作,发电机组跳闸。

案例五:某电厂#3 发电机组检修后启动,机组负荷 220 MW,6 kV 厂用电仍由备用电源供电。突然,#2 启备变高压侧断路器跳闸,#3 机组发变组出口断路器跳闸,汽轮机跳闸,锅炉灭火。同时,#3 机组厂用电失电,集控室照明失电,事故照明投运。柴油机自动启动带保安段,汽轮机直流油泵联启。跳闸后检查#3 机组发变组保护 A、B 柜和#2 启备变保护柜,无保护动作信号。根据 SOE 记录,#3 机组跳闸晚于#2 启备变跳闸。同步检查一次设备,未发现异常。根据现场告警信号指向,在对发变组保护柜"启动通风"信号相关回路进行仔细排查时,在启备变控制直流正极母线上测到交流电压信号,最终发现#3 主变控制箱航空插头内部两触点因碰触连通,从而导致发变组保护直流正极经主变冷却器交流回路接地,即此次事故的直接原因是交流电源串入直流回路,导致#2启备变高压侧断路器操作继电器误动、跳闸。

处理措施及防范措施:现场作业必须落实管控流程、风险评估、作业监护等具体要求,应严格落实安全责任,全面执行各项运维管理规定;在改变直流系统运行方式时,为保证直流系统的可靠性,切换过程中允许两组蓄电池短时并联运行,严禁采用直流母线无蓄电池组的运行方式;坚决防止直流系统问题产生,导致事故扩大。

第二十二章　不间断电源

不间断电源(Uninterruptible Power System, UPS)通过 AC – DC – AC 的转换模式,可提供连续、稳定和精确的输出电源。即使市电中断,UPS 设备也可以采用后备模式(即直流)运行,保证系统供电的连续性和稳定性。火力发电厂通常按照机组配置一套或两套 UPS 装置,为发电机组重要的热工、电气控制操作、保护、信号等设备提供无瞬变过程的、恒定的、不间断的交流电源。

第一节　不间断电源的结构和原理

一、不间断电源的结构

如图 21.1 所示,UPS 通常包含整流器、逆变器、静态切换开关、静态旁路(又称备用旁路)、维修旁路、隔离变压器、逆止二极管(又称隔离二极管或闭锁二极管)七个重要的功能组件。在市电正常输入时,交流电经整流器转换为直流电源,供给逆变器;逆变器将其转换为交流电源,输出给负载。在市电异常时,可由系统直流蓄电池给逆变器提供直流电,从而有效保证系统输出的连续性。

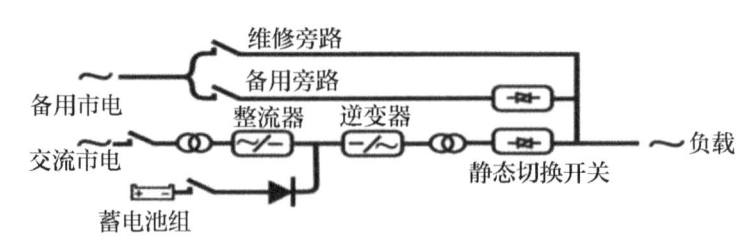

图 21.1　UPS 结构示意图

1. 整流器。整流器的主要功能是将交流市电转换为直流电源,供给逆变器。

2. 直流系统。在市电输入中断的情况下,直流系统将作为 UPS 设备的直流输入电源,替代整流器输出直流电源供逆变器进行转换。在市电异常的情况下,UPS 设备的后备(直流)运行时间主要取决于直流系统的容量和负载量的大小。

3. 逆变器。其主要功能是将整流器或直流电源转换为交流电供负载使用。

4. 静态切换开关。它可以保证 UPS 设备输出在不中断的情况下,将负载由备用电源供给转换为由逆变器供给,或由逆变器供给转换为由备用电源供给。静态切换开关对于 UPS 而言是非常重要的一个组件,它可以完成零时间静态切换。

5. 断路器。UPS 主机柜中设有主回路输入断路器(整流器输入断路器)、静态旁路输入断路器、手动维修旁路断路器和直流输入断路器。

二、UPS 系统的技术参数

UPS 系统的技术参数如表 21.1 所示。

表 21.1　UPS 系统的技术参数

1. 整机特性(80 kV·A)	
额定输入电压范围/V	AC300 ~ AC520
额定输入频率范围/Hz	50/60 ± 10
额定输出电压/V	AC220/AC230/AC240
额定输出频率/Hz	50/60
满负荷运行允许的最高环境温度/℃	40(超过 50 ℃时允许运行时间不超过 8 h)
湿度	<90%(无凝结)
2. 整流器	
额定输入电压范围/V	AC300 ~ AC520
额定输入频率范围/Hz	50/60 ± 10
额定输入功率因素	0.8
正常/最大/极限输入电流/A	132/165/200
3. 逆变器	
允许输入直流电压范围/V	DC165 ~ DC285
额定输出电压/V	AC220/AC230/AC340
额定输出频率/Hz	50/60
额定输入功率因素	0.8

续表 21.1

4. 静态开关	
额定电压范围/V	AC173～AC277
额定频率范围/Hz	45～55/55～65
切换时间/ms	由静态旁路切换到逆变器、由逆变器切换到静态旁路均为 0

四、运行模式

1. 正常运行模式。整流器将交流电源转换为直流电源供给逆变器,再由逆变器转换成交流电供负载使用。

2. 后备模式。由于 UPS 设备直接和直流系统相连,当市电异常时或整流器发生故障停止运行时,直流系统马上输出直流电源至逆变器,以替代中断的整流器输出电源。在转换的过程中,输出无任何中断。

3. 备用电源模式。当逆变器处于不正常状况,如逆变器未开启、过温、短路、输出电压异常、负载超出逆变器承受范围等,逆变器将自动停止运行以防损坏。若此时备用电源正常,静态开关会转换至备用电源,供负载使用。

4. 维修旁路模式。当 UPS 需要维护或维修时,用户可将 UPS 装置切换至维修旁路模式,在此模式下运行。在切换过程中,UPS 输出无任何间断或扰动情况发生。在抽出静态开关模块并断开 UPS 输入断路器和直流输入断路器之后,维护人员和维修人员可以安全地进行维护、维修。

第二节　不间断电源的检验工艺及标准

一、UPS 运行、操作的注意事项

UPS 要安装在清洁、通风的地点。UPS 的通风口要与墙或其他物体留有净空间。UPS 必须用与其容量相配的导线将外壳与建筑系统连接良好。UPS 只可为专业领域所用,UPS 的维修只能由专业人员进行。若 UPS 不需要维修,严禁用户随意维修 UPS。

UPS 在运输过程中不得倾倒或倒置。禁止在运行的情况下随意打开机器挡板,禁止通过通风孔插入任何东西。禁止在电池开关断开前拆除和连接电池

连接线。

二、UPS 投入前的检查

检查系统接线是否正确,各接头是否松动,各侧熔丝是否完好。检查 UPS 系统内的整流器的极性与直流电源的极性是否相同,UPS 系统内的整流器输入电压是否正常,UPS 系统各开关是否在"拉开"位置。检查 UPS 系统内的整流器、逆变器、静态开关、配电盘等主设备的元件是否完好,盘内有无异味、杂物、油污,外壳接地是否良好,UPS 装置内的各保护回路、信号回路指示是否异常。

三、运行中的检查

检查装置运行方式是否符合实际要求,UPS 面板上的所有指示灯与实际运方是否相符,是否有故障红灯亮。检查 UPS 电流、电压、输出负载及频率指示是否正常,调压柜输出指示是否正常。检查输出配电柜的电流、电压指示是否正常,有无报警信号。检查各侧熔丝是否完好,风扇运行是否正常。检查柜内有无异响、异味,各导体(导线)是否连接良好,有无过热、变色现象。

第三节　不间断电源系统异常及处理

一、装置异常及处理

表 21.2 所示为不间断电源系统异常及处理方法。

表 21.2　装置异常及处理方法

异常状况	故障分析	处理方法
市电正常但整流器未启动	整流器输入断路器未闭合,控制面板上的"RECT AC FAIL"(整流器输入异常)指示灯亮	闭合整流器输入断路器
	整流器输入电压超出 UPS 可承受的最大额定范围,操控面板上的"RECT AC FAIL"(整流器输入异常)指示灯亮	连接在整流器额定输入电压范围内的输入交流电源
	交流输入相位错误,有相关告警信息或"ROTATION ERROR LED"(输入相序错误)指示灯亮	调整整流器输入相序,一般将 A、B、C 中的其中两个调换即可

续表 21.2

异常状况	故障分析	处理方法
市电异常时 UPS 关机	直流输入断路器未闭合（若选配蓄电池组，则蓄电池端的空气断路器未闭合）	检查直流回路，并确认所有断路器处于闭合状态
逆变器无法启动	除操控面板左侧的"INVERTER SS LED"显示灯外，还有其他 LED 指示灯亮	依指示灯的信号提示逐一排除
	直流总线电压未完全建立（在静态旁路输入断路器及整流器输入断路器闭合后约 30 s），直流总线电压逐渐增至额定值，报警 LED 指示灯全部熄灭，逆变器才启动	参考开机程序说明，闭合静态旁路空气开关及整流器空气开关，直流总线电压开始建立（约 30 s 后完成）或闭合直流屏空气开关，直接建立直流总线电压
	手动维修旁路断路器处于闭合状态	断开手动维修旁路断路器
	输出端过载，界面显示报警信号或报警指示灯亮起	将 UPS 所连接的负载量减至 UPS 额定值范围内
UPS 工作时，风扇未启动	保险丝熔断，风扇故障	更换保险丝和风扇
静态旁路电压异常	静态旁路交流电压异常报警	检查静态旁路端的连接线路，并将静态旁路连接到合适的交流电源端
静态旁路频率异常	静态旁路交流频率异常报警	检查静态旁路端的连接线路，并将静态旁路连接到合适的交流电源端
逆变器运行时突然停止工作	手动维修旁路断路器处于闭合状态	断开手动维修旁路断路器，重新启动逆变器
	输出端有短路现象存在（负载本身可能存在短路）	关闭逆变器，清除输出端短路故障，重新启动逆变器
	输出端过载，显示报警信号"XXX% 过载"	将 UPS 所连接的负载量减至 UPS 额定值范围内
	散热片温度过高，报警指示灯亮	将负载量减至 UPS 额定值范围内，然后关闭逆变器，重新启动逆变器
	当 UPS 处于后备模式时，逆变器因直流屏（或选配的蓄电池组）电压过低（低于 165 Vdc）而停止工作	若市电恢复，在 30 min 内，逆变器自动重启，开始工作

续表 21.2

异常状况	故障分析	处理方法
静态旁路和逆变器切换失败	切换期间出现异常,显示面板出现告警信号	参考检修指南或安排专业人员检查
交流输出端缺相	信号线未接好,保险丝熔断	确认信号线连接无误,更换保险丝
蓄电池指示灯闪烁	直流故障(或选配蓄电池组电量耗尽或损坏)	检修直流(或更换蓄电池组)

二、UPS 异常案例

案例一:某电厂#1 机组负荷 180 MW 正常运行,当时机组出现"UPS 电源故障"报警信号,监视屏黑屏几分钟后,锅炉 MFT 首出"全炉膛灭火",机组联锁保护动作,汽机跳闸,发电机组全停。#1 机组 UPS 整流器、逆变器的灯均灭,UPS 退出运行,就地手动启动 UPS 失败。UPS 主路电源电压、电池电源、旁路电压正常,回路和板件没有明显的故障点。由此推断 UPS 装置质量问题导致 UPS 控制功能异常,主路及逆变器功能异常,UPS 输出失电,最终引发锅炉 MFT 动作。

处理措施及防范措施:改造 UPS 装置并升级,提高 UPS 电源系统的可靠性,优化 UPS 负荷回路,改进冗余的电源支路,确保重要设备电源的可靠性。

案例二:某发电厂#2 机组 DEH 系统的三个发电机的有功功率信号跳变,DEH 控制系统判断功率信号两两偏差大,DEH 系统自动将实际功率信号设置为 1309 MW(当时功率设定值为 613 MW)。高调门快速关至 5%,汽轮机四抽压力、小机转速、两台给水泵的转速和流量均出现较大的偏差,总给水流量突降触发流量低保护信号,延迟 10 s,锅炉 MFT 动作,机组跳闸。

事后现场检查发现,这三台发电机有功功率变送器工作电源均由双路 UPS 供电,其 UPS 为不接地系统,故障时发生 UPS 负荷 L 相接地故障;2 号机三台功率变送器输出回路的共模电压突变(由 3 V 上升到 50 V),大于 DEH 系统最大允许共模电压峰值。

处理措施及防范措施:功率变送器厂家优化和改进变送器电源回路后,在不改变 2 号机组功率变送器外部接线回路的情况下,在现场进行了 UPS 电源正常供电(包括单路、双路)、UPS 电源故障供电(L、N 线接地)、直流电源供电时功率变送器共模电压测试,确认变送器装置可以有效降低输出信号的共模电压,抑制共模电压错误突变。

第二十三章　安全稳控系统

安全稳控系统是电网区域安全稳定控制系统的简称,这种控制系统是电力系统安全稳定控制的重要保证。它能够在电网发生故障(线路或大机组跳闸)时,采取切机或切负荷等措施,确保电网和电厂安全稳定运行。它与正常稳定运行状态下的安全控制装置(如自动发电功率调节、自动电压调节、自动调节频率)措施以及事故时继电保护、事故后恢复控制装置(如线路重合闸、备用电源自动投入等)共同协调工作,保证电力系统安全稳定运行。

通常由两个及以上厂站的安全稳控装置,通过通信系统,实现区域或更大范围的电力系统的稳定控制。

(1)稳定控制主站:一般设置在枢纽变电站、电厂,具备较复杂的区域稳定控制功能,汇集本站和相关站点的信息,根据预定的控制策略,下达具体控制措施至执行站,实现控制措施的实施或直接操作本站控制对象。

(2)稳定控制子站:一般设置在变电站、电厂,具备稳定控制局部区域的功能,汇集本站和相关站点的信息并将信息上传至控制主站,接收主站的控制措施并将控制措施下达至执行站。

(3)稳定控制测量站:一般设置在变电站、电厂,采集本站元件信息并将信息上传至上级控制主站(子站)。

(4)稳定控制切负荷执行站:一般设置在变电站,采集本站负荷线路信息并将信息上传至上级控制主站(子站),接收上级控制主站(子站)的切负荷命令,实施切负荷控制。

(5)稳定控制切机执行站:一般设置在电厂,采集机组信息并将信息上传至上级控制主站(子站),接收上级控制主站(子站)的切机命令,实施切机控制。

第一节　安全稳控系统的功能

一、安全稳控系统概述

某电厂外送稳控系统由某电厂(稳控 A 柜、稳控 B 柜、通信接口柜)、某变电站(稳控 A 柜、稳控 B 柜、通信接口柜)稳控装置共同构成。

电厂稳控装置 A 柜和 B 柜正常时互为主运装置、辅运装置，A 柜装设有一把用于选择何柜为主运的切换把手，两套装置可交换数据：正常时使用本套信息(如电流、功率、投停等信息)，当某套缺失某项信息时，取另一套的同项信息。主运装置瞬时动作，同时向辅运装置发同样的切机命令。40 ms 内主运装置不动作，则辅运装置动作出口。

二、安全稳控系统的功能

1. 稳控装置监测发电厂所有 220 kV 出线以及电厂运行机组的功率、电流和运行状态；接收某变电站、某变电站装置发来的多条 220 kV 威×线、马×线的功率、电流、运行状态信息。

2. 稳控装置具有判别线路过载的功能，当线路过载时，根据过载策略切除相应的电厂运行机组。

3. 装置设有多个温度系数压板，每个压板对应一组温度系数定值，某线路的过载定值乘以该线路的温度系数定值即为该线路的实际过载定值。若未投入温度系数压板，装置的温度系数定值不乘以温度系数。

4. 稳控装置 A、B 柜均设有至另柜的通道压板，用于两套装置通信。双套运行时，两套装置的通道压板均需投入；单套运行时，两套装置的通道压板需退出。

5. 装置具有事件记录、数据记录、数据显示、打印、自检、PT 断线等异常报警功能，当装置出现影响动作正确性的异常情况时，装置立即闭锁，并发出告警信号。

第二节　稳控装置检验规程

一、检验准备工作

1. 修前准备工作如表 22.1 所示。

表 22.1　修前准备工作

序号	内容	标准
1	根据本次校验的项目,组织作业人员学习作业指导书,使作业人员熟悉作业内容、进度要求、作业标准、安全注意事项	要求所有工作人员都明确本次校验工作的作业内容、进度要求、作业标准及安全注意事项
2	准备好施工所需的仪器、仪表、工器具、最新的整定通知单、相关图纸、装置说明书、上次的试验报告、本次需要改进的项目及相关技术资料	仪器、仪表、工器具应试验合格,满足本次施工的要求,材料应齐全,图纸及资料应符合现场实际情况
4	根据现场工作时间和工作内容落实工作票	工作票应填写正确,并按《电力安全工作规程》相关部分执行

2. 危险点分析及安全措施如表 22.2 所示。

表 22.2　危险点分析及安全措施

序号	危险点	安全措施
1	现场安全技术措施及图纸如有误,可能造成做安全技术措施时运行设备误跳	做安全技术措施前应先检查现场安全技术措施以及实际接线及图纸是否一致。如发现不一致,工作人员应及时向专业技术人员汇报,经确认无误后及时修改,修改正确后严格执行现场安全技术措施。检查运行人员所做的安全技术措施是否正确、足够
2	稳控 A、B 屏两柜间实时交互信息(对采集站、主站做此要求)	退出稳控 A、B 屏至另柜的通道压板
3	稳控 A、B 屏向某主站发遥信、遥测量(对采集站、执行站做此要求)	退出稳控 A、B 屏的总功能压板,至某主站的通道压板
4	稳控 A、B 屏向某变发切机命令、切负荷命令(对主站做此要求)	退出稳控 A、B 屏的总功能压板,至某变的通道压板
5	电流回路开路或失去接地点,易造成设备损坏及人员伤亡	在端子排外侧将电流回路短接,禁止交流电流回路失去接地点,并观察装置面板电流显示情况

续表 22.2

序号	危险点	安全措施
6	电压回路短路或二次反充电,易造成设备损坏及人员伤亡	断开端子排上的电压回路联片,并用绝缘胶布封闭带电部分
7	拆卸二次回路接线时易遗漏及误接线	工作时应认真核对回路接线,如需拆头,应拆端子排内侧并用绝缘胶布包好,并做好记录,加强监护,防止遗漏或误接线
8	短接二次回路,有可能造成二次交、直流电压回路短路、接地,回路联跳,运行设备误跳	加强工作监护,严禁交、直流电压回路短路、接地,将联跳回路端子用绝缘胶布封好。短接前查清回路,并由专人核对
9	漏拆联跳接线或漏取压板,易造成运行设备误跳	查清联跳回路电缆接线,检查并确保联跳运行设备的回路已断开
10	带电插拔插件,易造成插件损坏	插拔插件前将电源断开
11	传动配合不当,易造成人员受伤及设备事故	传动前获得检修及运行人员的许可,并设专人在现场查看
12	室内使用无线通信设备,易造成其他运行装置不正确动作	在小室内禁止使用手机、对讲机等无线通信设备
13	表计量程选择不当或用低内阻挡测量联跳回路,易造成运行设备误跳	使用仪表时应正确选择挡位及量程,防止损坏仪表或误用低内阻挡测量联跳回路,造成直流接地、短路和运行设备误跳
14	室内保护装置布置较密集,易发生走错间隔而误碰带电设备	工作时应注意安全,防止误碰

3. 装置外观检查(全部检验或部分检验时进行)项目如表 22.3 所示。

表 22.3 装置外观检查

序号	检验项目	检验标准
1	接地端子及接地标志	装置应有清晰、明显的接地端子及接地标志
2	压板、空气开关、切换把手、按钮等	压板、空气开关、切换把手、按钮及其他附件的安装应正确、牢固,接触良好,标识清晰
3	屏柜标识	屏柜上的标识应正确、完整、清晰,并与图纸和运行规程相符
4	装置安装工艺及导线、端子的材质	装置安装的工艺质量以及导线、端子的材质应满足有关标准要求
5	装置 PT、CT 二次回路	PT 二次回路不短路,CT 二次回路不开路

续表 22.3

序号	检验项目	检验标准
6	装置的清洁情况	装置内外部清洁,无积尘
7	装置的小开关、拨轮及按钮	装置的小开关、拨轮及按钮良好
8	装置显示屏	显示屏清晰,文字清楚
9	装置插件	1)各插件印刷电路板无损伤或变形,连接完好; 2)各插件的元件焊接良好,芯片、变换器及继电器等固定良好,无松动现象
10	装置端子排的螺丝及后板的配线	装置端子排的螺丝紧固,后板的配线连接良好
11	插件内的选择跳线和拨动开关	插件内的选择跳线和拨动开关位置正确

4.相关参数检验(仅在验收和检验新安装的装置时进行)项目如表22.4所示。

表22.4 相关参数

序号	检验项目	检验标准
1	装置的配置	装置的配置(包括机箱和模件数量、模件位置等)与设计图纸一致
2	装置的型号以及屏柜的颜色、尺寸	装置的型号以及屏柜的颜色、尺寸与设计图纸一致
3	装置的额定参数	装置的额定参数(如直流电源的额定电压、交流额定电流、交流额定电压等)与设计图纸一致
4	交流变换模件的参数	交流变换模件的参数与对应的PT、CT二次额定值匹配
5	装置压板的型号和颜色	装置压板的型号和颜色与设计图纸一致,满足反措要求

二、保护装置检验

1.绝缘特性检验(表22.5)。绝缘特性检验分为二次回路的绝缘特性检验和装置的绝缘特性检验两部分。

表 22.5 绝缘特性检验

序号	检验项目	检验标准
1	新安装的装置的二次回路绝缘检验(仅在验收和检验新安装的装置时进行)	从屏柜端子排处将所有从外部引入的回路及电缆全部断开,将电流控制回路、电压控制回路、直流控制回路、信号回路的所有端子各自连在一起,用 1000 V 的绝缘电阻表测量各回路对地绝缘电阻、各回路之间的绝缘电阻,阻值均应大于 10 MΩ
2	定期检验二次回路绝缘检验	在屏柜端子排处将所有电流控制回路、电压控制回路、直流控制回路、信号回路的端子外部接线拆开,并将电流回路、电压回路拆开,用 1000 V 的绝缘电阻表测量各回路对地绝缘电阻,阻值均应大于 1 MΩ
3	装置的绝缘检验(仅在验收和检验新安装的装置时进行)	1. 按照装置技术说明书的要求拔出相关插件; 2. 在屏柜端子排内侧分别短接电压回路端子、电流回路端子、直流电源回路端子、跳闸和合闸回路端子、开关量回路端子、输出信号回路端子; 3. 断开装置与其他装置的弱电联系回路(包括装置打印机); 4. 装置内所有互感器的屏蔽层应可靠接地,在测量某一回路对地绝缘电阻时,应将其他各组回路都接地; 5. 用 500 V 的绝缘电阻表测量装置对地绝缘电阻,阻值应大于 20 MΩ。测试后,应将各回路对地放电

2. 电源特性检验(仅在全部检验时进行)项目如表 22.6 所示。

表 22.6 电源特性检验

序号	检验项目	检验标准
1	直流电源缓慢上升时的自启动性能	闭合装置电源插件上的电源开关,检验直流电源由零缓慢上升至 80% 的额定电压,此时电源插件面板上的电源指示灯应亮
2	拉合直流电源时的自启动性能	直流电源调至 80% 的额定电压,拉合直流电源开关,电源应能正常启动
3	逆变电源的使用年限	定期检验时,逆变电源的使用年限应满足 DL/T 527 的要求
4	逆变电源的输出电压值测量(选做)	1. 测量逆变电源的各级输出电压值,测量结果应符合 DL/T 527 的要求; 2. 定期检验时只测量额定电压下的各级输出电压值,必要时测量外部直流电源在最高电压和最低电压下逆变电源的各级输出电压值

3. 上电检验项目如表 22.7 所示。

表 22.7　上电检验

序号	检验项目	检验标准
1	时钟	保护装置与现场安装的卫星时钟同步系统的时钟一致,即保护接收对时信号正常
2	软件版本号	软件版本号与出厂时确认的软件版本号一致
3	打印功能	能够正常打印数据信息
4	装置的液晶屏幕	液晶屏幕显示正常
5	掉电的重启功能	掉电重启后,装置不应出口,定值不应发生变化
6	定值项目	装置显示和打印的定值项目(包括定值的名称、符号、单位等)与调度下发的定值单相符

4. 采样精度测试项目如表 22.8 所示。

表 22.8　采样精度测试

序号	检验项目	检验标准
1	$U=0, I=0$	在一定的时间内(10 s),零漂值小于 0.5% 的额定值
2	$U=U_n, I=I_n, \phi=0°$	1. 电压相对误差 ≤1%; 2. 电流相对误差 ≤1%; 3. 功率相对误差 ≤1%; 4. 频率偏差 ≤0.01
3	$U=0.6U_n, I=0.6I_n, \phi=60°$	能够正常打印数据信息
4	$U=U_n, I=0.1I_n, \phi=0°$	电流相对误差 ≤2%

注:U_n 表示额定电压,单位为 kV;I_n 表示额定电流,单位为 A;ϕ 表示电压 U 超前于电流 I 的相位角。

现场采样记录如表 22.9 所示。

表 22.9　现场采样记录

编号	序号	装置接入	检查项目	U_a	U_b	U_c	I_a	I_b	I_c	P
1#从机	1	××线	一次额定值							
			装置显示值							
	2	××Ⅱ线	一次额定值							
			装置显示值							
	…	××线	一次额定值							
			装置显示值							

5. 装置开入量检验项目如表 22.10 所示。

表 22.10 装置开入量检验

序号	检验项目	检验标准
1	压板、把手开关量	观察装置的开关量显示信息,进行压板投退或把手切换操作,装置能正确识别相应的压板或把手状态的变化
2	外部开关量	观察装置的开关量显示信息,在屏柜端子排处给所有引入端子排的开关量输入(包括断路器位置信号、保护跳闸信号等)依次加入激励量,装置能正确识别相应外部开关量状态的变化

现场开入记录如表 22.11 所示。

表 22.11 现场开入记录

项目	编号	A 套	B 套
对时			
打印			
信号复归			
监控信息闭锁			
总功能投入			
传动试验压板			
特殊压板 1			
特殊压板 2			
特殊压板 3			
本柜动作闭锁另柜			
本柜异常另柜主运			
机组允切压板 1			
机组允切压板 2			
环境温度系数 1			
环境温度系数 2			
环境温度系数 3			

6. 出口输出检验(仅在全部检验时进行)项目如表 22.12 所示。通过装置出口自检或模拟故障的方法使出口继电器动作,在出口压板或屏柜端子排处观察继电器输出接点通断状态的正确性。

表 22.12 出口输出检验项目

序号	检验项目	检验标准
1	新安装的装置的验收检验、出口输出检验(仅在新安装的装置验收检验时进行)	所有出口继电器输出接点的通断状态正确
2	定期检验出口输出	已投入使用的出口继电器的输出接点通断状态正确

现场开出记录如表 22.13 所示。

表 22.13 现场开出记录

序号	检验项目	检验标准
1	中央信号接点	在屏柜端子排处观察,中央信号输出接点的通断状态正确
2	遥信信号接点	在屏柜端子排处观察,遥信信号输出接点的通断状态正确
3	故障录波接点	在屏柜端子排处观察,故障录波信号输出接点的通断状态正确
4	输出信号回路	在光字牌、后台监控装置或故障录波装置观察,信号状态应正确

A、B 套的现场开出记录如表 22.14 所示。

表 22.14 A、B 套的现场开出记录

序号	项目	A 套	B 套
1	装置的闭锁信号(中央信号)		
2	装置的告警信号(中央信号)		
3	装置的动作信号(中央信号)		
4	PT 断线告警功能($U_2 > 0.14U_n$)		
5	有流无压,PT 断线告警功能		
6	$3I_0$(CT 断线)告警功能		

7. 基本判据检验(仅在全部检验时进行)分为九大类。

通过安全自动装置专用试验仪或继电保护试验仪向装置输入模拟量,必要时输入对应的开关量。(根据现场实际情况,按照稳控装置说明书进行)

(1)投停判据检验项目如表 22.15 所示。

表 22.15 投停判据检验项目

序号	检验项目	检验标准
1	元件投运判据	满足投运条件,应判为投运
2	元件停运判据	满足停运条件,应判为停运

(2)异常告警检验项目如表 22.16 所示。

表 22.16 异常告警检验项目

序号	检验项目	检验标准
1	PT 断线异常	PT 任意一相断线,能可靠判出并告警,不应误动作
2	CT 断线异常	CT 任意一相断线,能可靠判出并告警,不应误动作
3	通道异常	通道中断或接收数据异常时,能正确判出并告警
4	运行方式异常	无法识别系统运行方式时,发出"运行方式异常"信息并告警
5	其他异常	满足其他异常条件时,告警并闭锁相关功能

(3)交流元件跳闸判据检验项目如表 22.17 所示。

表 22.17 交流元件跳闸判据检验项目

序号	检验项目	检验标准
1	无故障跳闸判据	采集的元件电气量满足无故障跳闸判据,判为元件无故障跳闸
2	故障跳闸判据	采集的元件电气量和开关量满足故障跳闸判据,判为元件故障跳闸
3	防误判据	PT 断线、CT 断线及潮流转移等情况,不应误判为跳闸

(4)过载判据检验项目如表 22.18 所示。

表 22.18 过载判据检验项目

序号	检验项目	检验标准
1	过载启动判据	采集的元件电气量满足过载启动条件,判为元件过载启动
2	过载动作判据	采集的元件电气量满足过载动作条件,判为元件过载动作
3	过载辅助判据	过载辅助判据条件满足时,开放元件过载动作判据

(5)母线故障判据检验项目如表 22.19 所示。

表 22.19 母线故障判据检验项目

序号	检验项目	检验标准
1	母线故障判据	采集的母线电压、母差保护动作信号满足母线故障判据条件,判为母线故障
2	母线故障防误判据	PT 断线、母差动作接点信号异常等情况,不应误判为母线故障
3	过载辅助判据	过载辅助判据条件满足时,开放元件过载动作判据

(6)低频判据检验项目如表 22.20 所示。

表 22.20　低频判据检验项目

序号	检验项目	检验标准
1	低频启动	1. 当输入电压的频率低于低频启动定值,且延时大于低频启动延时定值时,装置可靠启动; 2. 当不满足低频启动定值和延时定值时,装置不应误启动
2	低频动作	1. 当输入电压的频率低于低频动作定值,且延时大于对应轮次的低频动作延时定值时,低频可靠动作; 2. 当不满足低频动作定值和延时定值时,装置不应误动作; 3. 基本轮之间应依次动作,特殊轮之间应相互独立
3	低频加速动作	当满足低频加速动作条件时,装置应正确动作

(7)过频判据检验项目如表 22.21 所示。

表 22.21　过频判据检验项目

序号	检验项目	检验标准
1	过频启动	1. 当输入电压的频率高于过频启动定值,且延时大于过频启动延时定值时,装置可靠启动; 2. 当不满足过频启动定值和延时定值时,装置不应误启动
2	过频动作	1. 当输入电压的频率高于过频动作定值,且延时大于过频动作延时定值时,装置应可靠动作; 2. 当不满足过频定值和延时定值时,装置不应误动作
3	低压加速动作	当满足低压加速动作条件时,装置应正确动作

(8)低压判据检验项目如表 22.22 所示。

表 22.22　低压判据检验项目

序号	检验项目	检验标准
1	低压启动	1. 当输入电压低于低压启动定值,且延时大于低压启动延时定值时,装置应可靠启动; 2. 当不满足低压启动定值和延时定值时,装置不应误启动
2	低压动作	1. 当输入电压低于低压动作定值,且延时大于对应轮次的低压动作延时定值时,低压应可靠动作; 2. 当不满足低压动作定值和延时定值时,装置不应误动作
3	低压加速动作	当满足低压加速动作条件时,装置应正确动作

续表 22.22

序号	检验项目	检验标准
4	短路故障响应	1. 发生短路故障时,装置不应误动作; 2. 短路故障切除后,若在一定的时间内电压恢复到正常值,装置不应误动作; 3. 短路故障切除后,若在一定的时间内电压未恢复到"故障恢复电压"之上,装置应告警并闭锁低压功能; 4. 短路故障切除后,若在一定的时间内电压恢复到"故障恢复电压定值"之上,且满足低压动作定值和延时条件,装置应可靠动作

（9）过压判据检验项目如表 22.23 所示。

表 22.23　过压判据检验项目

序号	检验项目	检验标准
1	过压启动	1. 当输入电压高于过压启动定值,且延时大于过压启动延时定值时,装置应可靠启动; 2. 当不满足过压启动定值和延时定值时,装置不应误启动
2	过压动作	1. 当输入电压高于过压动作定值,且延时大于过压动作延时定值时,装置应可靠动作; 2. 当不满足过压动作定值和延时定值时,装置不应误动作
3	滑差闭锁	当电压升高速度大于滑差闭锁定值时,应闭锁过压判断

现场过载定值检验记录如表 22.24 所示。

表 22.24　现场过载定值检验记录

单元	故障类型	试验条件	动作结果	结论
××线	启动	$I =$ _____ A ($I < 0.95 I_{qd}$)	不启动	
		$I =$ _____ A ($I > 1.05 I_{qd}$)	启动	
	告警	$I =$ _____ A ($I < 0.95 I_{gj}$)	不告警	
		$I =$ _____ A ($I > 1.05 I_{gj}$)	浔市线过载告警	
	过载	$I =$ _____ A ($I < 0.95 I_{dz}$)　$P > 0$	不动作	
		$I =$ _____ A ($I \geqslant 1.05 I_{dz}$)　$P > 0$	浔市线过载动作	
		$I =$ _____ A ($I < 0.95 I_{dz}$)　$P < 0$	不动作	

8. 站间通信检验(仅在全部检验时进行)分为三部分。

（1）站间通道异常告警检验项目如表 22.25 所示。

表 22.25 站间通道异常告警检验项目

序号	检验项目	检验标准
1	通道异常告警	投入通道压板,断开物理通道,装置能正确判断通道异常并告警
2	通道对应性	分别投退两侧的通道压板,两侧压板的状态不一致时,装置告警;两侧压板的状态一致时,通信正常

(2)站间运行信息交互检验(适用于主站检验)项目如表 22.26 所示。

表 22.26 站间运行信息交互检验项目

序号	检验项目	检验标准
1	机组运行信息	控制主站(子站)接收的切机执行站的机组运行信息(包括机组投停状态、机组功率等)与实际一致
2	负荷运行信息	控制主站(子站)接收的切负荷执行站的负荷运行信息(包括负荷投停状态、负荷功率等)与实际一致
3	断路器位置信息	接收到的对侧稳控装置发来的断路器位置信息与实际一致
4	其他信息	通道中传输的其他信息与实际一致

(3)站间命令传输检验(适用于主站检验)项目如表 22.27 所示。

表 22.27 站间命令传输检验项目

序号	检验项目	检验标准
1	正常命令传输测试(可与控制策略检验一起进行)	两侧通道压板均投入时,装置能够发送控制命令至通道对侧,也能接收并执行通道对侧装置发来的控制命令
2	多帧确认防误测试(有条件时选做)	应至少连续接收到三帧控制命令,才能确认并执行该命令
3	命令校验防误测试(有条件时选做)	控制命令的报文头、校验码等信息必须同时满足条件,该命令才有效
4	通道压板测试	本侧通道压板退出时,装置不应接收控制命令,也不应发送控制命令

9.控制策略检验仅在全部检验时进行,部分校验有条件时选做。根据现场实际情况,按照稳控装置说明书进行。

(1)双套装置数据交换检验项目如表 22.28 所示。

表22.28 双套装置数据交换检验项目

序号	检验项目	检验标准
1	正常运行时的数据交换	正常运行时,控制主站能正确接收到执行站发送的信息,主站双套装置间不交换数据
2	系统异常时的数据交换	在下述情况下,主站其中一套装置无法获取某执行站的数据时,则从主站另一套装置提取该执行站的数据: 1. 某执行站总功能压板退出; 2. 某执行站装置闭锁; 3. 某执行站接收主站信息异常; 4. 某执行站与主站通道压板退出; 5. 主站退出某执行站的通道压板; 6. 主站接收某执行站的异常信号

(2) 主辅闭锁检验项目如表22.29所示。

表22.29 主辅闭锁检验项目

序号	检验项目	检验标准
1	主辅装置同时满足动作条件	主运装置、辅运装置同时满足动作条件,主运装置正确动作,辅运装置闭锁
2	主运装置先于辅运装置满足动作条件	主运装置先于辅运装置满足动作条件,主运装置正确动作,辅运装置闭锁
3	辅运装置先于主运装置满足动作条件	辅运装置先于主运装置满足动作条件(大于延时),辅运装置正确动作,主运装置闭锁

(3) 系统整组动作试验项目如表22.30所示。

表22.30 系统整组动作试验项目

序号	检验项目	检验标准
1	整组动作测试(可与控制策略检验一起进行)	主站正确发送控制命令,执行站正确接收并执行命令
2	整组时间测试	通过装置报文记录时间或卫星同步时钟信号,测试从主站故障发生到最后一级执行站动作出口的时间差,时间差应小于100 ms

10. 人机交互检验,仅在交接和检验新安装的装置时进行。

(1) 与监控系统通信检验:通过模拟试验、装置自检等方法,在站内监控系统或调度端集中管理系统核对运行定值及控制字、事件记录、数据记录、装置自检状态、压板状态、运行方式和采集的模拟量等信息的正确性。与监控系统通信检验项目如表 22.31 所示。

表 22.31　与监控系统通信检验项目

序号	检验项目	检验标准
1	与站内后台监控系统通信	后台监控系统显示的信息正确
2	与调度端集中管理系统通信	调度端集中管理系统显示的信息正确

(2) 动作报告记录检验(表 22.32)。

表 22.32　动作报告记录检验项目

序号	检验项目	检验标准
1	动作报文	1. 装置动作报文至少应包括装置启动时间、装置动作时间、装置动作的原因、装置启动前的状态等; 2. 事件报告显示及打印正确
2	动作数据	装置数据报告显示及打印正确

(3) 运行信息记录检验(表 22.33)。

表 22.33　运行信息记录检验项目

序号	检验项目	检验标准
1	异常告警信息记录	1. 所有异常信息应能自动记录; 2. 异常信息记录的时间和异常说明与实际一致
2	压板投退信息记录	1. 所有压板投退信息应能自动记录; 2. 压板投退记录的时间和压板名称与实际一致

(4) 装置整体检验(表 22.34)。

表 22.34　装置整体检验项目

序号	检验项目	检验标准
1	定值修改、打印	定值修改正确,打印格式正确,内容齐全
2	控制策略表打印	打印格式正确,内容齐全
3	运行信息记录打印	装置能自动打印运行信息,打印格式正确,内容齐全
4	动作报告打印	装置能自动打印动作报告,打印格式正确,内容齐全
5	软件版本号打印	打印格式正确,内容与装置显示的一致

11. 修后工作程序如表 22.35 所示。

表 22.35 修后工作程序

序号	内容
1	全部工作完毕,拆除所有试验接线,将所有装置恢复至检修前的状态,所有信号装置应全部复归
2	恢复安全措施,严格按现场安全技术措施中所做的安全技术措施恢复,恢复后应经工作负责人核对无误
3	工作负责人会同工作班成员周密巡视检修现场及装置,确保所有状态及所做安全措施全部正确恢复
4	工作负责人在检修记录上详细记录本次所检修的项目、发现的问题、试验结果、存在的问题、定值通知单的执行情况等,对变动部分、设备缺陷、运行注意事项进行说明,并写明该装置是否可以投入运行
5	清扫、整理现场,经验收合格,各方在记录卡上签字后,办理工作票终结手续

第三节 稳控装置异常及处理

一、稳控装置运行时的注意事项

1. 定期检查装置的运行状态,发现有异常信号时,及时查清异常的现象和原因。

2. 修改定值和策略表时,应将装置退出运行状态,即退出"跳闸出口压板"以及通道压板。

3. 在需要使其中一套装置退出运行做试验,而整套系统不允许退出时,应退出所有通道投入压板,防止对其他站发出动作命令。

4. 若稳控装置与保护装置的 CT 回路串在一起,在做其他保护试验时,请退出相应的稳控装置或采取安全措施,以免装置误动。

5. 通道异常时,退出装置及通道,使用试验定值做自环,逐步排查并检查通道。

6. 装置出现异常或故障时,现场值班人员应退出所有出口压板,记录异常及故障后,通知本单位的继保人员立即处理,同时通知省调继电保护处。系统发生事故后,应及时检查装置的动作情况、显示结果及打印结果,抄录出口面板指示灯状态,将动作报告立即报送省调。

二、稳控装置异常信息的含义及处理建议

稳控装置异常信息的含义及处理建议详见表22.36。

表22.36 稳控装置异常信息及其含义和处理建议

序号	异常信息	含义	处理建议
1	存储器出错	RAM芯片损坏,闭锁保护	通知厂家处理
2	程序出错	FLASH内容被破坏,闭锁保护	通知厂家处理
3	CPU定值出错	定值区内容被破坏,闭锁保护	通知厂家处理
4	DSP1出错	DSP1开入回路损坏,闭锁保护	通知厂家处理
5	采样异常	模拟输入通道出错,闭锁保护	通知厂家处理
6	出口异常	出口三极管损坏,闭锁保护	通知厂家处理
7	直流电源异常	直流电源不正常,闭锁保护	通知厂家处理
8	DSP定值出错	DSP定值自检出错,闭锁保护	通知厂家处理
9	光耦电源异常	24 V或220 V光耦正电源失去,闭锁保护	检查开入板的隔离电源是否接好
10	长期启动告警	启动超50 s后发告警信号,不闭锁保护	检查电流二次回路
11	过载告警	龙头线过载告警条件满足	注意控制负荷
12	TV断线	电压回路断线,发告警信号,闭锁部分保护	检查电压二次回路
13	TA断线	电流回路断线,发告警信号,不闭锁保护	检查电流二次回路
14	接口×告警	×为对应通道号	检查相应的光纤通道

三、稳控异常案例

案例一: 2023年某月某日,某火力发电公司输电线路Ⅰ、Ⅱ线同时跳闸,安全稳控系统动作(稳控装置主站设在电网某站,某火力发电公司为执行站),某火力发电公司送出系统稳控装置可靠动作。按照电网规定的发生N−2故障后的切机原则,当时,全厂总出力3650 MW的六台660 MW运行机组全部切机、停运。

案例二: 2023年某月某日,某±800 kV直流特高压线路发生双极闭锁故障,某直流500 kV变电站某安全稳定控制系统执行站A、执行站B发出切除某电厂#4号机组运行动作信号。

案例分析和总结：

1. 发电厂稳控切机保护通常由电网公司根据系统方式确定，电网公司按照电力系统安全制定相应保护投切策略。

2. 为了保护电网系统和发电企业发电机组的安全，配置稳控切机保护装置的发电企业，应严格按照电网和调度的要求投入稳控保护，配合做好稳控切机仿真试验；结合检修做好稳控装置校验工作，确认动作出口方式及切机策略与电网的要求一致。

3. 发电企业应掌握稳控切机策略，了解切机策略对自身的影响，定期排查是否存在扩大停机范围的隐患，是否存在安全隐患。如有，应及时与电网侧沟通，研究制定技术措施，尽可能消除隐患。

4. 发电企业制定应对稳控装置动作的专项方案和应急预案，确保方案有效并符合实际，确保各级人员熟悉方案内容；择机组织开展公司级应急演练，及时整改演练时发现的问题。

5. 发变—线路组、单回线路及同塔双回线路接线方式的发变组保护宜配置零功率切机保护。配置发变组零功率切机保护的厂站，应投入该保护，确保送出线路全停的情况下零功率切机保护能正确动作，防止汽轮机超速。

第二十四章 母线保护

母线是发电厂和变电站的重要组成部分,是汇集电能及分配电能的重要设备。发电厂和变电站母线发生故障时,如不及时切除故障,将会损坏众多电力设备,破坏系统的稳定性,从而造成全厂或全变电站大停电,甚至导致全电力系统瓦解。因此设置动作可靠、性能良好的母线保护,使其迅速检测出母线故障并及时有选择性地切除故障是非常有必要的。

第一节 母线保护的结构和原理

一、母线接线方式

在大型发电厂常采用双母线(图 23.1)或 $\frac{3}{2}$ 断路器母线(图 23.2)的接线方式,如图所示。

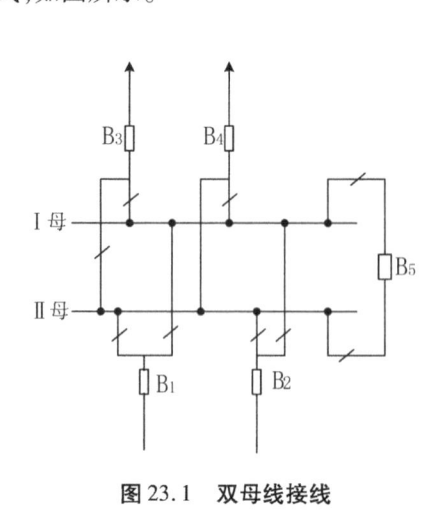

图 23.1 双母线接线

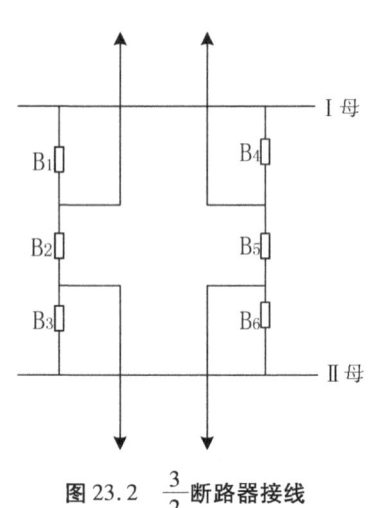

图 23.2 $\frac{3}{2}$ 断路器接线

二、母线保护

母线保护中最主要的是母差保护。所有母差保护均反映母线上的各连接单元 TA 二次电流的向量和。当母线上发生故障时，各连接单元的电流均流向母线；而母线外（线路或变压器内部）发生故障，各连接单元的电流有流向母线的，也有流出母线的。母线上发生故障时，母差保护应动作；而母线外发生故障时，母差保护可靠不动作。

微机型母线保护装置具有多种保护功能，可根据母线接线的要求选择配置。

母差保护主要由三个分相差动元件构成。常见的单母线分段或双母线的母差保护，其每相差动保护由两个小差元件及一个大差元件构成（图 23.3）。大差元件用于确定母线区内、区外的故障，小差元件确定故障所在母线。

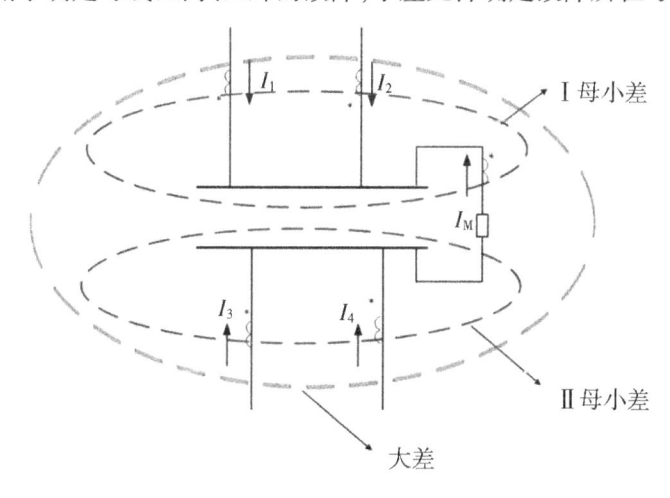

图 23.3 母差保护的构成

母差保护误动可能造成灾难性的后果。为防止保护出口继电器误动或保护因其他原因误跳断路器，通常采用复合电压闭锁元件。只有当母差保护差动元件及复合电压闭锁元件同时动作时，才能断开各路断路器。

第二节 母差保护装置检验规程

一、检验工作前的准备

检验母差保护装置前要做好准备工作，具体见表 23.1。

表 23.1 检验工作前的准备

序号	内容	标准
1	根据本次校验的项目,组织作业人员学习作业指导书,使全体作业人员熟悉作业内容、进度要求、作业标准、安全注意事项	要求所有工作人员都明确本次校验工作的作业内容、进度要求、作业标准及安全注意事项
2	准备好施工所需的仪器、仪表、工器具、最新的整定单、相关图纸、装置说明书、上一次的试验报告、本次需要改进的项目及相关技术资料	仪器、仪表、工器具应试验合格,满足本次施工的要求,材料应齐全,图纸及资料应符合现场的实际情况
3	根据现场工作时间和工作内容落实工作票	工作票应填写正确,并按《电力安全工作规程》相关部分执行

二、开工

开工之后应做好以下工作,具体见表 23.2。

表 23.2 工作内容

序号	内容
1	工作票负责人会同工作票许可人检查工作票上所列的安全措施是否正确、完善,经现场核查无误后,办理工作票许可手续
2	工作票负责人带领工作人员进入作业现场并在工作现场向所有工作人员详细交代作业任务、安全措施、安全注意事项、设备状态及人员分工。全体工作人员应明确作业范围、进度要求等内容,并在到位人员签字栏内签名
3	根据"现场工作安全技术措施"的要求,完成安全技术措施并逐项打上已执行的标记,把保护屏上的各个压板及小开关的原始位置信息记录在"现场工作安全技术措施"上,在做好安全措施后方可开工。 确认母差保护所有出口压板已退出。严防保护误出口、误跳闸。 确认母差保护装置的所有元件电流回路进端 I_a、I_b、I_c、I_n 已用短路片或导线可靠短路,使保护与外部电流互感器二次回路隔离。严禁交流电流回路开路或失去接地点。 确认已断开母差保护母线电压回路的连接片,可靠断开运行的电压回路。严防 PT 二次侧短路,严防 PT 反充电

三、母差保护装置定期检验

(1)电源模块检查项目见表 23.3。

表 23.3 电源模块检查项目

检验项目	具体内容	方法及要求
装置电源检查	电源稳定性检查	拉合直流电源,直流电源由零缓慢升至 80% U_N,保护装置自启动正常,无异常信号
	电源使用年限检查	检查装置电源的使用年限,超过 6 年需更换
装置上电检查	装置上电检查	打开装置电源,装置应能正常工作。分别操作面板上的功能按键,按键应正常工作。检查打印机的打印功能,打印功能应正常
	版本检查	检查装置软件版本及程序校验码,软件版本及程序校验码应正确
	时钟检查	检查时钟,时钟应准确并能正常修改和设定。采用断、合逆变电源的办法,检验时钟在直流失电一段时间的情况下,时钟走时是否仍准确。对时功能检查,改变保护装置的秒时间,检查对时功能,应能正确地与整站同步对时

(2) 开关、开出检查项目见表 23.4。

表 23.4 开关、开出检查项目

检验项目	具体内容及要求
开入检查	开入检查包括硬压板及按钮开入、外部开入
开出检查	开出检查包括跳闸输出接点、中央信号告警输出接点及录波信号告警输出接点。跳闸输出接点要严防误碰、误跳闸

(3) 模数转换系统检验项目见表 23.5。

表 23.5 模数转换系统检验项目

检验项目	具体内容及要求
装置零漂检测	检查电压零漂范围(-0.05 V $< U < 0.05$ V)、电流零漂范围($-0.01 I_N < I < 0.01 I_N$)
幅值、精度及相位检测	输入不同幅值的电流、电压值,要求不大于 5%。输入同相别的电压和电流的相位分别为 0°、45°、90°时,保护装置的显示值与外部表计测量值的误差应不大于 3°

(4) 整定值的检验(以双母线母差保护定期检验为例)项目见表 23.6。

表 23.6 模数转换系统检验项目

检验项目	具体方法及要求
启动值校验	差动保护压板投入,不加电压。加入 1.05 倍的电流定值,保护应可靠动作;加入 0.95 倍的电流定值,保护应不动作
差动保护	投入差动保护软压板及硬压板,同时投入差动保护控制字。 区内故障模拟,不加电压,将 CT 断线闭锁定值提高。 选取Ⅰ母上任一单元(将相应隔刀强制至Ⅰ母),任选一相相端子加电流,升至差动保护启动电流定值,模拟Ⅰ母区内故障,差动保护瞬时动作,跳开母联及Ⅰ母上所有的连接单元。差动动作信号灯亮,信号接点及录波接点通,差动事件自动弹出。在Ⅱ母上做相同的试验,跳开母联及Ⅱ母上所有的单元,接点及事件正确。 将任一单元两把刀闸同时短接,模拟倒闸操作,模拟上述区内故障,差动保护动作,切除两段母线上所有的连接单元。(自动互联) 投入母线互联压板,重复模拟倒闸过程中的区内故障,差动保护动作,切除两段母线上所有的连接单元。(手动互联) 任选Ⅰ母一单元、Ⅱ母一单元,同名相加大小相等、方向相反的两路电流,此时大差平衡,两小差均不平衡,保护装置强制互联。再选Ⅰ母(或Ⅱ母)任一单元加相同大小的电流,模拟区内故障。此时,差动保护动作,切除两段母线上所有的连接单元。任选Ⅰ母上变比相同的两个单元,同名相加大小相等、方向相反的两路电流,固定其中一路,将另外一路电流升至差动保护动作电流值,根据公式计算比率制动系数
模拟区外故障	任选Ⅰ母一单元、Ⅱ母一单元,母联合位,将Ⅰ母单元与母联同相加大小相同、方向相反的两路电流,在Ⅱ母上加与Ⅰ母大小相等、方向相反的电流,模拟区外故障,电流均大于差动保护启动电流定值。此时,差动保护不动作,大差、小差均为 0
母联分段失灵保护	两段母线电压均开放,任选Ⅰ母一单元,母联合位,将Ⅰ母单元与母联同相加大小相等、方向相反的两路电流,母联电流大于母联分段失灵电流定值。此时,Ⅱ母差动保护动作。经母联分段失灵延时后,跳开母线上与其关联的所有连接单元
母联死区保护	(1)母线并列运行时,死区故障:两段母线电压均开放 母联合位,选取Ⅰ母一单元、Ⅱ母一单元,将母联出口接点接入母联 TWJ。将Ⅰ母单元与母联同相加大小相等、方向相反的两路电流,所加电流大于差动保护启动电流定值。此时,Ⅱ母差动保护瞬时动作,母联 TWJ 为 1,母联开关分位,延时 150 ms 后,Ⅰ母差动保护动作。 (2)母线分列运行时,死区故障:Ⅰ(或Ⅱ)母电压开放 投入母联分列压板,母联分位(TWJ 为 1),任选Ⅰ(或Ⅱ)母一单元,将本单元与母联同相加大小相等、方向相反(或相同)的两路电流,所加电流大于差动保护启动电流定值。此时,Ⅰ母差动保护瞬时动作

续表 23.6

检验项目	具体方法及要求
断路器失灵保护	投入失灵保护软压板及硬压板，同时投入失灵保护控制字。 (1)线路单元失灵启动：电压闭锁条件开放(或线路解电压开入)，短接任一分相跳闸开入，并在相应相别加大于 $0.05I_n$ 的电流，同时通入的支路零序电流或负序电流满足定值条件，失灵保护动作。经失灵保护1时限跳母联，失灵保护2时限跳相应母线。 (2)主变单元失灵启动：电压闭锁条件开放(或主变解电压开入)，短接三跳开入，通入电流满足三相失灵相电流定值或零序过流或负序过流，失灵保护动作。经失灵保护1时限跳母联，失灵保护2时限跳相应母线。在电压闭锁开放的条件下，分别校验失灵保护的相电流、零序电流、负序电流定值，误差合格。在电流满足动作条件的情况下，分别校验失灵保护的相电压、零序电压、负序电压定值，误差合格。 若失灵启动接点或解电压闭锁接点长期启动(5 s)，装置发"运行异常"信号接点及告警信号灯，同时闭锁该支路相应的功能
复合电压闭锁	在差动满足条件的情况下，分别验证保护的电压闭锁的相电压、负序电压、零序电压定值，正常电压，相应母线差动不出口，复合电压闭锁任一条件开放，差动出口
CT 断线	CT 断线闭锁差动投入，分相闭锁，在Ⅰ(或Ⅱ)母上任一单元 A 相加电流至 CT 断线闭锁定值，延时 5 s 发"CT 断线闭锁"事件、CT 断线信号灯及信号接点。此时，另选一单元，在 A 相加故障电流至差动作值。此时，差动不出口，B 相加故障电流，满足差动条件，动作出口。 任一单元加电流至 CT 断线告警，小于 CT 断线闭锁定值，延时 5 s 发"CT 断线告警"事件，此时再模拟区内故障，不闭锁差动
PT 断线告警	模拟单相断线：加正常电压，任选 1 段母线电压，母线 $3U_0$ 大于_____V，延时 10 s，报该母线 PT 断线动作。 模拟三相断线：加正常电压，任选 1 段母线电压，三相幅值之和小于_____V，延时 10 s，报该母线 PT 断线动作

(5)其他检验项目见表 23.7。

表 23.7 模数转换系统检验项目

检验项目	具体内容及要求
配合	1. 检查并确保保护显示屏显示的故障和模拟的故障一致； 2. 检查并确保保护的动作信息和告警信息的正确性及名称的正确性； 3. 检查并确保故障信息管理系统各种保护的动作信息、告警信息、保护状态信息、录波信息及定值信息的正确性
核对定值	将所有定值恢复到运行定值，区号切换至运行区号，并打印、核对

六、检验工作结束

检验工作结束后应注意以下事项(表 23.8)。

表 23.8 检验结束后的工作

序号	内容
1	全部工作完毕后,拆除所有试验接线,将所有装置恢复至检修前的状态,所有信号装置应全部复归
2	恢复安全技术措施,安全技术措施恢复后应经工作负责人核对无误
3	工作负责人会同工作班成员周密巡视检修现场及装置,确保所有状态及所做安全措施全部恢复无误
4	工作负责人在检修记录上详细记录本次所修的项目、发现的问题、试验结果、存在的问题、定值通知单的执行情况等,对变动部分及设备缺陷、运行注意事项加以说明,并写明该装置是否可以投入运行
5	清扫、整理现场,经验收合格,各方在记录卡上签字后,办理工作票终结手续

第三节 母线保护异常及处理

一、母差保护装置告警信号、原因及处理

母差保护装置告警信号、原因及处理方法见表 23.9。

表 23.9 母差保护装置告警情况

告警信号及原因	处理方法
1. CT 断线:闭锁差动保护。 2. CT 的变比设置错误。 3. CT 的极性接反。 4. 接入装置的 CT 断线或其他持续差动电流大于 CT 断线门槛定值	1. 查看各段母线电压的幅值、相位。 2. 确认变比设置正确。 3. 确认电流回路接线正确。 4. 如仍无法排除,则建议退出装置,尽快安排检修
CT 告警,同"CT 断线",仅告警	查看各段母线电压的幅值、相位
1. PT 断线:保护元件的该段母线失去电压闭锁。 2. 电压相序接错。 3. 电压互感器断线或检修。 4. 保护元件电压回路异常	1. 查看各段母线电压的幅值、相位。 2. 确认电压回路接线正确。 3. 确认电压空气开关处于合位。 4. 尽快安排检修
母线互联:保护进入非选择状态,大差比率动作则切除互联母线。母线处于经刀闸互联状态,母线互联硬压板投入	确认是否符合当时的运行方式,符合则不用干预,否则使用强制功能恢复保护与系统的对应关系

续表23.9

告警信号及原因	处理方法
失灵误开入、主变失灵解闭锁误开入告警:闭锁该开入	复归信号,检查相应的开入量启动回路
误投"母线分裂运行"压板,母联TWJ接点状态与实际不对应,导致母差保护判断母线运行方式错误,小差流的计算及大差制动系数的切换不正确	复归信号,检查"母线分裂运行"压板投入是否正确,或者检查母联TWJ接点是否正确
刀闸告警:1)开入接点变化;2)刀闸位置修正	确认变位的接点状态显示是否符合当时的运行方式,符合则复归信号,否则检查开入回路
装置异常:装置硬件故障,退出保护功能	退出保护装置,查看装置的自检菜单,确定故障原因,进行检修或联系厂家

二、母线故障及处理

1. 母线发生故障的原因

(1)母线绝缘子和断路器套管表面污秽导致闪络;

(2)装设在母线上的电压互感器及母线与断路器之间的电流互感器发生故障;

(3)倒闸操作引起断路器或隔离开关的支柱绝缘子损坏;

(4)运行人员误操作,如带负荷拉刀闸,造成弧光短路等。

2. 母线故障类型

(1)接头接触不良,电阻增大,造成发热甚至烧红。支持绝缘子绝缘不良,使母线对地绝缘电阻降低。

(2)在电动力和弧光的作用下,大的故障电流通过母线时,使母线弯曲、折断或烧损。

(3)异物导致母线故障,开始阶段大多为单相接地故障;随着短路电弧的移动,故障往往发展为两相或三相接地短路。

3. 故障处理原则

(1)禁止故障母线不经检查即强送电,以防事故扩大。

(2)找到故障点并能迅速隔离的,应迅速在隔离故障点后对停电母线恢复送电,有条件时应考虑用外来电源对停电母线送电,联络线路要防止非同期合闸并列。找到故障点但不能迅速隔离的,若系双母线中的一组母线故障,应迅速检查故障母线上的所有元件,确认无故障后,倒至运行母线并恢复送电。

(3) 系统发生事故、保护出口动作或装置异常时,应及时转移装置事故分析功能中的所有记录,包括保护动作事件记录、故障录波记录、装置运行记录等。在记录转移之前,切不可对装置进行任何调试、开关电源、开关变位等操作。如有疑难问题,应及时与厂家联系。

(4) 运行实践表明,发电厂及变电站投产之后,退出母差保护进行全部校验的机会不多。在母差保护正式投运之前,应认真检查保护及其回路的正确性,同时在条件允许的情况下,须进行全部开关整组传动试验,从根本上确保母差保护及二次回路的正确性。

三、母差保护异常案例

案例一: 某电厂为配合 220 kV 223 线路保护改造工作,申请 220 kV 母差 A、B 套保护轮流退出运行,需分别完成母差保护定值更改和将 223 线路失灵回路接入母差保护,并进行保护传动。当结束 B 套母差保护试验,操作投入 B 套母差保护各出口压板时,#1 机组跳闸,首出为"发变组跳闸",经检查是母差 B 套保护失灵联跳出口,启动#1 发变组 B 套保护,停机停炉,#1 机组跳闸。

事故发生时,电厂 220 kV 双母并列运行,#1、#2 机组分别接在 I、II 段母线上,机组负荷大至 260 MW~280 MW。母差 A 套(BP-2CS)已完成 223 线路接入试验,A 母差保护正常投入;B 套母差保护(SGB-750)退出运行,试验期间现场模拟 223 线路接于 I 段母线上,223 线路断路器失灵,启动 220 kV 母差保护 B 套。因当时#1 机组正常运行,其间隔二次电流实际已超过母差失灵保护电流定值,主变间隔失灵联跳已出口且接点不能自动复归。事后经 SGB-750 厂家确认,失灵联跳机组(主变)动作保持时只有动作报文,装置没有设置能够相应提醒的告警灯,使母差装置断电重启,主变失灵接点才能复归。试验人员不熟悉 SGB-750 母差保护失灵联跳机组(变压器)的动作逻辑,在此工况下未能发现母差保护失灵联跳机组动作不能返回,试验结束后在恢复母差保护出口压板时,又没有实际测量母差保护出口压板的电压,最终保护误动导致机组跳闸。

案例二: 某 750 kV 变电站的 220 kV 母线为双母线接线,220 kV 母线保护双重化配置。事故发生时,220 kV I 母及 220 kV 某线停电检修,220 kV II 母带全站其他 220 kV 线路的负荷。当检修人员正在进行 220 kV 某线间隔二次回路接线的检查、紧固作业时,220 kV A 套 RCS-915GB 母差保护的母差后备保护动作(B 套 WMH800 母差保护未动作),跳开 220 kV II 母上所有的断路器,220 kV

Ⅱ母失压,引起区域电网与主电网解列、电网稳控最终动作、切除电网大量负荷等一系列后果。

现场立即停止作业,对全站失压的 220 kV 母线保护范围内的母线、电流互感器等一次设备进行全面检查,均未发现故障点,一次设备确实无故障。经过分析、核查后确定存在以下情况:

1. 电压二次回路存在感应电压

尽管当时 220 kV Ⅰ母为检修状态,但Ⅰ母母线电压二次回路存在感应电压,现场发现站内将 220 kV Ⅰ、Ⅱ母的 A 相电压用同一根四芯电缆送至各线路间隔(用于检同期)。Ⅰ母 A 相电压芯线受到同缆Ⅱ母 A 相电压干扰,产生感应电压,且感应的 $3U_0$ 电压值同时达到电压闭锁开放条件,母差保护错误判断Ⅰ母线处于运行状态,且达到电压闭锁开放条件,

2. 母差保护电流回路两点接地

在现场作业人员紧固检修的某线路 C 相电流互感器本体接线盒内的二次接线柱螺栓的过程中,因接线盒内所有的二次绕组接线柱呈圆形分布且间距很小,紧固扳手误碰此线的线路保护电流绕组端子,使其与相邻的母差保护电流端子短接,造成母差电流回路在户外端子箱处和保护控制室内两点接地,产生附加电流,启动母差保护。

3. 母差后备保护动作逻辑

为防止母线区内故障时刀闸位置异常影响小差计算,导致大差动作被判为区内故障,而各母线小差都不动作,无法选择故障母线,造成母差保护拒动,RCS-915GB 保护做了以下设置:当大差满足动作条件,而各母线小差均不动作,且运行母线电压闭锁元件开放,250 ms 后快速切除母线上所有的元件。事故发生时,某线路为检修间隔,无刀闸位置,RCS-915GB 装置报"××线刀闸位置报警",附加电流不计入小差,计入大差,正好符合此母差后备保护动作条件。

以上两个案例中存在一些保护设计不合理和原理方面的原因,但主要是二次安措失误、电流互感器两点接地或感应电压异常等多个因素叠加,导致母差保护误动作,最终造成事故发生。现场检修人员应充分吸取教训,深入了解母差保护的功能及逻辑,切实做好现场规范性操作管控,严禁误碰、误操作,严格落实继电保护运行管理等制度。

第二十五章　输电线路保护

220 kV 及以上电压等级的输电线路保护配置,根据所起作用和性能要求的不同,分为三类:

(1)主保护,在线路全长内能以最快速度切除任何类型的故障。

(2)后备保护,在主保护退出、检查、维修或拒动的情况下能够切除故障。

(3)辅助保护,能弥补主保护或后备保护的某些性能缺陷,起辅助作用的保护。

距离或者零序保护只能反映输电线路单侧电气量(电流和电压)的变化,其速动性从根本上无法满足线路全长范围内对任何故障速动的要求,因此必须配置反映输电线路两侧电气量变化的纵联主保护。

所有纵联保护都依靠通道传送的某种信号来判断故障的位置是否在被保护线路内,信号按性质可分为三类:闭锁信号、允许信号、跳闸信号。

闭锁信号:收不到这种信号是保护动作跳闸的必要条件。

允许信号:收到这种信号是保护动作跳闸的必要条件。

跳闸信号:收到这种信号是保护动作与跳闸的充要条件。

根据输电线路两端所用保护的原理,纵联保护又分为纵联差动保护、纵联距离保护、纵联方向保护。

第一节　线路纵差主保护

一、纵联差动主保护的原理

电流差动保护可以准确、可靠、快速地切除全线路的任何一点故障。它采用比较线路两侧电流向量的方法,判断线路是否发生故障。差动保护需要每时每刻对线路两侧的电流进行采样、比较和计算,而线路通常都有几十公里长,不可能同时直接比较从线路两侧 CT 采集的电流,因此要借助数据通道把线路对侧的电流数据转变为数字信号,再将数字信号传递到本侧来进行比较。

纵联保护是利用某种通信通道(简称通道)将输电线路两端的保护纵向联结起来,将各端的电气量(电流、功率的方向)传达到对侧,比较两端的电气量,以判断故障在本线路范围内还是在线路范围外,从而决定是否切断被保护线路。纵联保护分为两类:

第一类是方向比较式纵联保护(图 24.1),包括方向纵联保护和距离纵联保护。

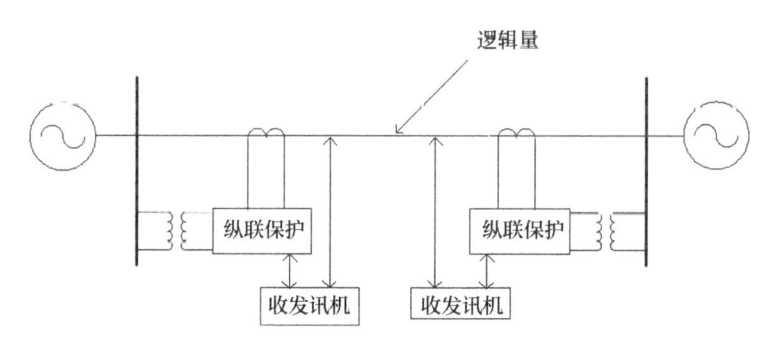

图 24.1 方向比较式纵联保护

两侧保护继电器仅反映本侧的电气量,利用通道将本侧保护对故障方向的判断结果传送到对侧,每侧保护根据逻辑判断,区分是区内故障还是区外故障。可见这类保护是间接比较线路两侧的电气量,在通道中传递的是逻辑信号。按照保护判别逻辑,纵联保护又可分为方向纵联保护与距离纵联保护。

第二类是差动纵联保护(图 24.2),利用通道将本侧电流的波形或代表电流相位的信号传送到对侧,每侧保护根据对两侧电流的幅值和相位比较的结果,区分是区内故障还是区外故障。可见,这类保护在每侧都直接比较两侧的电气量。

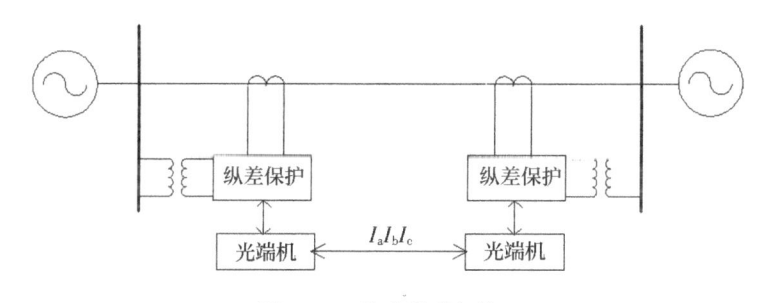

图 24.2 差动纵联保护

二、保护通道说明

纵联保护按照所利用通道的不同类型可以分为导引线通道、电力线载波通道、微波通道和光纤通道。光纤通信因具有不怕超高压、雷电电磁干扰以及频带宽(传输容量大)、衰耗低(传输距离远)等优点,在电力系统中得到广泛的应用。目前,高压输电线路保护将光纤作为继电保护的通道介质,光纤通道已经取代了专用导引线通道、载波通道或微波通道等。

线路光纤保护装置通常内置光端机,按通信速率可分为 64 kb/s 和 2 Mb/s 两类,通信采用光纤专用和复用方式。

专用与复用光纤通信的优、缺点如下:

1. 专用光纤通信具有环节少、延时少等优点,但在光缆故障时无备用路由可以切换。

2. 复用光纤通信通过 PDH/SDH 设备进行,在主通道光缆异常时可以自动无损切换到备用通道运行,提高了光纤通信的可靠性。

由于专用光纤通信与复用光纤通信各有优、缺点,目前在设计上一般第一套保护采用专用光纤通道,第二套采用复用光纤通道。

三、光纤的基本知识

1. 光纤有光缆、尾缆、跳纤

(1)光缆,将置于包覆护套中的一根或多根光纤作为传输的通信线缆组件,两端需要熔接才可以使用,一般用于长距离通信传输。目前使用的光缆类型主要有架空地线复合光缆(OPGW)、全介质自承式(ADSS)光缆、束管式光缆(GYXTW)。

(2)尾缆,是将光缆的两端熔接上接头的成品,可以直接使用,一般用于短距离通信传输。

(3)跳纤:单芯,外观小巧,没有很坚固的外套防护,一般用于短距离通信传输。

2. 光纤

光纤分为多模光纤和单模光纤。

(1)多模光纤(Multi Mode Fiber):中心玻璃芯较粗(50 μm 或 62.5 μm),可传多种模式的光。传输的距离比较近,一般只有几公里。

(2)单模光纤(Single Mode Fiber):中心玻璃芯很细(芯径一般为 9 μm 或

10 μm),只能传一种模式的光。适用于远程通信。

3. 光纤接头

光纤接头种类较多,例如:

FC(平面接触,螺纹连接):FC 连接头由一螺帽拧到适配器上,优点是牢靠、防灰尘。

SC(NTT,矩形,直接插拔):SC 连接头可直接插拔,使用很方便,缺点是容易掉出来。

ST(AT&T,带键卡口式):ST 连接头插入后旋转半周由一卡口固定,缺点是容易折断。

四、保护双重化

为了保证可靠性,220 kV 及以上的电网的继电保护都要求采用遵循相互独立原则的双重化配置方案。双重化的标准包括:

1. 每套完整、独立的保护应能处理可能发生的所有类型的故障。两套保护之间不应有任何电气联系。当一套保护退出时,另一套保护的运行不应受到影响。

2. 两套主保护的电压回路宜分别接入电压互感器不同的二次绕组。电流回路应分别取自电流互感器互相独立的绕组,并合理分配电流互感器二次绕组,避免可能出现的保护死区。

3. 保护装置的直流电源应取自不同蓄电池组供电的直流母线段。

4. 两套保护的跳闸回路应与断路器的两个跳闸线圈分别对应。

5. 双重化的线路保护应配置两套独立的通信设备,且应分别使用独立的电源。

6. 双重化配置保护与其他保护、设备配合的回路应遵循相互独立的原则。

目前现场常见的光纤线路保护型号有南京南瑞继保 PCS-900 系列线路纵差保护、MUX64/2M 系列光纤通信接口装置,国电南自 PSL-600 系列线路保护、CXC-600A 光纤通信接口装置,北京四方 CSL、CSC 系列线路保护、CSC-186 光纤通信接口装置,许昌许继 WXH-800 系列线路保护、OTEC64(2M)光纤通信接口装置,长园深瑞 ISL-311 系列线路保护,国电南瑞 NSR 系列线路保护等。

第二节　线路保护装置检验规程

一、检验工作准备

(1) 检验前应做好以下工作(表24.1)。

表24.1　检验前的工作

序号	内容	标准
1	根据本次检验的项目,组织作业人员学习作业指导书,使全体作业人员熟悉作业内容、进度要求、作业标准、安全注意事项	要求所有工作人员都明确本次检验工作的作业内容、进度要求、作业标准及安全注意事项
2	准备好施工所需的仪器、仪表、工器具、最新的整定单、相关图纸、装置说明书、上一次的试验报告、本次需要改进的项目及相关技术资料	仪器、仪表、工器具应试验合格,满足本次施工的要求,材料应齐全,图纸及资料应符合现场实际情况
3	根据现场工作时间和工作内容落实工作票	工作票应填写正确,并按《电力安全工作规程》的相关部分执行

(2) 开工后应做好以下工作(表24.2)。

表24.2　开工后的工作

序号	内容
1	工作票负责人会同工作票许可人检查工作票上所列的安全措施是否正确、完善,经现场核查无误后,与工作票许可人办理工作票许可手续
2	工作负责人带领工作人员进入作业现场并在工作现场向所有工作人员详细交代作业任务、安全措施、安全注意事项、设备状态及人员分工,全体工作人员应明确作业范围、进度要求等内容,并在到位人员签字栏内签名
3	根据"现场工作安全技术措施"的要求,完成安全技术措施并逐项打上已执行的标记,把保护屏上的各个压板及小开关原始位置记录在"现场工作安全技术措施"上,在做好安全措施后方可开工

(3) 检修电源时应注意以下事项(表24.3)。

表 24.3　检修电源时的注意事项

序号	内容	标准及注意事项
1	检修接取电源的位置	从就近检修电源箱接取电源；在保护室内工作时，保护室内有继保专用试验电源屏，故检修电源必须接至继保专用试验电源屏的相关电源接线端子，且在电源引入处配置有明显断开点的刀闸和漏电保安器
2	接取电源时的注意事项	接取电源前应先验电，用万用表确认电源电压等级和电源类型无误后，先接刀闸处，再接电源侧，由继电保护人员接取电源

二、保护装置检验

A 类检修应完成下列检验项目(全检)，△ 为 C 类检修项目(部检)，B 类检修在 C 类检修的基础上，根据具体检修情况增加检验项目。

1. 装置外观检查及螺丝紧固的方法及要求见表 24.4。

表 24.4　装置外观检查及螺丝紧固的方法及要求

序号	检修项目	具体内容	方法及要求
1	△装置外观检查	核查回路	核实本次检修的相关电流、电压及联跳等重要回路，做到实际情况与图纸相符，并与所做安全措施相符
		检查压板	跳闸连接片的开口端应装在上方，接至断路器的跳闸线圈回路；跳闸连接片在落下的过程中必须和相邻的跳闸连接片有足够的距离，以保证在操作跳闸连接片时不会碰到相邻的跳闸连接片；检查并确认跳闸连接片在拧紧螺栓后能可靠地接通回路，且不会接地；穿过保护屏的跳闸连接片导电杆必须有绝缘套，距屏孔有足够的距离；防止直流回路短路、接地
		检查装置外部的附件	切换开关、按钮等应操作灵活，手感良好；显示屏清晰，文字清楚
		检查装置插件	插件电路板无损伤、无变形，连线良好，元件焊接良好，芯片插紧，插件上的变换器、继电器固定良好，无松动(应采取防静电措施)。插件内的功能跳线(或拨动开关位置)满足运行要求。发现问题后应查找原因，不要频繁插拔插件
		检查保护屏	检查前应先断开交流电压回路，后关闭直流电源。装置内外部应清洁、无尘；清扫电路板及屏柜内端子排上的灰尘；装置配线连接良好

续表 24.4

序号	检修项目	具体内容	方法及要求
2	△螺丝紧固	紧固螺丝	检查并紧固装置端子排的螺丝,防止紧固螺丝引起线芯挤脱

2.装置二次回路检查。禁止交流电流回路开路或失去接地点,严禁交流电压回路短路、接地。具体检修项目如表 24.5 所示。

表 24.5 装置二次回路检查项目

序号	检修项目	具体内容	方法及要求
1	电流互感器二次回路检查	电流互感器二次接线检查	电流互感器二次绕组所有二次接线正确,端子排引线螺钉压接可靠
		电流互感器二次回路接地检查	电流互感器的二次回路只能有一点接地
2	电压互感器二次回路检查	电压互感器二次接线检查	电压互感器二次、三次绕组的所有二次回路接线正确,端子排引线螺钉压接可靠
		电压互感器二次回路接地检查	经控制室中性线小母线(N600)连通的几组电压互感器二次回路,只在控制室 N600 一点接地。各电压互感器二次中性点在开关场的接地点应断开,各电压互感器的中性线无可能断开的熔断器(自动开关)或接触器等。来自电压互感器二次回路的 4 根开关场引入线和互感器三次回路的 2(3)根开关场引入线已分开,不共用
		金属氧化物避雷器检查(如安装)	电压互感器二次中性点在开关场的金属氧化物避雷器的安装符合规定
		电压互感器二次回路的熔断器(自动开关)、隔离开关、切换设备检查	电压互感器二次回路所有熔断器(自动开关)的装设地点、熔断(脱扣)电流合适(自动开关的脱扣电流需通过试验确定),质量良好,能够保证选择性,自动开关线圈阻抗值合适。串联在电压回路中的熔断器(自动开关)、隔离开关及切换设备的触点接触可靠

3.装置二次回路绝缘检查。注意:进行回路绝缘检查时应通知有关人员暂时停止在回路上的一切工作,断开直流电源,拆开回路接地点。拆接线时应做好记录,试验结束后须将被测回路放电。装置二次回路绝缘检查项目见表 24.6。

表 24.6　装置二次回路绝缘检查项目

序号	检修项目	具体内容	方法及要求
1	△装置二次回路绝缘检查	电流控制回路、电压控制回路、直流控制回路绝缘检查	在保护屏柜的端子排处将所有电流控制回路、电压控制回路、直流控制回路的端子外部接线拆开，并将电压回路、电流回路的接地点拆开，用 1000 V 的绝缘电阻表测量回路对地绝缘电阻，其绝缘电阻应大于 1 MΩ
		信号回路绝缘检查	对使用触点输出的信号回路，用 1000 V 的绝缘电阻表测量电缆每芯对地绝缘电阻，其绝缘电阻应大于 1 MΩ
		电压互感器中性点金属氧化物避雷器检查（如安装）	检查工作应结合 PT 停电进行，用绝缘电阻表检验电压互感器中性点金属氧化物避雷器的工作状态是否正常。当用 1000 V 的绝缘电阻表检测时，金属氧化物避雷器不应击穿；当用 2500 V 的绝缘电阻表检测时，金属氧化物避雷器应可靠击穿

4. 装置电源检修项目见表 24.7。

表 24.7　装置电源检修项目

序号	检修项目	具体内容	方法及要求
1	装置电源检查	装置电源输出电压及稳定性检查	装置提供电源测试点的，应测量逆变电源的各级输出电压值。电压值应满足以下要求：+5 V（基准误差 -0.5% ~ +2.5%），+12（+15）V（基准误差 -5% ~ +5%），-12（-15）V（基准误差 -5% ~ +5%），+24 V（基准误差 -2.5% ~ +7.5%）；装置未提供电源测试点的，装置电源能够正常工作即可
		装置电源使用年限检查	检查装置电源的使用年限，超过 6 年需列计划更换

5. 装置上电检修项目见表 24.8。

表 24.8 装置上电检修项目

序号	检修项目	具体内容	方法及要求
1	装置上电检查	装置上电检查	打开装置电源,装置应能正常工作;分别操作面板上的功能按键,各按键均能正常工作;检查打印机,打印功能正常
		软件版本及程序校验码检查	检查并确保装置软件的版本及程序校验码正确
		时钟核查	检查并确保时钟准确,能正常修改和设定。通过断、合逆变电源的办法,检验在直流失电一段时间的情况下,时钟走时是否仍准确。改变保护装置的秒时间,检查对时功能,保护装置应能与整站同步正确对时

6. 开关量输入回路检修项目见表 24.9。

表 24.9 开关量输入回路检修项目

序号	检修项目	具体内容	方法及要求
1	开关量输入回路检查	开入状态量检查	根据保护具体配置,逐一检查开入状态量,开入状态量应逻辑正确
			B 级及 C 级检修,可结合整组试验,从源头检查开入状态量
		压板检查	根据保护具体配置,逐一检查开入压板,开入压板应逻辑正确
			B 级及 C 级检修,可结合整组试验,检查开入压板

7. 输出触点及输出信号检修项目见表 24.10。

表 24.10 输出触点及输出信号检修项目

序号	检修项目	具体内容	方法及要求
1	输出触点及输出信号检查	输出触点及输出信号检查	在装置屏柜端子排处,按照装置技术说明书规定的试验方法,依次观察装置已投入使用的输出触点及输出信号的通断状态
2	防跳回路检查	防跳回路检查	短接合闸接点,做保护重合闸试验,检查开关是否可靠闭锁至分位

8. 模数转换系统检验项目见表 24.11。

表 24.11　模数转换系统检验项目

序号	检修项目	具体内容	方法及要求
1	模数转换系统检验	装置零漂检测	要求不大于 1%
		装置电流、电压幅值、精度及相位检测	输入不同幅值的电流、电压量（交流电压分别为 70 V、60 V、30 V、5 V、1 V，电流分别为 $5I_N$、I_N、$0.2I_N$、$0.1I_N$），要求不大于 5%。输入同相别电压和电流的相位分别为 0°、45°、90°时，保护装置的显示值与外部表计测量值的误差应不大于 3°
			输入额定电流、电压,要求不大于 5%

9. 整定值的整定及检验见表 24.12。

表 24.12　整定值的整定及检验

序号	检修项目	具体内容	方法及要求
1	整定值的整定	线路保护定值整定核对	检查定值切换功能,能正确输入和修改整定值,在直流电源失电后,不丢失或改变原定值,定值核对正确
2	纵联差动保护	差动保护定值校验	投入相应差动保护功能压板及控制字,加入三相电压 57.74 V,加入 1.05 倍的差动电流定值,保护可靠动作;加入 0.95 倍的差动电流定值,保护可靠不动作,加入 1.2 倍的差动电流定值,测量动作时间,保护动作、重合闸动作逻辑正确
3	零序保护	零序保护定值校验	投入相应零序保护功能压板及控制字,加入三相电压 57.74 V,加入 1.05 倍的零序电流定值,保护可靠动作;加入 0.95 倍的零序电流定值,保护可靠不动作,加入 1.2 倍的零序电流定值,测量动作时间,保护动作、重合闸动作逻辑正确。加入正方向故障量,保护可靠动作;加入反方向故障量,保护可靠不动作
4	距离保护	距离保护定值校验	投入相应距离保护功能压板及控制字,加入三相电压 57.74 V,加入 0.95 倍的距离保护定值,保护可靠动作;加入 1.05 倍的距离保护定值,保护可靠不动作,加入 0.8 倍的距离保护定值,测量动作时间,保护动作、重合闸动作逻辑正确。加入正方向故障量,保护可靠动作;加入反方向故障量,保护可靠不动作

续表 24.12

序号	检修项目	具体内容	方法及要求
5	PT 断线相过流保护	PT 断线相过流定值校验	投入相应 PT 断线相过流保护功能压板及控制字,加入 1.05 倍的 PT 断线相过流定值,保护可靠动作;加入 0.95 倍的 PT 断线相过流定值,保护可靠不动作,加入 1.2 倍的 PT 断线相过流定值,测量动作时间,保护动作逻辑正确
6	过流保护	过流保护定值校验	投入相应过流保护功能压板及控制字,加入三相电压 57.74 V,加入 1.05 倍的过流保护电流定值,保护可靠动作;加入 0.95 倍的过流保护电流定值,保护可靠不动作,加入 1.2 倍的过流保护定值,测量动作时间,保护动作逻辑正确
7	纵联通道	通道联调	—

10. **整组试验**(表 24.13)。在传动断路器时,必须派专人到现场查看断路器。要求通入 80% 直流电源电压,做到每块出口压板都传动到并尽量少传动断路器,且须附打印报告及波形图。

表 24.13　整组试验项目

序号	检修项目	具体内容	方法及要求
1	△带断路器传动试验	保护整组传动开关	保护功能及重合闸后加速传动开关 1 次,开关正常跳闸,保护逻辑正确;低频减载保护功能整组传动开关 1 次,开关正常跳闸,保护逻辑正确
		与厂站自动化系统、继电保护及故障信息管理系统的配合检验	1. 检查显示屏显示的信息是否和模拟的故障一致; 2. 检查厂站自动化系统各种继电保护的动作信息和告警信息的回路正确性及名称的正确性; 3. 检查继电保护及故障信息管理系统各种继电保护的动作信息、告警信息、保护状态信息、录波信息及定值信息的正确性

11. **核对定值和区号**(表 24.14)。

表 24.14　核对定值和区号

序号	检修项目	具体内容	方法及要求
1	△核对定值、区号		将所有定值恢复到运行定值,区号切换至运行区号,并打印、核对

12. **直流电源空开检测**。使用安秒特性检验,保护屏同一型号的直流电源

空开可以抽检。

三、检验工作结束

1. 全部工作完毕后,拆除所有试验接线,将所有装置恢复至检修前的状态,所有信号装置应全部复归。

2. 恢复安全技术措施,恢复后应经检修工作负责人核对无误。

3. 检修工作负责人会同工作班成员周密巡视检修现场及装置,确保所有状态及所做安全措施全部恢复且无误。

4. 检修工作负责人在检修记录上详细记录本次工作所修项目、发现的问题、试验结果、存在的问题、定值通知单执行情况等,对变动部分、设备缺陷、运行注意事项加以说明,并写明该装置是否可以投入运行。

5. 清扫、整理现场,经验收合格,各方在记录卡上签字后,办理工作票终结手续。

四、带负荷试验

继电保护装置整屏更换及二次电缆全部更换的 A 级检修,应进行带负荷试验;在其他检修试验中,如电流回路、电压回路有改动,也要进行带负荷试验。

第三节　光纤通道检验

一、保护装置专用光纤通道的调试步骤

1. 检查光功率计和尾纤检查保护装置的发信功率是否和光端机插件(背在 CPU 板上)上的标称值一致。常规插件波长为 1310 nm 的发信功率为 −16 dBm ±3 dBm,超长距离(64 kb/s 时光纤距离≥80 km,2 Mb/s 时光纤距离≥60 km,订货时需特别说明)波长为 1550 nm 的发信功率为 −11 dBm ±3 dBm。

2. 用光功率计检查由对侧来光纤的收信功率,校验收信裕度,应保证收信功率裕度至少在 6 dBm 以上,最好有 10 dBm。收信裕度为收信功率减去接收灵敏度。若线路比较长导致对侧收信裕度不足,可以在对侧装置内通过跳线增加发信功率,同时检查光纤的衰耗是否与实际线路的长度相符(尾纤的衰耗很小,光缆平均衰耗为 0.4 dBm/km)。

3. 分别用尾纤将两侧保护装置的光收、发自环,将"专用光纤""通道自环试验"控制字置"1"。经一段时间的观察,保护装置不能有通道异常信号,通道状态中的各个状态计数器均维持不变。

4. 恢复正常运行时的定值,将通道恢复到正常运行时的连接状态,投入差动压板,保护装置通道异常灯应不亮,无通道异常信号,通道状态中的各个状态计数器维持不变。

二、保护装置复用通道的调试步骤

1. 确保两侧保护装置的发信功率与出厂标签上的标称值一致。

2. 分别用尾纤将两侧保护装置的光收、发自环,将"专用光纤""通道自环试验"控制字置"1"。经一段时间的观察,保护装置不能发出通道异常告警信号,通道状态中的各个状态计数器均维持不变。

3. 将两侧的保护装置和接口设备 MUX 用尾纤相连,检查两侧 MUX 装置和保护装置的发信功率和收信功率,校验收信裕度,方法同专用光纤。MUX 的发信功率为 -13 dBm ±2 dBm,接收灵敏度为 -30 dBm。因为站内光缆的衰耗不超过 1 dBm~2 dBm,故 MUX 的收信功率应在 -20 dBm 以上,保护装置的收信功率应在 -15 dBm 以上。

4. 两侧在接口设备 MUX 的电接口处自环,将"专用光纤""通道自环试验"控制字置"1"。经一段时间的观察,保护不能报通道异常告警信号,通道状态中的各个状态计数器均不能增加。

5. 将通道恢复到正常连接的状态,在一侧将保护装置的"专用光纤"控制字置"0"或"1"(64 kb 速率的置"0",2 M 的装置置"1"),将"通道自环试验"控制字置"1",在另一侧接口设备 MUX 的电接口处将线解下自环,相当于带上复用通道自环。经一段时间的观察,保护不能报通道异常告警信号,同时通道状态中的各个状态计数器均不能增加,或因通道误码,长时间内有少量增加,完成后再测试另一侧。

6. 如有误码仪,将对侧的 MUX 用尾纤自环或在电口自环,利用误码仪测试复用通道的传输质量,误码率越低越好(要求短时间内误码率至少在 1.0E-6 以上)。同时不能有"NO SIGNAL""AIS""PATTERN LOS"等其他告警信号,通道测试时间最好超过 24 h。

7. 恢复两侧接口装置电口的正常连接,将通道恢复到正常运行时的连接状态,将定值恢复到正常运行时的状态。

8. 投入差动压板,保护装置通道异常,灯不亮,无通道异常信号。通道状态中的各个状态计数器维持不变(长时间后,可能会有少量增加)。

三、注意事项

1. 首先要检查光纤头是否清洁。连接光纤时,一定要注意 FC 连接头上的凸台和珐琅盘上的缺口要对齐,然后旋紧 FC 连接头。当连接不可靠或光纤头不清洁时,仍能收到对侧数据,但收信裕度大大降低,系统扰动或操作时会导致通道异常,故必须严格校验光纤连接的可靠性。

2. 现场必须检验复用装置接地的可靠性。64 kb/s 时,接口装置与 PCM 机的连接线要求选用屏蔽双绞线,且屏蔽层必须可靠单点接地。

第四节 线路保护异常及处理

一、保护装置异常及处理

表 24.15 所示为保护装置异常及处理措施。

表 24.15 保护装置异常处理措施

序号	异常现象	原因及措施
1	上电后装置"运行"灯不亮	1. 面板上的灯及其回路可能有故障,请与厂家联系; 2. CPU 板程序没有正常工作,请与厂家联系
2	"装置异常"灯常亮	1. 装置自检出错,装置上有错误信息提示,请依照告警信号进行分析并处理; 2. 装置处于调试状态,请确认调试完成,正常投入保护
3	面板上其他指示灯异常	装置动作或有"保护事件"或"告警"信号,依照告警信号进行分析处理
4	告警信息:PT 断线,同期电压断线	电压回路断线,电压回路相序错误,重合闸检同期或检无压用抽取电压断线,检查相应的电压回路
5	告警信息:CT 不平衡	零序电流大于零序启动电流定值,检查 CT 外回路是否异常

续表 24.15

序号	异常现象	原因及措施
6	告警信息:CT 负载不对称	三相电流幅值差异较大,检查电流回路
7	告警信息:CT 断线	电流回路断线,检查 CT 外回路是否异常
8	告警信息:差流越限	正常运行时差流较大,检查电流回路,检查是否有通道延时不一致或采样回路异常等情况
9	告警信息:$3I_0$ 回路异常	外接零序电流和自产零序电流不相等,检查电流回路
10	告警信息:采样数据异常	模拟量采样数据异常(闭锁保护),检查采样回路,比对数据
11	告警信息:跳闸开入异常	保护动作或有其他保护动作开入超时,检查开入回路
12	告警信息:保护长期不能复归	检查定值或外回路
13	告警信息:两侧通道压板投入不一致	检查两侧通道压板的投入情况
14	告警信息:通道异常	光纤通道有误码、延时异常等情况,检查光纤通道及相关设备
15	告警信息:定值自检出错	按正确的操作步骤重新设定装置定值,若仍有问题,请与厂家联系

二、保护通道衰耗异常

1. 光纤接口损耗是光通道中损耗较大的一种,因此光纤接口部位一定要清洁,避免沾染油污和灰尘。另外,光纤接口松动,也是造成通道故障的主要原因。光纤连接不可靠或光纤接口不清洁时,仍能收到对侧数据,但收信裕度大大降低,系统扰动或操作会导致通道异常,故必须严格校验光纤连接的可靠性。

2. 光电转换装置接 PCM 机的屏蔽双绞线使用不规范。光电转换装置接至 PCM 机要使用四芯带屏蔽双绞线,且屏蔽层应可靠一点接地。使用普通的音频线等连接,将严重影响光电转换装置连接的可靠性。

3. 光电转换装置不接地。光电转换装置随意放置,若接地不良或根本没有接地,平时虽然能正常工作,但出现故障或刀闸操作时,可能会发出通道告警信号。

4. 通信电源异常。通道装置的电源一般采用 48 V 的通信电源,当电源纹波较大时,通常要求不超出 100 mV,否则光电转换过程中可能会出现误码。

5.复用通道的其他问题。复用通道中的各种设备均有可能出现问题,首先 PCM 机出现问题的概率最大(主要是时钟设置),其次是光板有问题。

处理措施如下:

1.采用便携式光功率计测量装置"收"和"发"光的功率大小,一般有 1310 nm、1550 nm 两种不同的测量波长,在使用前首先应根据现场实际情况调整测量波长。一般情况下,保护光纤通道通常使用 1310 nm 的测量波长,线路较长的专用光纤通道使用 1550 nm 的测量波长。

2.要根据现场保护装置的实际情况选择跳纤,一般为两端 SC 接头或 FC 接头,有的两端为不同型号的接头。要尽量挑选长度适中的跳纤,太长的使用起来不方便。要尽量挑未拆包的新跳纤,如果是旧跳纤,应先检查一下其是否完好无损。

3.光纤通道如果出现异常情况,并不一定就是本侧出现了问题,最大的可能是有一侧的保护或光纤通道设备出了问题。

4.如果分析了光纤通道异常现象后不能马上判断本侧是否有问题,那么应该尽快与对侧的故障处理人员取得联系,尽早沟通,及时了解对侧的实际情况,相互配合判断并解决具体的故障点。有时对侧的故障处理人员可能已经找到出问题的设备,设备正在修复之中。这时就要等对侧人员修复问题装置以后,再检查本侧的光纤通道,否则,不仅增加了本身的工作量,也会干扰对侧人员工作。

5.如果两侧设备都没有明显的问题,而光纤通道确实已经中断,两侧的人员就应该相互配合,找到故障点。在查找故障点的过程中,首先应该做的是各自进行通道小自环试验,即在本侧保护设备与通信设备的分界点处,如 PCM 接线架或光纤接线架上,进行本侧和对侧的光纤通道小自环试验。如果本侧的光纤通道自环不成功,就证明本侧的保护设备存在故障;如果对侧的光纤通道自环不成功,就证明对侧的保护设备存在故障;如果两侧的小自环试验都正常,再相互配合对侧进行加上通信通道部分的大自环试验,就基本可以判断出哪侧的通信通道可能有问题,就可以尽早找通信专业人员来处理。这样做的好处是避免局面混乱,能够迅速定位故障点,及时有效地处理问题。在很多情况下,双方各行其是,往往导致分析混乱,时间延误。

6.值得注意的是,在光纤通道自环试验中可能需要修改某些保护装置的定值,比如"对侧纵联码"或自环试验的控制字。自环试验结束后必须仔细检查定值单、压板及通道状态。

三、其他防范措施

1.光纤保护通道设计之初就应充分考虑设备的抗干扰措施,用屏蔽电缆连接各个设备,确保屏蔽层在两端能够可靠接地。同时,光电转换装置接地端子应可靠接地,当48 V电源异常时,应能及时发出告警信号。

2.保护定检时应严格按照保护装置及二次设备的检验要求执行,双侧保护人员需配合完成完整的光纤通道联调试验,一般包括光发射器的功率测试、光接收功率测试、光通道自环测试等。通过一系列的检验争取在投产之前发现并解决问题,同时留存原始参数,便于后续维护、定检比对。

3.在连接光纤端口时,应确保端口连接固定良好,光纤熔接良好。盘纤时,盘圈半径要保持一致,避免整个通道产生不必要的损耗。

4.加强光纤保护通道知识培训,了解光纤保护通道出现问题的原因及解决办法,掌握通道查找方法,平时巡视时应加强对光纤保护通道的检查,遇到异常情况应及时汇报。

四、线路跳闸事故处理一般规定

1.保护装置动作(跳闸或重合闸)后,现场运行人员应按要求做好记录,立即将动作情况向所辖调控机构汇报。

2.继电保护人员检查现场保护装置、自动装置、监控系统动作的详细情况,包括断路器动作、故障录波、中央信号、保护屏信号是否正确;收集装置的动作报告、录波文件,相关装置的启动报告、故障报告,故障录波器的录波文件;现场应保证打印报告的完整性,妥善保管打印报告并及时移交。保护装置动作后,还应检查保护信息子站的信息接收情况,保证保护信息子站接收的信息与保护装置动作的信息一致。

3.现场检查一次设备,包括线路断路器的实际位置,断路器及线路侧设备有无短路、接地、闪络、断线、瓷件破损、爆炸、喷油等现象。

4.向调度汇报,执行调度令,经相应调控机构确认后才能进行相应的事故检验和检查。

5.事故处理完毕后,要做好详细的事故记录,根据要求填报事故动作报告,并将现场事故报告归档。

6.对于保护装置投入运行后发生的第一次区内、外故障,继电保护人员应通过分析保护装置的实际测量值来确认交流电压回路、交流电流回路和相关动作逻辑是否正常,既要分析相位,也要分析幅值。

五、220 kV 线路跳闸案例

案例一:2022 年 5 月 16 日 20 时 53 分,220 kV××线两侧开关双套光差保护动作跳闸,线路保护判断 C 相故障,跳 C 相,重合闸后跳三相。根据电厂侧保护测距与变电站侧保护测距,现场巡线人员确定故障点,判定此次保护正确动作。事故动作保护见附录 1。

案例二:8 月 11 日 11 时 41 分,220 kV××线两侧开关双套光差保护动作跳闸。电厂侧 A 套线路保护判定故障相为 B 相,12 ms 后差动保护动作,跳 B 相,65 ms 后三跳闭锁重合闸;B 套线路保护判定故障相为 B 相,12 ms 后接地距离Ⅰ段动作,16 ms 后分相差动保护动作,21 ms 后保护永跳出口。保护测距 14.9 km。变电站侧线路保护 A 套判 B 相单相故障,B 相单相跳闸出口;线路保护 B 套判 B、C 相故障,跳三相并闭锁重合闸;A、B 套保护测距 0 km,录波测距 0.79 km,短路电流峰值 36.4 kA。11 时 52 分,省调下令强送线路,合闸成功。事件发生时为雷雨天气。事后开展故障点巡查工作,在该线路的变电站出线构架避雷器支架引线处发现了放电痕迹,证实本次跳闸由雷击造成,放电故障点为变电站此线路出线构架 B 相瓷瓶。

经过数据、试验及仿真分析,变电站侧保护出现 C 相畸变电流应该是因为变电站侧 C 相电流互感器剩磁较大。此次 B 相故障电流导致其快速饱和,励磁阻抗骤降,从而串入产生线路保护 B 套判 B、C 相故障的畸变电流。

整改措施如下:

1.加强防雷害工作,严格落实接地电阻测试以及绝缘子测零等基础运维工作,按照规范要求完成例行巡检及试验项目,保证线路防雷水平,降低雷击跳闸率。

2.总结故障经验,开展故障分析综合能力培训,加强故障分析能力,提高故障处理效率。

3.建议结合停电计划对出现过大电流故障的 CT 进行消磁操作。建议选用更大变比的电流互感器,抑制甚至避免暂态饱和或畸变电流。

附录1 电网继电保护动作分析报告

故障时间	2022年05月16日20:53:12		
故障元件	××线(228)	故障类型	C相永久接地
故障时的运行方式	双母分段并列运行，Ⅰ母检修，××线(228)开关挂在ⅡA段母线上		
跳闸开关	××线(228)开关		
中央信号	"线路保护动作""第一组出口跳闸""第二组出口跳闸""重合动作"		
继电保护动作行为分析	CSC-103A保护:11 ms,纵联差动保护,分相差动保护动作,跳C相;75 ms,单跳启动重合;774 ms,重合闸动作;858 ms,纵联差动保护、分相差动保护动作,跳A、B、C相;859 ms,距离相近加速、距离加速保护动作,跳A、B、C相;904 ms,零序加速。故障测距7.781 km。 PSL-603UA保护:14 ms,分相差动保护动作,跳C相,故障测距6.885 km。771 ms,重合闸动作;807 ms,分相差动动作,保护永跳出口;917 ms,零序差动动作,跳A、B、C相。 保护动作正确		
录波分析	49.92 ms,跳C相;809 ms,重合C相;899 ms,跳A、B、C三相。电流、电压模拟量、开关量录波正确		
本次跳闸所反映的问题	无		
整改措施			

填报单位：　　　　　　　填报人：　　　　　　审核：

填报日期：

参 考 文 献

[1] 中华人民共和国国家质量监督检验检疫总局,中国国家标准化管理委员会.电力安全工作规程:发电厂和变电站电气部分:GB 26860—2011[M].北京:中国标准出版社,2012.

[2] 国家能源局.燃煤火力发电企业设备检修导则:DL/T 838—2017[M].北京:中国电力出版社,2018.

[3] 国家能源局.电力设备预防性试验规程:DL/T 596—2021[M].北京:中国电力出版社,2021.

[4] 国家能源局.继电保护和电网安全自动装置检验规程:DL/T 995—2016[M].北京:中国电力出版社,2016.